本书出版得到
四川省省级文物保护专项补助资金资助

MIANYANG

SHENGJI WENWU BAOHU DANWEI MUJIEGOU JIANZHU

绵阳

省级文物保护单位木结构建筑

绵阳市博物馆　四川大学建筑与环境学院

李泫璋　钟　治 / 编著

四川大学出版社
SICHUAN UNIVERSITY PRESS

项目策划：高庆梅
责任编辑：高庆梅
责任校对：舒　星
封面设计：墨创文化
责任印制：王　炜

图书在版编目（CIP）数据

绵阳省级文物保护单位木结构建筑 / 李沄璋，钟治
编著 ． — 成都：四川大学出版社，2021.6
　ISBN 978-7-5690-3216-1

　Ⅰ．①绵… Ⅱ．①李… ②钟… Ⅲ．①木结构－古建
筑－文物保护－研究－绵阳 Ⅳ．① TU-87

　中国版本图书馆 CIP 数据核字（2019）第 278175 号

书名　　绵阳省级文物保护单位木结构建筑

编　　著　李沄璋　钟　治
出　　版　四川大学出版社
地　　址　成都市一环路南一段 24 号（610065）
发　　行　四川大学出版社
书　　号　ISBN 978-7-5690-3216-1
印前制作　墨创文化
印　　刷　成都市金雅迪彩色印刷有限公司
成品尺寸　285mm×285mm
印　　张　33
字　　数　640 千字
版　　次　2021 年 6 月第 1 版
印　　次　2021 年 6 月第 1 次印刷
定　　价　460.00 元

版权所有 ◆ 侵权必究

◆ 读者邮购本书，请与本社发行科联系。
　电话：(028)85408408／(028)85401670／
　(028)86408023　邮政编码：610065
◆ 本社图书如有印装质量问题，请寄回出版社调换。
◆ 网址：http://press.scu.edu.cn

四川大学出版社
微信公众号

　　绵阳市地处四川盆地西北部、涪江中上游地带，现辖涪城、游仙、安州三区，江油一市，三台、梓潼、盐亭、平武、北川五县。绵阳有着悠久的历史和丰富的文化遗存，保存有南宋、元、明、清各个时期的木结构古建筑，是整个四川保存古建筑年代序列最完整的地区。本书所选的26处木结构古建筑，囊括了绵阳市境内的全部省级文物保护单位木结构古建筑，以及部分新近公布为全国重点文物保护单位的木结构古建筑，年代自元至清，基本反映了该地区木结构古建筑的发展脉络。

　　盐亭花林寺大殿是本书收录的年代最早的大殿，其始建年代为元代至大四年（1311）。元代建筑在我国南方保存下来的不到20处，大部分分布于四川地区。宋元之际，四川遭到战争重创，相比唐宋时的繁华可谓一落千丈。在较早被纳入元朝版图的川北、川西地区，许多州县因人口零落而被裁并，但就在这些凋敝州县的偏僻角落，却集中着四川现存的大部分元代建筑，盐亭花林寺就是其中一处。这些元代建筑均为寺观殿宇，由家族捐资修建，作为自家的香火庙，通常规模不大，以方三间为主。设计上重视建筑正面的视觉效果，将较繁复的斗拱布置在前檐，后檐则大为简化，减少了出跳。

　　在明代，今绵阳市辖区在行政上分属成都府、潼川州、保宁府，军事上受利州卫等卫所管辖，其少数民族地区还设有龙州宣抚司。西南部的绵州、安县、彰明为成都府管辖，成都府为全川之首府，同时还分布有众多军事卫所和屯田，屯驻有大量外地迁来的军士，在恢复经济的同时，也促进了文化的交流与融合，因此最先接受了来自京师的文化和营造制度的熏陶。到了明代中期，官式建筑的做法便成熟地运用于普通的寺观建筑之中。东南部的三台和盐亭属潼川州，东北部的梓潼等地属保宁府，这些地方的明代建筑更多地保留了元代以来的地方传统做法，但从明代中后期开始，也逐渐融合了官式建筑的做法。明代中期，在龙州土司的驻地平武，基于当地的木材资源和京师工匠的技术，雄伟壮丽的平武报恩寺经过数年营建而成，这是外来的官式建筑风格出现在四川的标志性事件。而在远离城市的偏远地区，元代以来的地方传统做法仍然得以继承和发展，这使得明代的四川建筑呈现出两种截然不同的风格。以上这两种风格的建筑，在绵阳地区的现存古建筑中都能找到，如安州区开禧寺、三台尊胜寺、河西普照寺、游仙区鱼泉寺反映了地方建筑对元代建筑做法的继承和发展，文胜普照寺、三台蓝池庙正殿则反映了明代官式建筑风格在四川的流传。

　　明末清初，四川又一次遭受了严重的战争破坏，程度较元末更为严重。随后，持续的"湖广填四川"大移民运动为四川注入了新鲜血液，建筑的风格和做法因此也产生了很大的改变。从盐亭文星庙、平武豆叩寺等清代早期建筑的构造来看，虽然檐下仍使用斗拱，但主要梁架节点已从抬梁式结构转变为抬担式结构*。到清代中期，抬担式与穿斗式相结合的构架方式已成熟地运用于各种等级的建筑，檐下不再使用斗拱，而用挑枋承檐，翼角高高翘起，形成了现在人们所熟悉的四川木结构古建筑风格。

　　★ 刘致平先生在《四川住宅建筑》一文（《中国居住建筑简史——城市、住宅、园林》，刘致平著，王其明增补，中国建筑工业出版社2000年9月第二版）中首次总结了四川古建筑的构造做法，将四川清代木结构梁架分为穿斗式和抬担式两种。与穿斗式梁架相比，抬担式梁架不用中柱，可以获得较宽敞的室内空间。它也不同于北方的抬梁式结构，是柱子直接承檩，而梁头扣入柱卯口内，其梁称为"担"，根据位置不同，自下而上有"一过担""二过担""三过担"等名称。

本书所选木结构古建筑类型以寺观祠庙为主，兼有民居、桥梁、城墙等，反映了宗教信仰、社会生活等历史信息。明末清初，四川许多寺观僧道弃寺逃散，庙宇荒废。川内局势稳定后，临济宗僧人分赴各地住持寺庙，重建禅林，其中很多都是双桂堂破山海明禅师的弟子，此后临济宗便成为四川第一大教派。绵阳境内的三台尊胜寺即是如此，在尊胜寺藏经阁题记中有"嗣双桂老人生渝城藏阁先师慧觉大和尚印偈法弟兄"字样，说明寺僧是双桂堂破山禅师的徒孙。

除了佛教寺院，绵阳地区还有一重要的民间信仰——文昌信仰，宋元时期被吸收进道教。梓潼七曲山是文昌信仰的发源地，明清时期四川文化衰落，举子们将希望寄托在崇奉文昌上，文昌庙宇遍布城市乡村，青林口文昌宫、盐亭文星庙都是其中的代表。此外，许多佛寺道观中也设有文昌殿。

绵阳是唐代著名诗人李白的诞生地，也是诗圣杜甫曾经游历过的地方，因此在绵阳境内也有不少纪念他们的祠庙。太白故居、李杜祠历史悠久，虽然现存建筑大多是后世复建，但这些历史文化名人纪念地一直有着鼓励士人、提振文风的作用，至今仍是传承当地文脉的标志性建筑。

随着清代四川经济的恢复发展，到清代中期以后，绵阳的商品经济高度发达，各地客商云集，许多城市、场镇上出现了各省客商兴建的会馆建筑，如本书收录的青林口闽粤会馆、刘营广东会馆都是其中的代表。会馆建筑通常由入口倒座戏台、院坝和正殿组成，正殿一般会供奉不同地域客商的守护神，戏台院坝以及厅堂等建筑则是聚会议事的场所。由于会馆建筑多位于人流密集的市镇之中，通常建筑两侧都会使用封火山墙，细节装饰上充满了异乡风情，是有独特寓意的历史建筑。

绵阳市这些类型丰富、年代久远的木结构古建筑，是当地历史重要的实物见证，能从中窥见过往的那些人和事，聆听建筑述说的历史。希望本书能够抛砖引玉，让读者有兴趣亲临实地，在古建筑中发现历史、感受历史。

李杜祠

李杜祠

　　李杜祠位于绵阳市游仙区芙蓉溪畔，建于清光绪二十六年（1900），为绵州拔贡、教谕吴朝品所建。唐宝应元年（762），杜甫流寓绵州时住在左绵公馆，据传其位置即在芙蓉溪畔的东津古渡。继后，陆游和唐庚等文人名士也先后来此寻踪问迹，留下许多妙文佳句。明代中期，据唐庚诗意建春酣亭，后荒废，留有碑记于此。清代吴朝品遂在此建李杜祠以纪念李白、杜甫这两位伟大的诗人。

李杜祠建成后，一度吸引了众多的文人名士前往寻幽探古、观赏吟咏，成为绵州一景。民国后，李杜祠逐渐凋落，新中国成立前后已被作为农舍和学校。1986年，绵阳市人民政府公布其为市级文物保护单位，并划归文物部门进行日常保护管理。1991年，李杜祠由四川省人民政府公布为省级文物保护单位。在省、市两级政府的支持下，绵阳市文管所筹集资金抢救维修，规划复建，1994年10月，李杜祠重新对社会开放，接待各界游客。

李杜祠现占地7000余平方米，主体建筑坐东北向西南。由于城市街道走向发生变化，为方便游人，李杜祠的门楼被改建到最北侧正对城市主干道的一环路。主要建筑有门楼、仙圣堂、问鱼舫、问津楼、春酣亭、"巴西第一胜景"照壁等。建筑布局疏密有致，古朴典雅，四周绕以围墙，再辟水池、植花木，使园林与建筑相得益彰，可谓布局别致、小巧玲珑，基本保持了清建李杜祠的风格。

门楼，重檐歇山卷棚顶，1993年重建。底层采用钢筋砼柱仿木，上部为穿斗与抬担相结合的木结构。面阔三间长10.75米，进深二间带后廊宽5.75米，连前、后阶沿共宽7.85米，建筑面积84平方米。门楼两侧为单檐悬山卷棚顶建筑。

门楼（正面）

门楼（背面）

"巴西第一胜景"照壁与门楼相对，位于门楼内院落后侧，依李杜祠原有照壁形制放大建造，长14.63米，高3.6米。每字为1米见方，欧体，阴刻，字为建祠人吴朝品所书，笔力遒劲，气势恢宏。

"巴西第一胜景"照壁

绕过照壁便是仙圣堂。仙圣堂坐东北向西南，建于清光绪二十六年(1900)，为单檐悬山抬担式木结构建筑，面阔14.05米，进深三间九架8.15米，建筑面积120.96平方米，小青瓦房面，后墙和小墙为杂泥夯筑，虽历经百年，现仍完好如初。建筑色调淡稚，室内塑李白、杜甫塑像(高2.5米)供游人追慕瞻仰。

问津楼根据杜甫在此所作"莫怪恩波隔，乘槎与问津"诗句，于1991年在原址上重建，与仙圣堂相对，坐西南朝东北，为一楼一底硬山卷棚顶混凝土的抬梁式建筑，面积498.86平方米。现一楼常设"李白·杜甫与绵州"专题展览。

仙圣堂内李白、杜甫塑像

仙圣堂

"东津"八字门坊是李杜祠的原大门，位于园区南侧偏西一角。八字形牌楼式建筑，宽 10.79 米，高 6.06 米。墙体全部采用三合土夯筑，石质门柱上镌"打鱼斫脍修故事，淡烟乔木隔绵州"联，额悬篆书"东津"石匾。

"东津"八字门坊

问鱼舫位于仙圣堂左侧，与仙圣堂同时所建，系吴朝品根据宋代著名诗人陆游流寓绵州，追寻杜甫遗踪时所作"走马朝寻海棕馆，斫脍夜醉鲂鱼津"诗意而建。为单檐歇山卷棚抬担式木结构建筑，面阔五间长 14.71 米，进深三间九架长 5.84 米，建筑面积 90.8 平方米。分内外两层，外层以飞来椅形成回廊，用作观景和通道。内以花窗相隔成一闭合式长方形小厅，用以品茗小憩，与其下碧绿的池水和周围茂密的修竹相互衬映，构成一幅优美的画面。

问鱼舫梁架

问鱼舫

一字照壁位于祠内南侧偏东一角，是李杜祠的原有照壁，三合土夯筑墙结构，宽6.12米、高3.58米。

春酣亭位于仙圣堂右后侧，是按照已废的清建春酣亭的造型在原址上重建的。唐、宋时，绵州芙蓉溪畔木芙蓉夹岸，每当秋霜摇落、木芙蓉盛开之时，州人多载酒游溪，尽兴而归。宋熙宁六年（1073）绵州知州唐庚《芙蓉溪歌》中有"人间八月秋霜严，芙蓉溪上春酣酣"句。宋淳熙九年（1182），绵州知州史祁于芙蓉溪畔建亭，取唐庚诗意名"春酣亭"，刻石立碑。今天重建的春酣亭高12.59米，重檐四角攒尖顶砖木混凝土建筑，二层可登高望远，亭柱有"芙蓉溪上绯红集，豆子山前瓦鼓歌"楹联。

春酣亭

除清代建筑外，李杜祠内现还收集陈列有"宋绍熙劳军碑""明绵州诗碑""清李杜祠碑记""清古春酣亭记"等石碑，时代跨宋、明、清三代，具有一定的历史、艺术和科学价值。

李杜祠是我国现存古代唯一一处将诗仙李白和诗圣杜甫合祀一祠的纪念地，是一处富有历史文化寓意和较高艺术价值的古代园林建筑群，也是今天人们纪念、缅怀两位唐代诗人、体验诗情画意的游览胜地。1991年被公布为省级文物保护单位。

问鱼舫

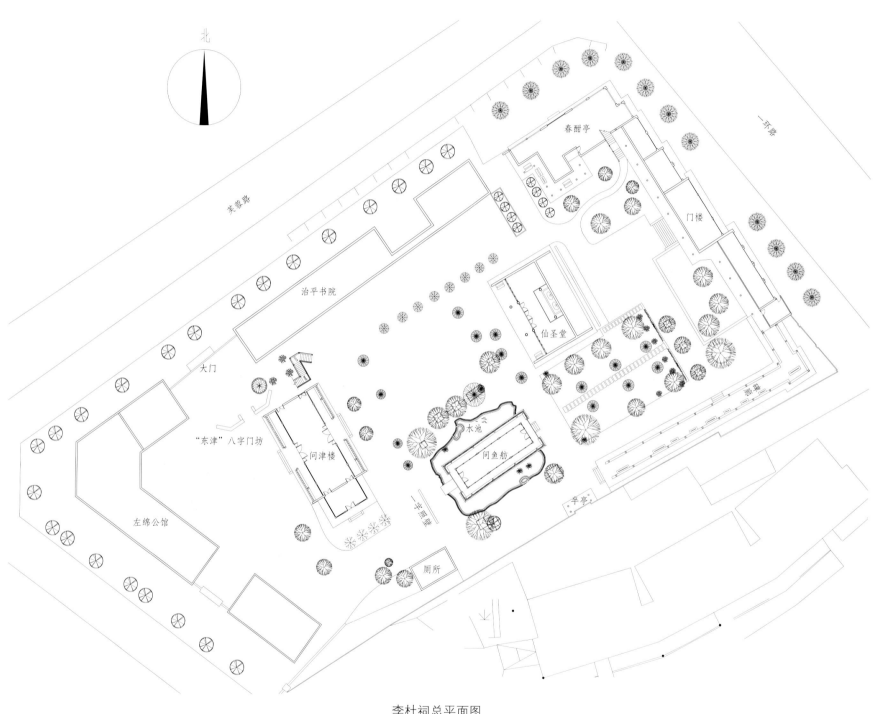

北

一环路

茉莉路

治平书院

大门

"东津"八字门坊

问津楼

左绵公馆

厕所

春酣亭

门楼

仙圣堂

水池

问鱼舫

一字照壁

半亭

李杜祠总平面图

门楼

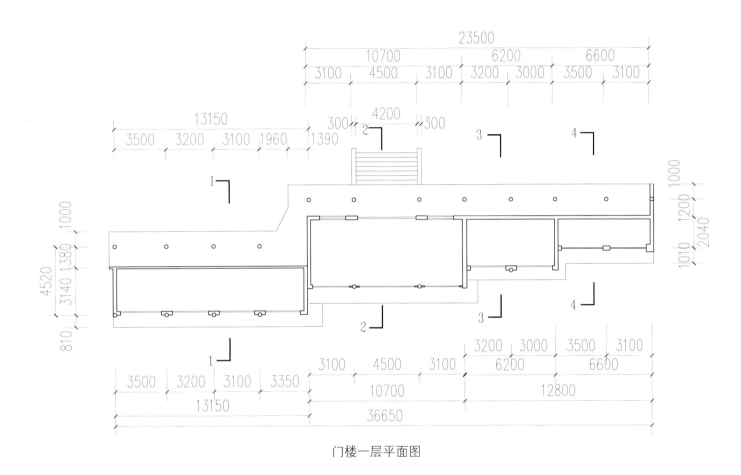

门楼一层平面图

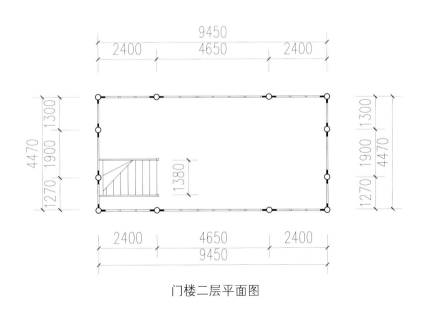

门楼二层平面图

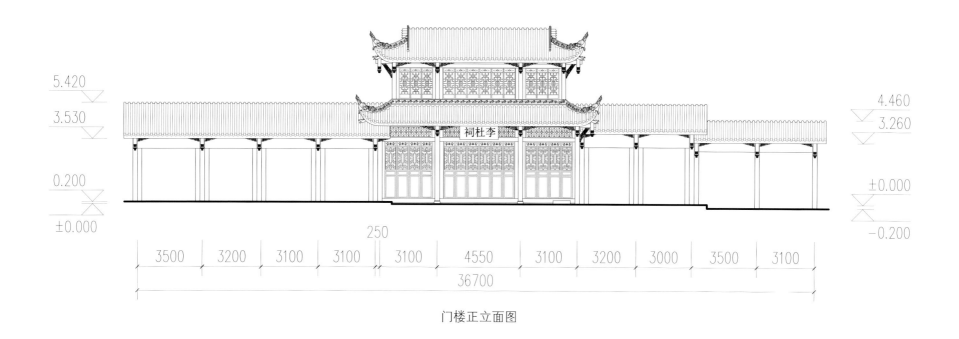

5.420

3.530

0.200

±0.000

4.460

3.260

±0.000

−0.200

李杜祠

250

3500 | 3200 | 3100 | 3100 | 3100 | 4550 | 3100 | 3200 | 3000 | 3500 | 3100

36700

门楼正立面图

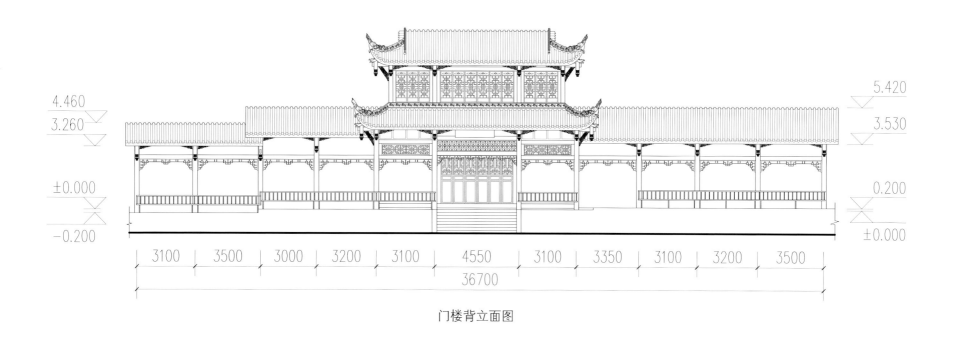

4.460

3.260

±0.000

−0.200

5.420

3.530

0.200

±0.000

3100 | 3500 | 3000 | 3200 | 3100 | 4550 | 3100 | 3350 | 3100 | 3200 | 3500

36700

门楼背立面图

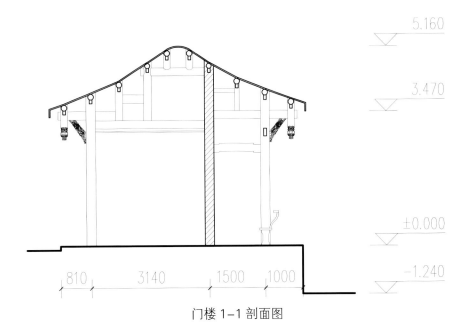

门楼 1-1 剖面图

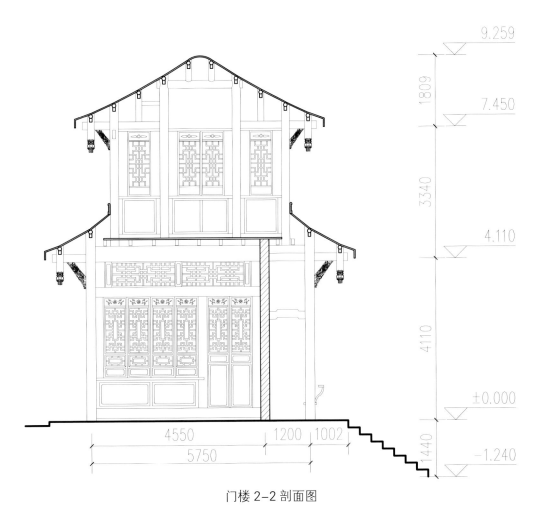

门楼 2-2 剖面图

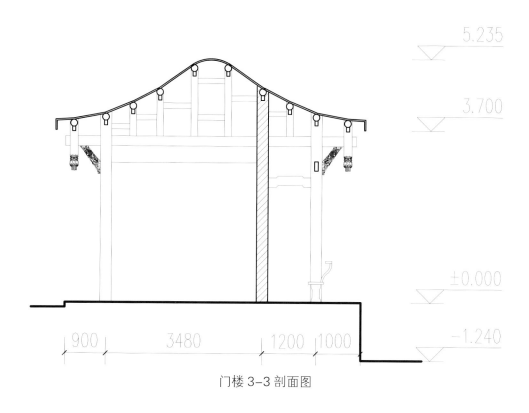

5.235

3.700

±0.000

-1.240

| 900 | 3480 | 1200 | 1000 |

门楼 3-3 剖面图

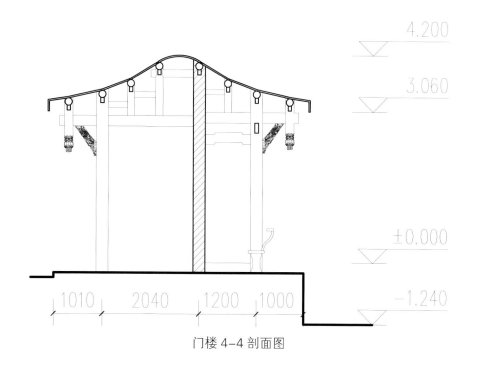

4.200

3.060

±0.000

-1.240

| 1010 | 2040 | 1200 | 1000 |

门楼 4-4 剖面图

"巴西第一盛景"照壁

"巴西第一盛景"照壁正立面图

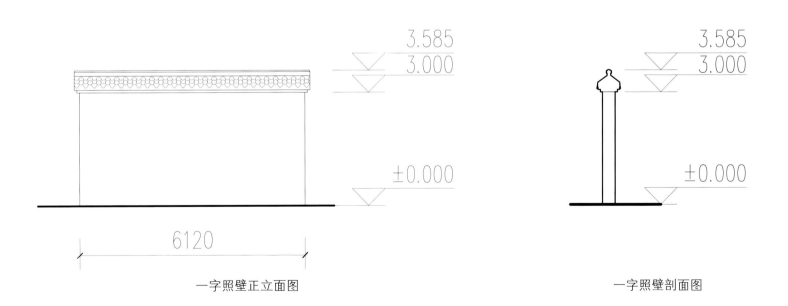

一字照壁正立面图   一字照壁剖面图

仙圣堂

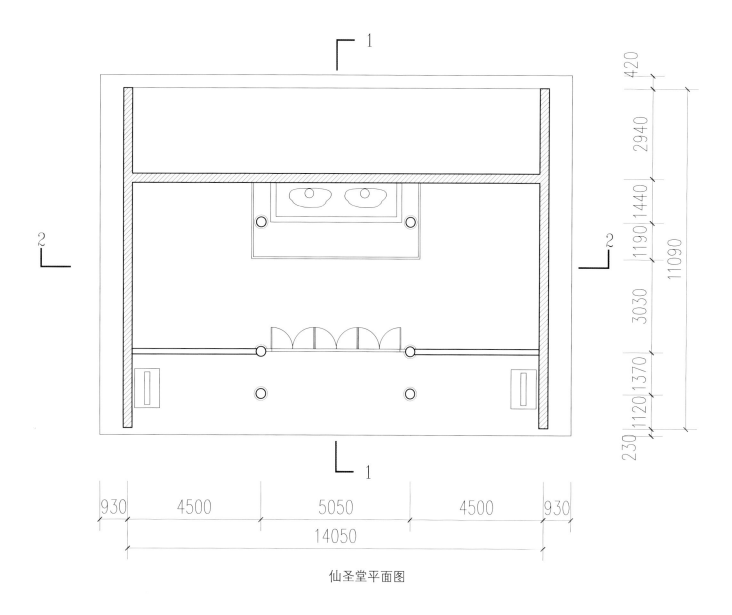

仙圣堂平面图

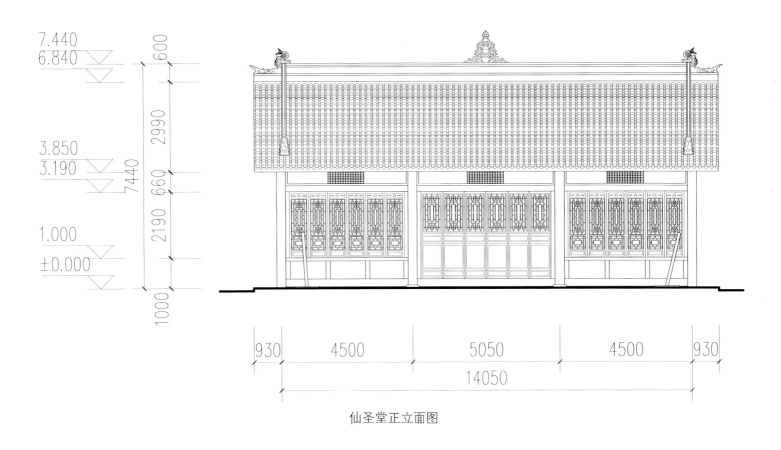

7.440
6.840

3.850
3.190

1.000
±0.000

600
2990
7440
660
2190
1000

930 4500 5050 4500 930
14050

仙圣堂正立面图

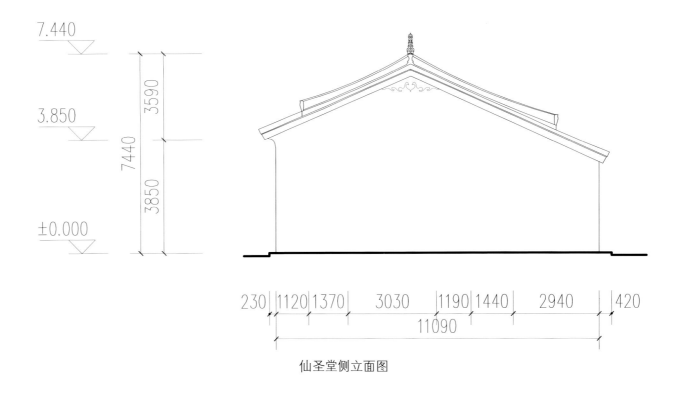

7.440

3.850

±0.000

3590
7440
3850

230 1120 1370 3030 1190 1440 2940 420
11090

仙圣堂侧立面图

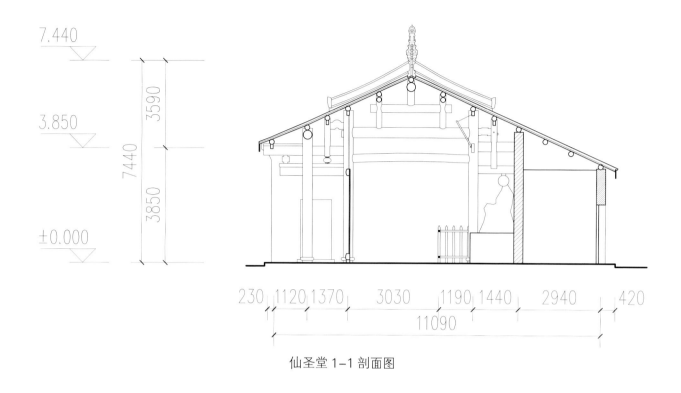

仙圣堂 1-1 剖面图

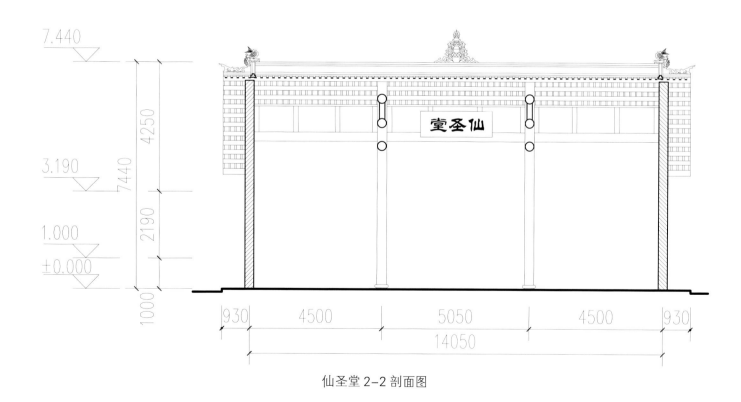

仙圣堂 2-2 剖面图

问津楼

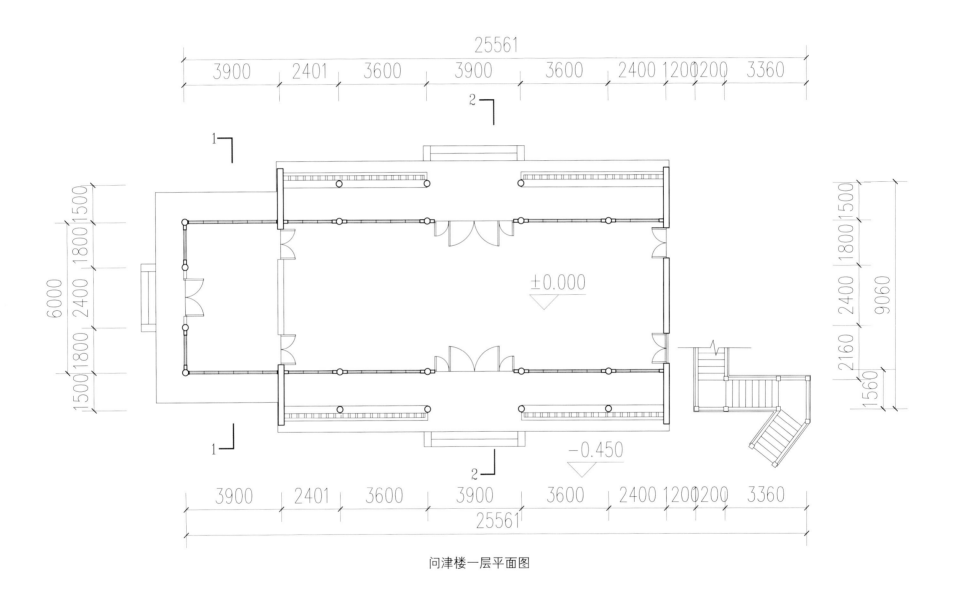

问津楼一层平面图

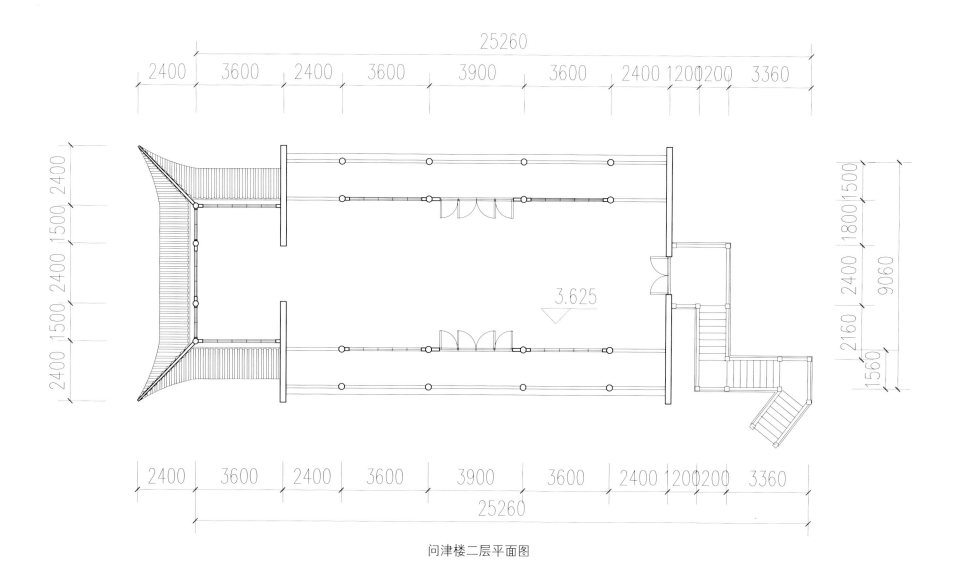

问津楼二层平面图

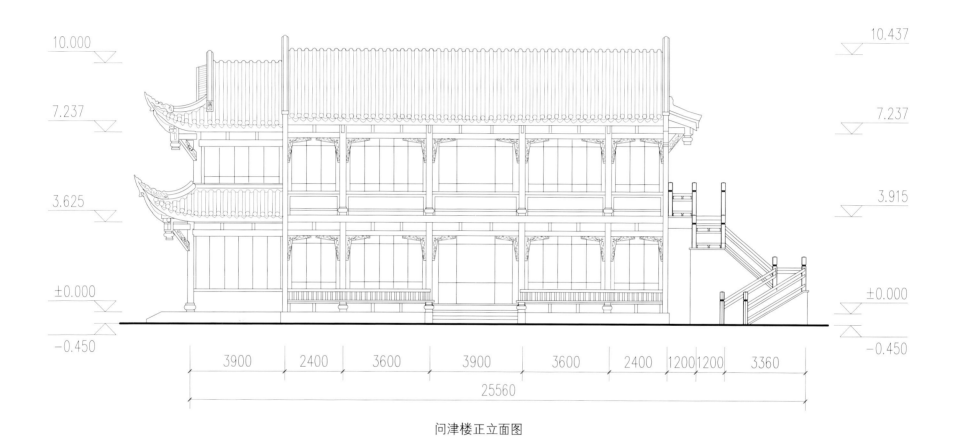

10.000

7.237

3.625

±0.000

−0.450

10.437

7.237

3.915

±0.000

−0.450

| 3900 | 2400 | 3600 | 3900 | 3600 | 2400 | 1200 | 1200 | 3360 |

25560

问津楼正立面图

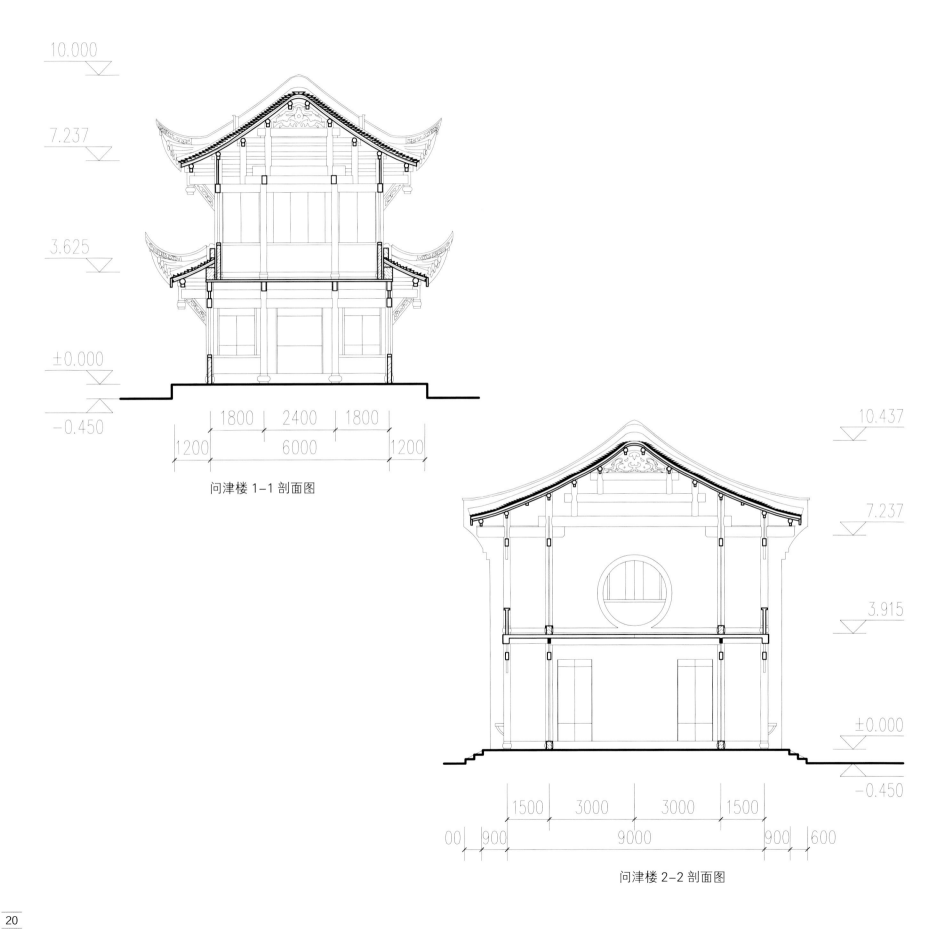

10.000

7.237

3.625

±0.000

−0.450

| 1800 | 2400 | 1800 |

1200　　6000　　1200

问津楼 1−1 剖面图

10.437

7.237

3.915

±0.000

−0.450

| 1500 | 3000 | 3000 | 1500 |

00　900　　9000　　900　600

问津楼 2−2 剖面图

"东津"八字门坊

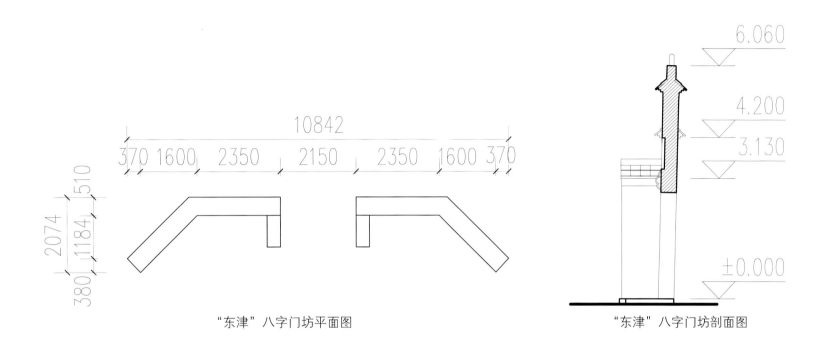

"东津"八字门坊平面图

"东津"八字门坊剖面图

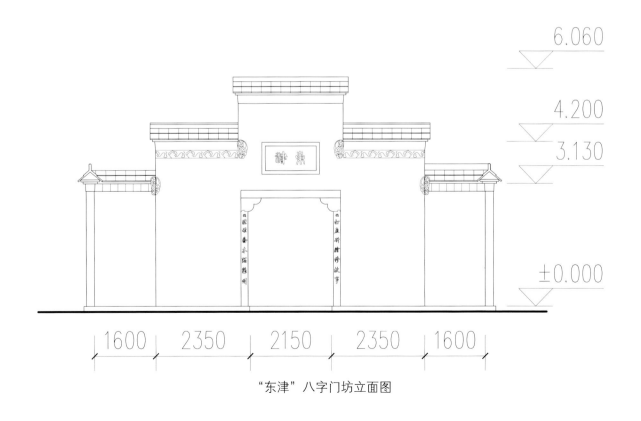

"东津"八字门坊立面图

问鱼舫

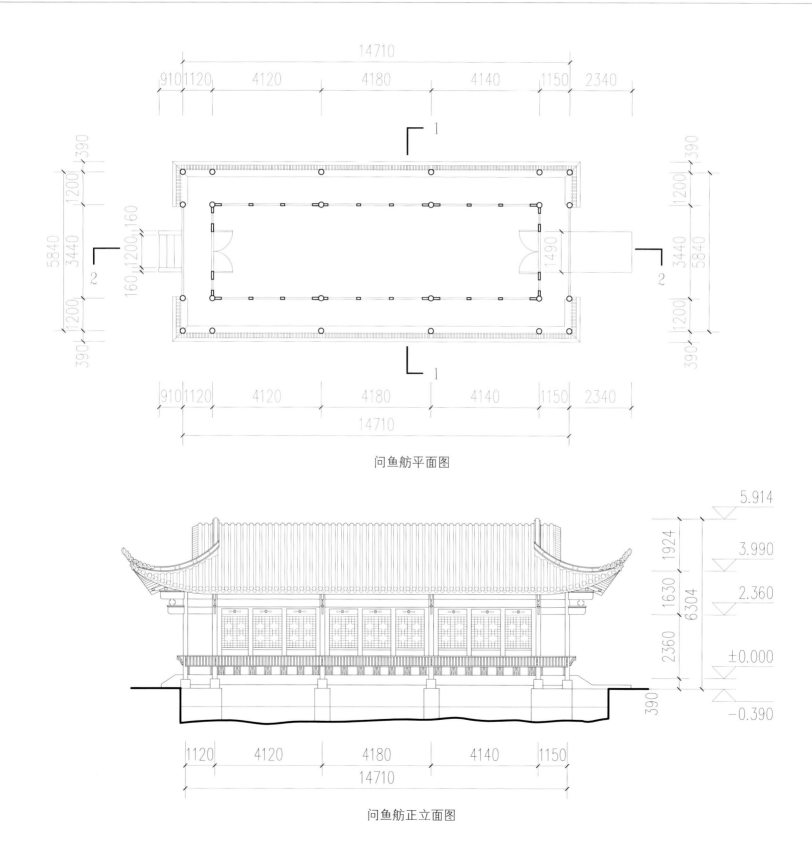

问鱼舫平面图

问鱼舫正立面图

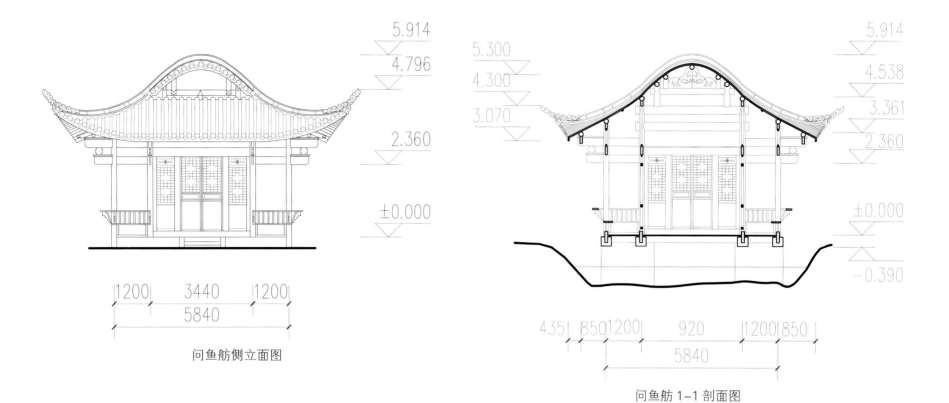

问鱼舫侧立面图

问鱼舫 1-1 剖面图

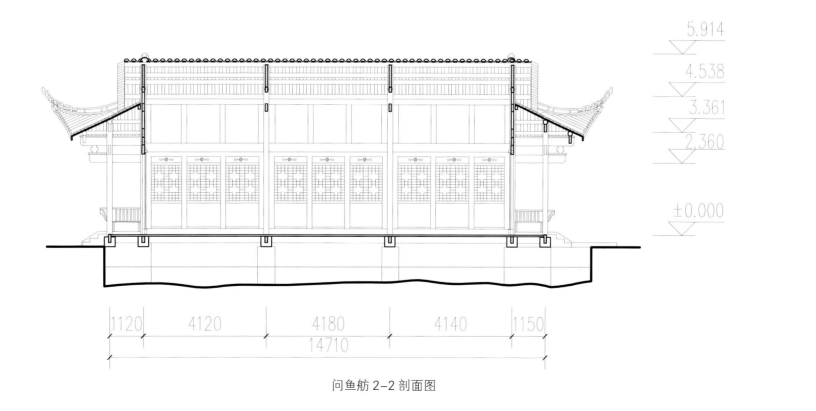

问鱼舫 2-2 剖面图

春酣亭

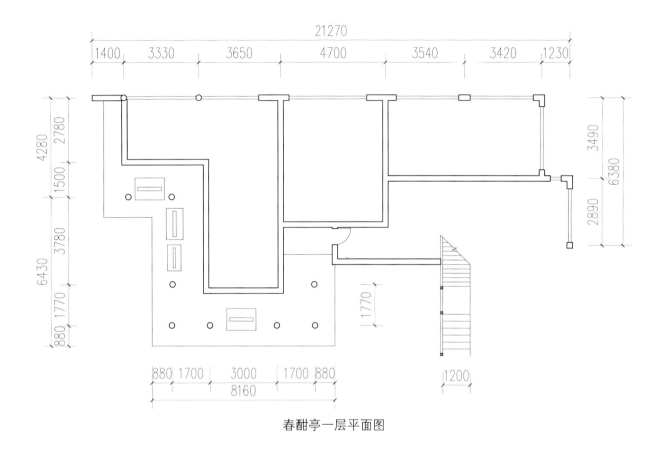

春酣亭一层平面图

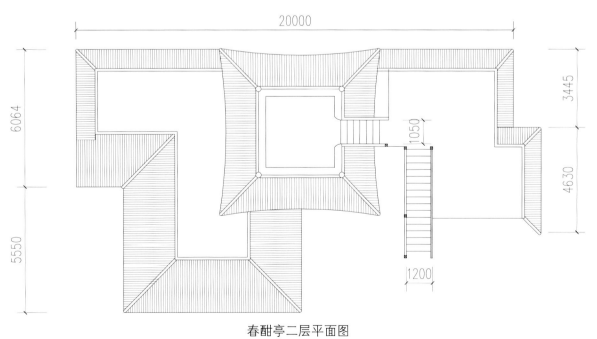

春酣亭二层平面图

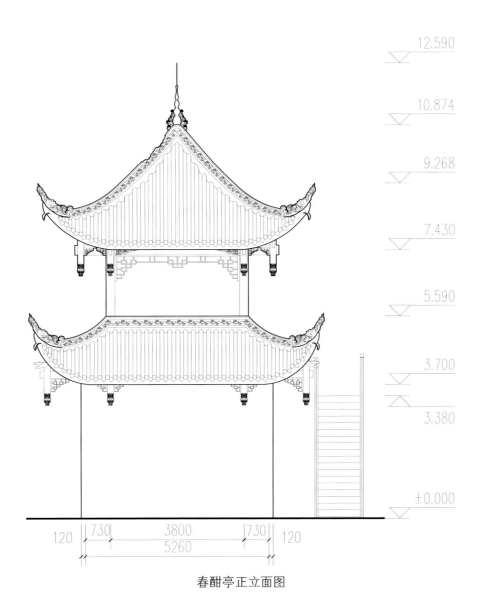

12.590

10.874

9.268

7.430

5.590

3.700

3.380

±0.000

120　730　3800　730　120
5260

春酣亭正立面图

鱼泉寺

鱼泉寺

　　鱼泉寺位于绵阳市区以东45公里的游仙区东宣乡鱼泉村金家山北麓半山腰。这里层峦叠嶂、林木荫翳，环境颇为幽静。寺院依山势而建，建造在3.2米高的条石高台之上，坐南朝北，占地面积1380平方米，建筑面积689平方米。鱼泉寺始创于明正统元年（1436），因寺内"有泉池不涸，有鱼游泳自如"而得名。明末清初，寺遭兵燹。清康熙、乾隆年间寺僧增建了观音殿、地藏殿和前殿，并续构两廊及灵官楼。嘉庆年间僧圆钟进行了一次大规模重修，砌筑石基，扩建廊庑，修复殿宇，重施彩画。光绪二十年（1894），僧理昆再次维修。寺中现存大雄宝殿为明代建筑，其余建筑均建于清代。

鱼泉寺远眺

　　鱼泉寺建筑群沿山坡等高线横向布置，主要由东西两个并列的四合院组成。西院为寺院主体，由中轴线上的灵官楼、大雄宝殿，及两侧配殿围合成横长的天井院落。东院依靠西院东配殿的背面，在南北两侧建方丈室、僧房、斋堂，形成三合院。

　　西院的灵官楼为寺院山门，创建于康熙四十七年（1708），民国七年（1918）培修，为两层楼阁。一层平面呈倒"凸"字形，主体面阔三间宽 12.21 米，悬山顶。前面伸出部分宽 4.53 米，歇山顶。底层悬空为吊脚楼，可经两段石梯登上一层地平。二层面阔三间宽 4.1 米，歇山顶。

进入西院，大雄宝殿前有一方形水池，池上有一石雕螭首，与山泉相通，即"鱼泉"。大雄宝殿建于明正统元年（1436），单檐悬山顶，面阔三间宽 12.16 米，明间宽 6.20 米，次间为 2.98 米，进深七檩带前廊，通深 10.28 米。前檐明间大额枋下留有明正统元年墨书题记，前檐柱和额枋上施平板枋，共有斗拱 6 攒，其中柱头科 4 攒、明间平身科 2 攒。斗拱为五踩双翘斗拱，自坐斗及头翘各出 45 度斜拱，头翘上施三幅云。柱头科后尾压在单步梁下，平身科后尾出挑斡，挑至下金檩下。后檐斗拱大为简化，在平板枋上仅设柱头坐斗 4 个出挑枋承檐。殿内用 4 根金柱，抬梁式结构。

大雄宝殿

西院

大雄宝殿廊柱石础

大雄宝殿前檐斗拱

大雄宝殿梁架

彩绘斗拱

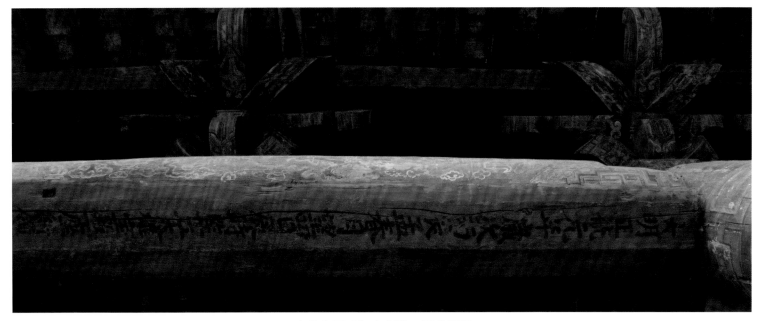

大雄宝殿明间大额枋下墨书题记

西配殿面阔五间，加一间批檐，抬梁与穿斗式混合结构，进深十檩，前后带廊，其后廊保存着十余件清代碑记。东配殿面阔三间，进深九檩，抬担与穿斗式混合结构，前后带廊，现供奉文昌帝君。东院南侧为方丈室、僧房共四间，带木雕装饰的门窗、壁板尚有部分清初原物。寺外不远处还有本学和尚塔碑、最如和尚塔碑及碑亭等文物遗存。

东院 西配殿梁架

鱼泉寺各殿宇大多保存有精美的建筑彩画和壁画，据清代碑记，现存彩画可能是清嘉庆年间重绘，壁画可能是光绪年间绘制。鱼泉寺建筑彩画遍布柱、梁、斗拱等各类构件，色彩鲜艳、构图多样，是四川地区极为珍贵的保存完好的地方建筑彩画遗存。壁画题材多为戏曲故事或吉祥图案，大多为黑白水墨画，偶有局部设色，壁画内容丰富，反映了清代的民间文化。

鱼泉寺是绵阳地区为数不多保存完整、有明确纪年的明代建筑，又保存有大量碑刻、彩画、壁画，是一处历史信息丰富的明清寺庙建筑群。2002 年被公布为省级文物保护单位，2013 年被公布为全国重点文物保护单位。

黑白水墨壁画

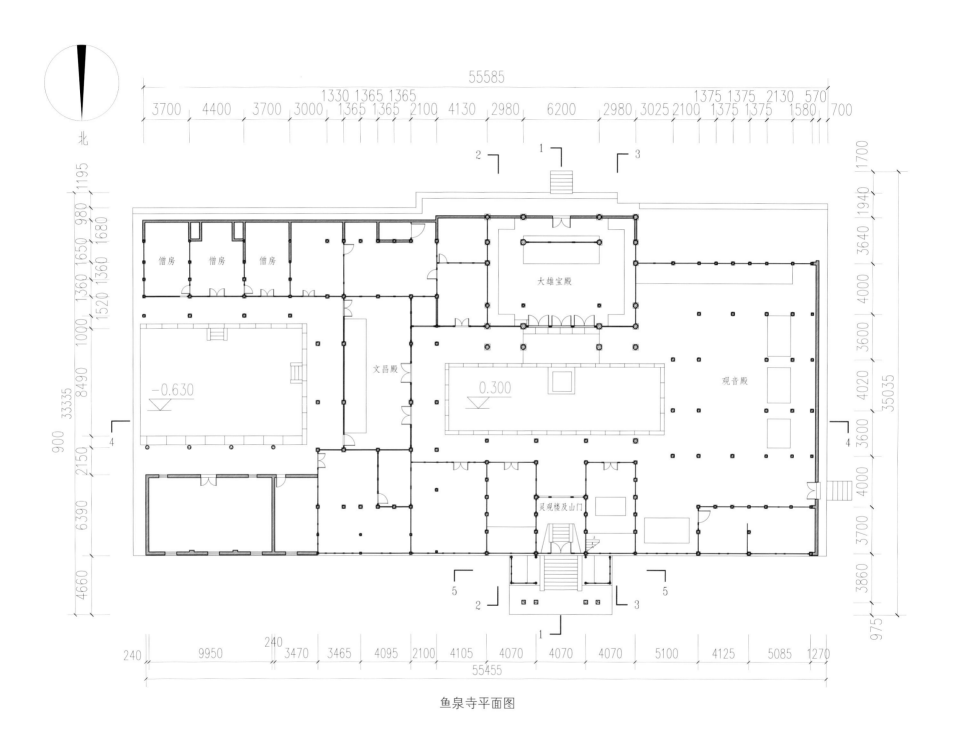

北

55585

1330 1365 1365

3700 4400 3700 3000 1365 1365 2100 4130 2980 6200 2980 3025 2100 1375 1375 1375 1580 700

1375 1375 2130 570

2 1 3

1195
980
1680
1360
1650
1520 1360

1700
3640 1940

僧房 僧房 僧房

大雄宝殿

33335
900

1000
8490
2150

−0.630

文昌殿

0.300

观音殿

4000
3600
4020
3600
4000

35035

4 4

6390
4660

灵观楼及山门

3860
975

5 5

2 3

1

240 240

240 9950 3470 3465 4095 2100 4105 4070 4070 4070 5100 4125 5085 1270

55455

鱼泉寺平面图

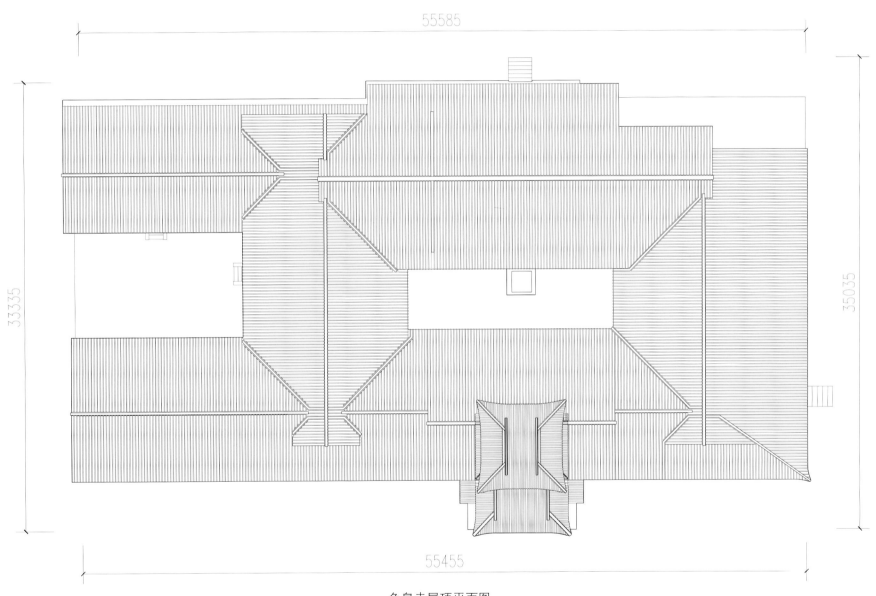

鱼泉寺屋顶平面图

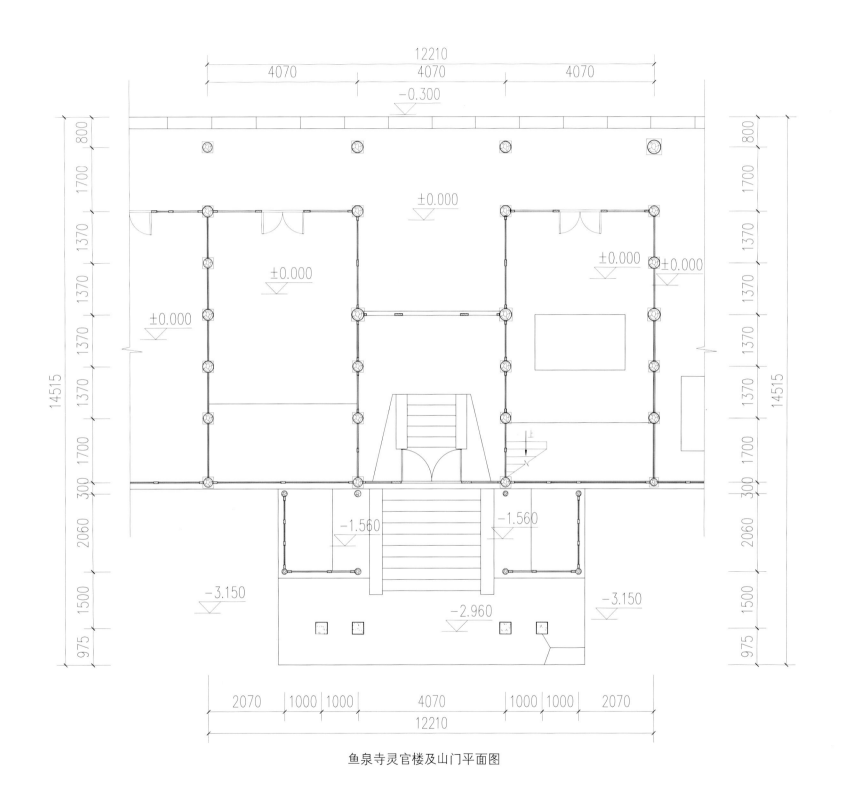

鱼泉寺灵官楼及山门平面图

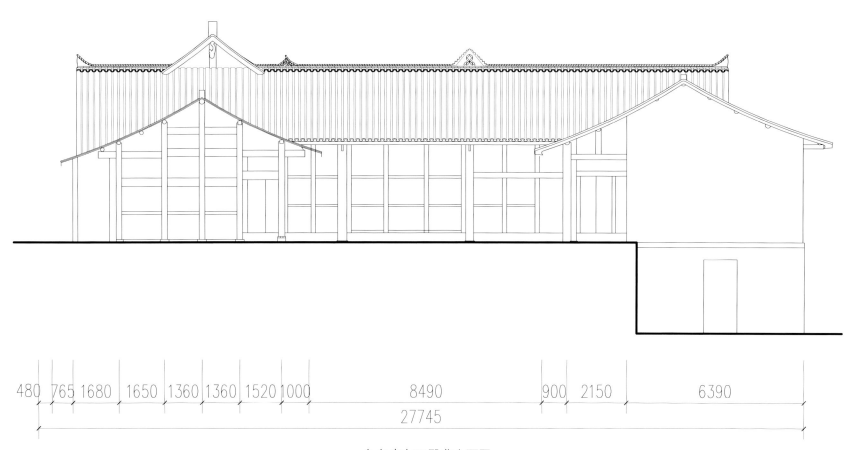

480 765 1680 1650 1360 1360 1520 1000 8490 900 2150 6390

27745

鱼泉寺东配殿背立面图

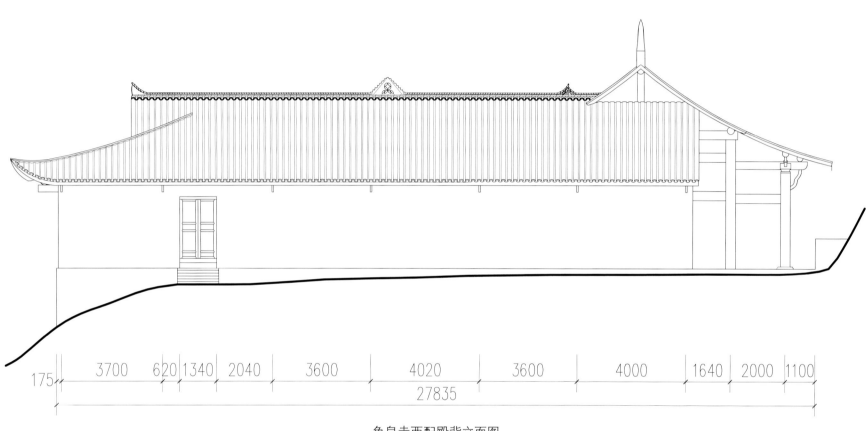

| 175 | 3700 | 620 | 1340 | 2040 | 3600 | 4020 | 3600 | 4000 | 1640 | 2000 | 1100 |

27835

鱼泉寺西配殿背立面图

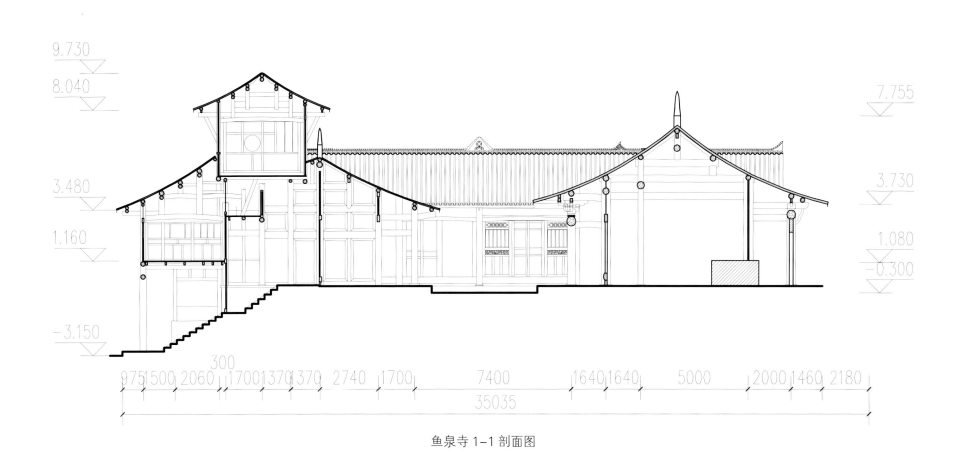

9.730

8.040

7.755

3.480

3.730

1.160

1.080

−0.300

−3.150

300

975 1500 2060 1700 1370 1370 2740 1700 7400 1640 1640 5000 2000 1460 2180

35035

鱼泉寺 1−1 剖面图

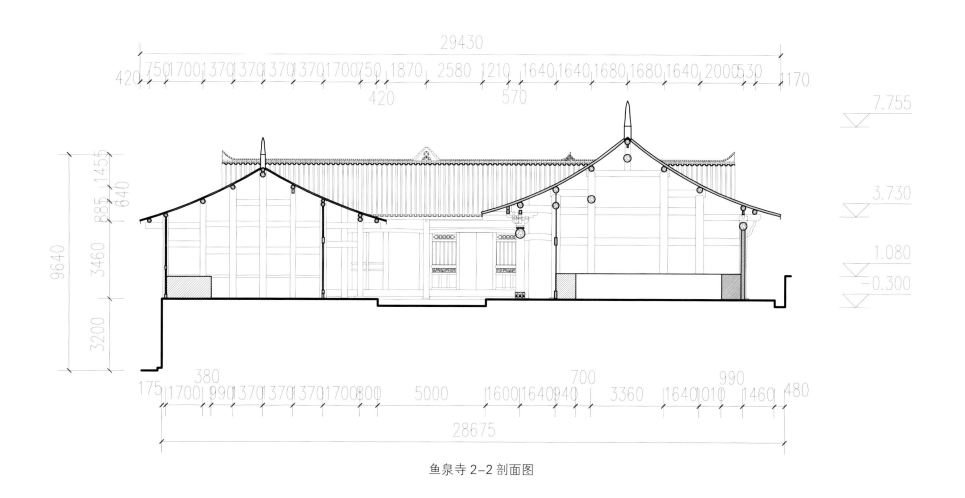

鱼泉寺 2-2 剖面图

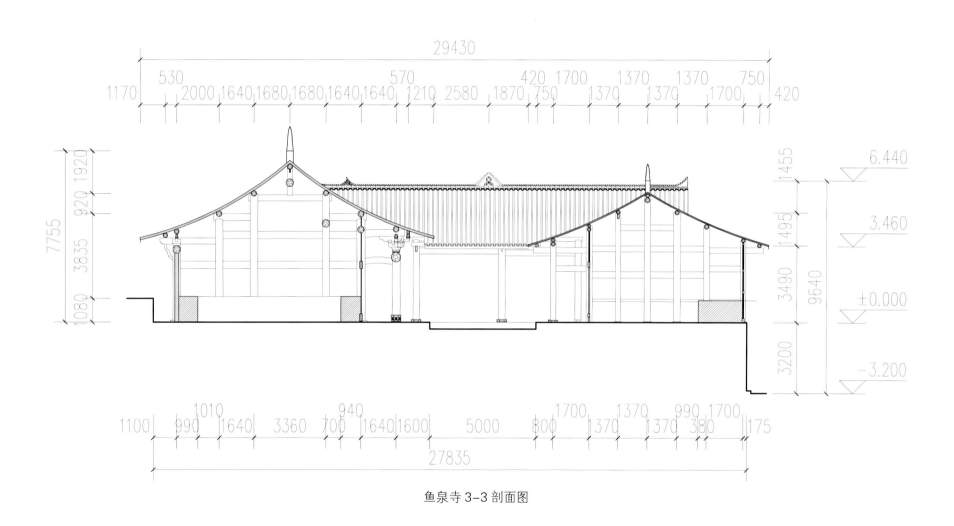

鱼泉寺 3-3 剖面图

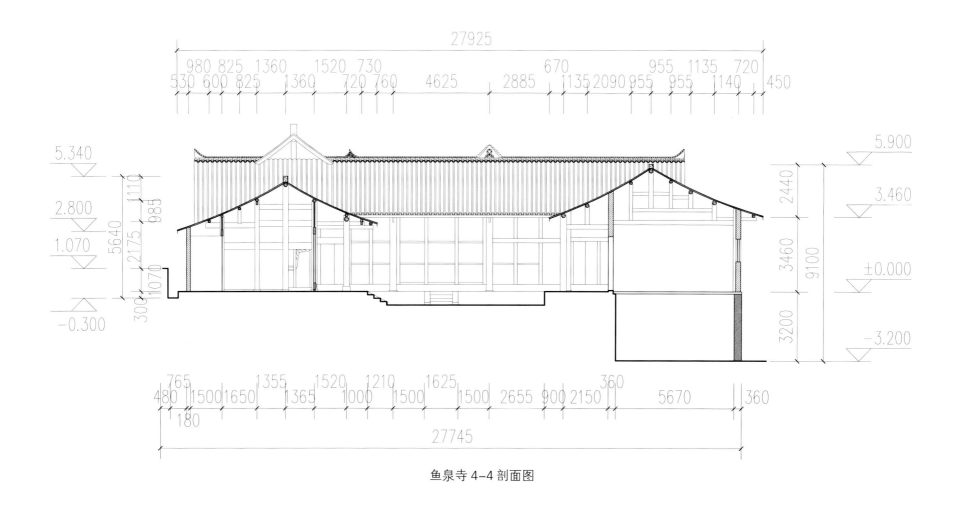

鱼泉寺 4-4 剖面图

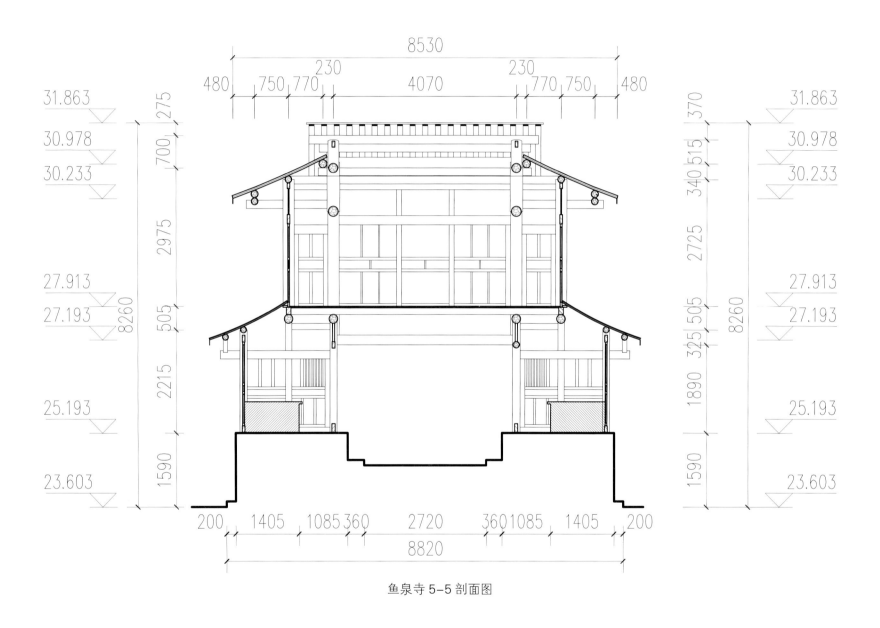

鱼泉寺 5-5 剖面图

马鞍寺

马鞍寺

天王殿

　　马鞍寺位于绵阳市区以东约 40 公里的游仙区刘家镇曾家垭村马鞍山下，据传始建于明代。明末寺院被毁，清乾隆年间重建，经历次重修保存至今。

　　马鞍寺坐东北朝西南，寺院主体由天王殿、大雄宝殿、观音殿及两侧厢房围合成两进天井院落，这一部分基本处于同一地平高度，建于清乾隆年间。寺前地势略低的广场上有乐楼，寺后高台上有玉皇殿，为清代晚期陆续增建。寺院总占地面积 6348 平方米，建筑面积 3100 平方米。

据楼内题记,乐楼建于清同治六年（1867），平面呈"凸"字形。底层架空,现立有3块石碑,柱子下半部用石柱,上接木柱。上层为戏台,分为中间向前突出的舞台、两侧供乐队伴奏的前廊和后半部的后台3个部分。屋顶由舞台部和后台部各一个歇山顶前后相嵌,形成高低错落的6个翼角。乐楼内编壁墙上绘有多幅壁画,有人物故事、花鸟风景等题材。

乐楼

据碑记载,天王殿建于乾隆四十三年（1778），面阔五间,宽22.1米,进深九檩,深8.5米,单檐悬山顶,前后带廊,廊下做轩棚,单挑承檐。中间三间为天王殿,两梢间隔出,为东岳殿和火神殿。明间为抬担式梁架,用四柱。次间、山面为穿斗式梁架,用五柱。前廊构架与编壁上保存有建筑彩画和壁画,后廊保存有石碑,殿后院落当中有甬道通大雄宝殿。

天王殿背面

大雄宝殿前院落

大雄宝殿

大雄宝殿据殿内题记建于乾隆十五年（1750），面阔五间，宽22.1米，进深十檩，深12.25米，单檐悬山顶，前后带廊。檐下施五踩重翘斗拱，外拽45度方向出斜拱。殿内中间三间为佛殿，两梢间隔为药王殿、财神殿等。大殿明间为抬担式梁架，用六柱。次间、山面为穿斗式梁架，用七柱。大殿前廊保存有建筑彩画和壁画，殿内两侧壁保存有壁画，后廊保存有碑刻。

大雄宝殿前檐柱头科斗拱

大雄宝殿前檐平身科斗拱

大雄宝殿内壁画

墨书题记

　　观音殿面阔五间，宽 22.1 米，进深九檩，深 10.8 米，单檐悬山顶，带前廊。观音殿用单挑承檐，但在前檐还同时使用平身科斗拱，斗拱用材纤细，拱端做雕饰，是纯装饰性斗拱。殿内中间三间为殿堂，两梢间隔为房间。明间为抬担式梁架，用五柱，架梁上施驼峰和大斗承三架梁。次间、山面为穿斗式梁架，次间用六柱，山面用七柱。观音殿前廊保存有石碑。

　　玉皇殿建于道光八年（1828），位于观音殿后 5 米多高的台基上，面阔三间，宽 10.8 米，进深七檩，深 6.92 米，单檐悬山顶，带前廊。前檐单挑吊墩承檐，后檐单挑承檐。明间为抬担式梁架，用四柱。山面为穿斗式梁架，用五柱。

东庑与天王殿交接处

　　两侧厢房自天王殿侧一直延伸到观音殿侧。西庑 14 间，通长 59.66 米，进深七檩，深 7.92 米。东庑 13 间，通长 55.12 米，进深十檩，深 12.32 米。东庑北侧另有三间柴房，两厢均为抬担与穿斗式混合结构，带前廊。

　　马鞍寺是一处布局保存完整的清代寺院建筑群，寺内建筑陆续修建于清乾隆初年至清晚期，反映了清代四川建筑的发展历程。寺内保存有众多碑记，记载了寺院的修建历史、宗教活动等内容，寺中供奉有佛教、道教及儒家造像，体现了清代宗教的世俗化与三教合一的趋势。寺内保存有大量壁画、彩画，反映了当时的民间信仰及装饰艺术。2002 年被公布为省级文物保护单位，2013 年被公布为全国重点文物保护单位。

观音殿

西庑

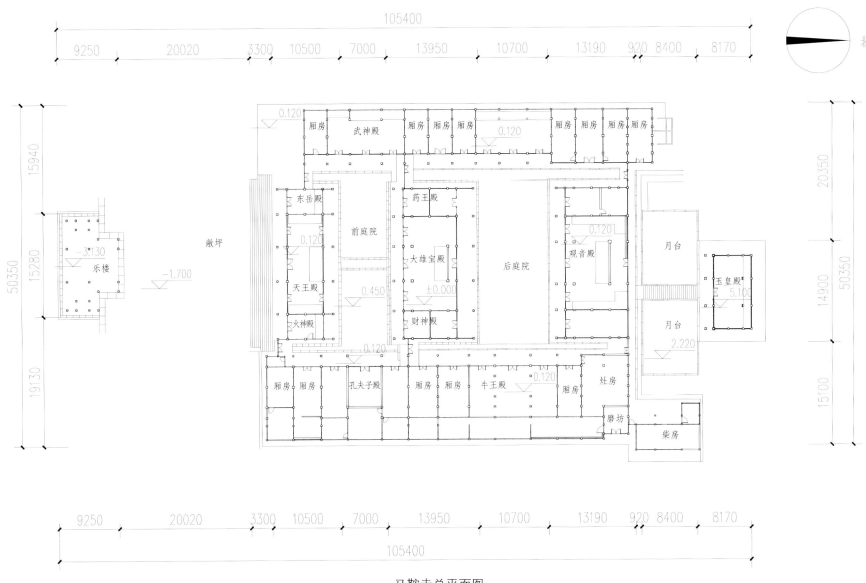

105400

9250 20020 3300 10500 7000 13950 10700 13190 920 8400 8170

北

50350 15940 15280 19130

20350 14900 15100 50350

厢房 武神殿 厢房 厢房 厢房 厢房 厢房 厢房 厢房

0.120 0.120

东岳殿 药王殿

前庭院 观音殿

乐楼 敞坪 天王殿 大雄宝殿 后庭院 月台 玉皇殿

-3.130 -1.700 0.120 ±0.000 0.120 5.100

0.450

火神殿 财神殿 月台

2.220

0.120 0.120

厢房 厢房 孔夫子殿 厢房 厢房 牛王殿 厢房 灶房

磨坊

柴房

9250 20020 3300 10500 7000 13950 10700 13190 920 8400 8170

105400

马鞍寺总平面图

乐楼

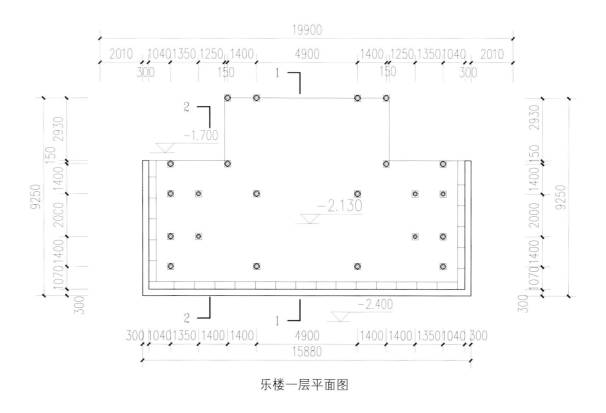

乐楼一层平面图

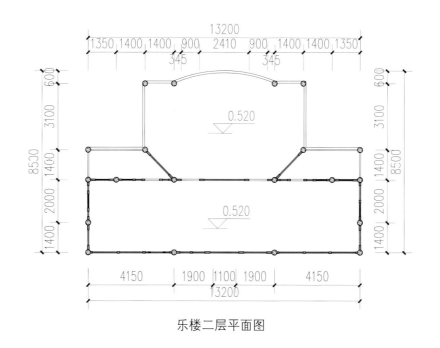

乐楼二层平面图

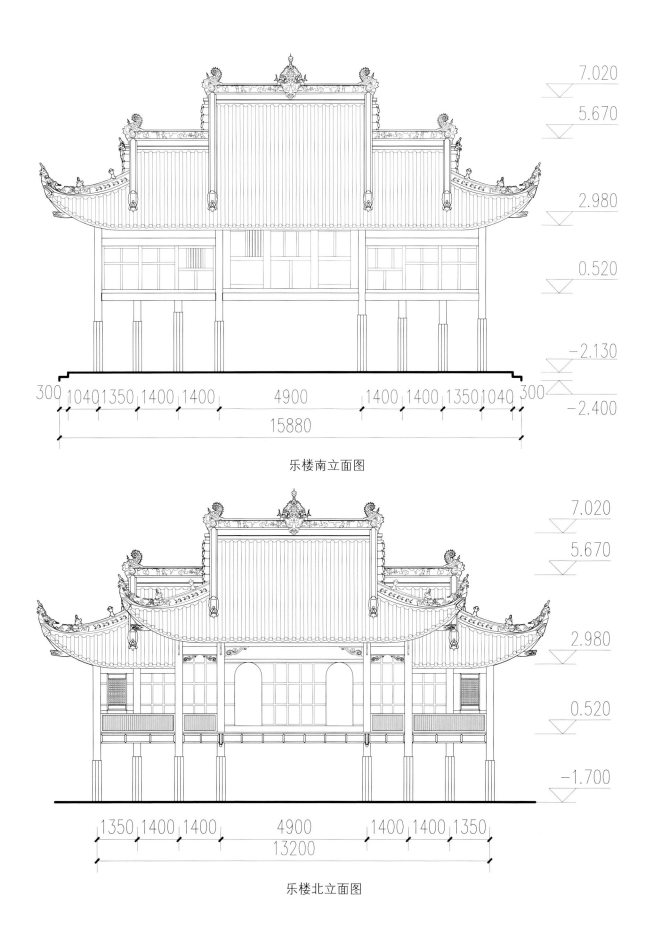

7.020

5.670

2.980

0.520

−2.130

300 1040 1350 1400 1400 4900 1400 1400 1350 1040 300

−2.400

15880

乐楼南立面图

7.020

5.670

2.980

0.520

−1.700

1350 1400 1400 4900 1400 1400 1350

13200

乐楼北立面图

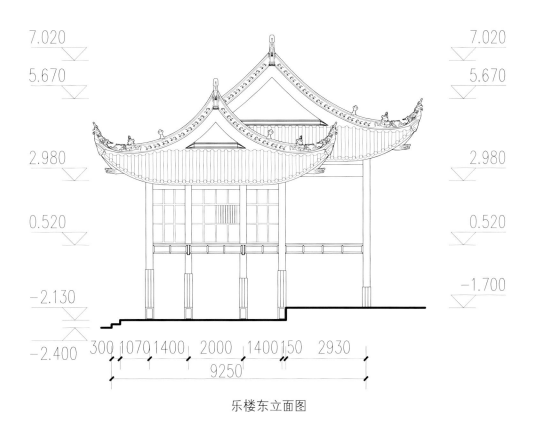

7.020
5.670
2.980
0.520
−1.700
−2.130
−2.400

7.020
5.670
2.980
0.520

300 1070 1400 2000 1400 150 2930
9250

乐楼东立面图

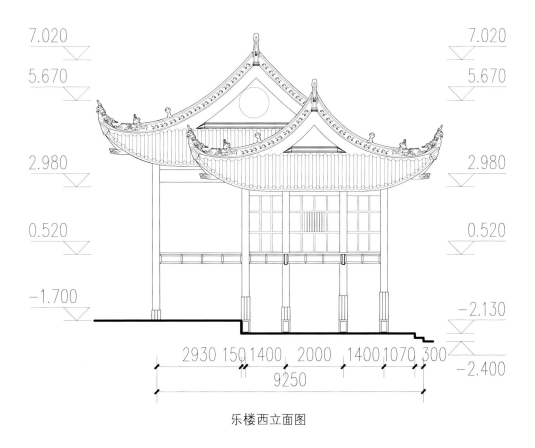

7.020
5.670
2.980
0.520
−1.700
−2.400

7.020
5.670
2.980
0.520
−2.130

2930 150 1400 2000 1400 1070 300
9250

乐楼西立面图

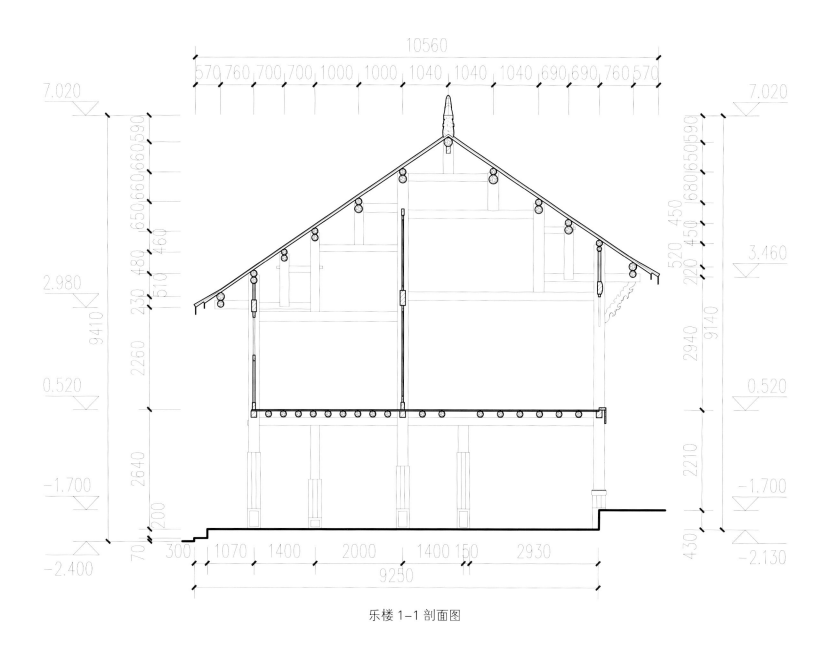

乐楼 1-1 剖面图

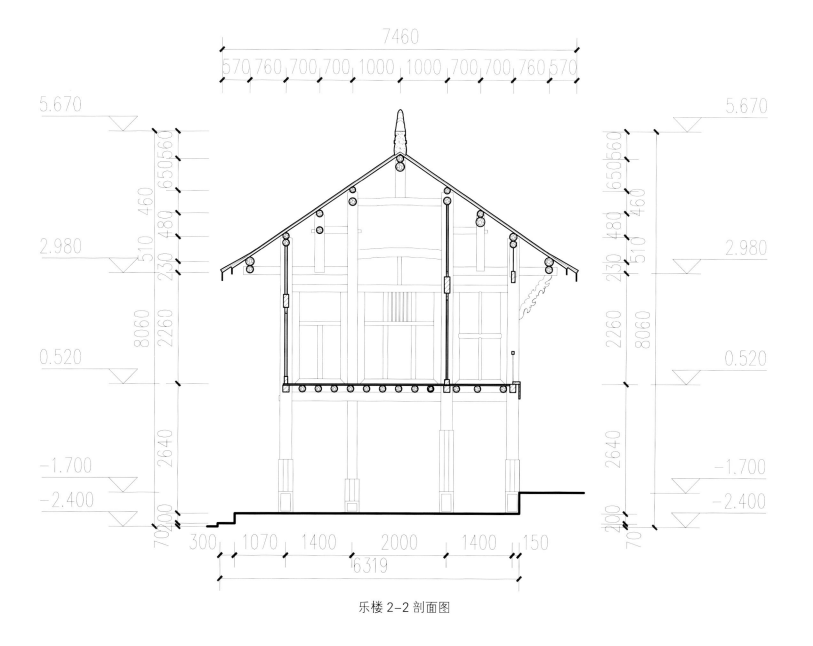

乐楼 2-2 剖面图

天王殿

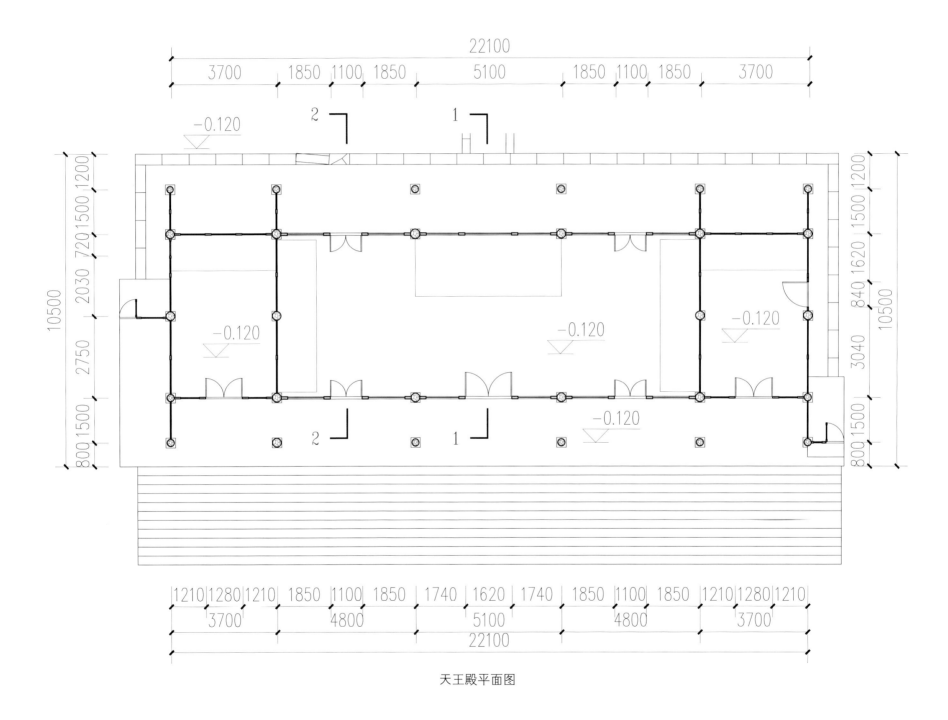

天王殿平面图

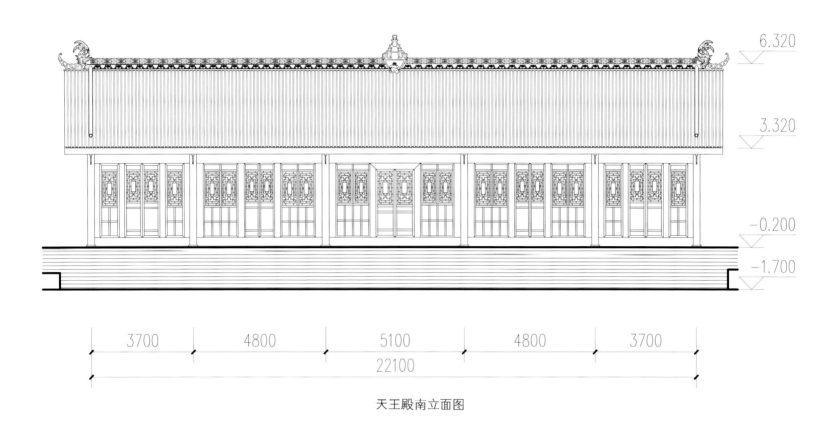

6.320

3.320

−0.200

−1.700

| 3700 | 4800 | 5100 | 4800 | 3700 |

22100

天王殿南立面图

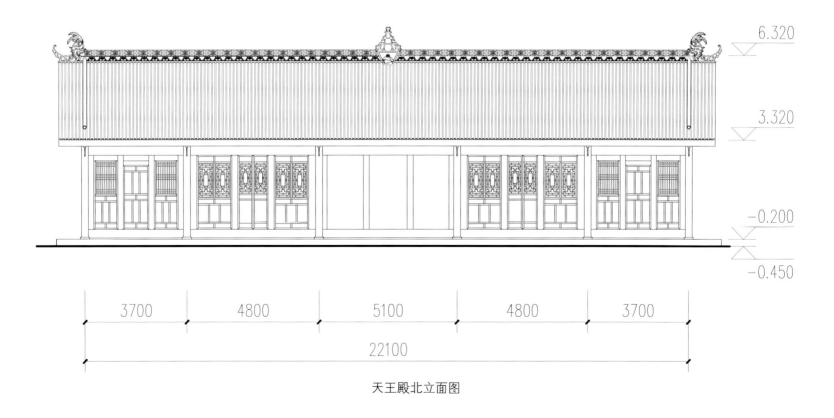

6.320

3.320

−0.200

−0.450

| 3700 | 4800 | 5100 | 4800 | 3700 |

22100

天王殿北立面图

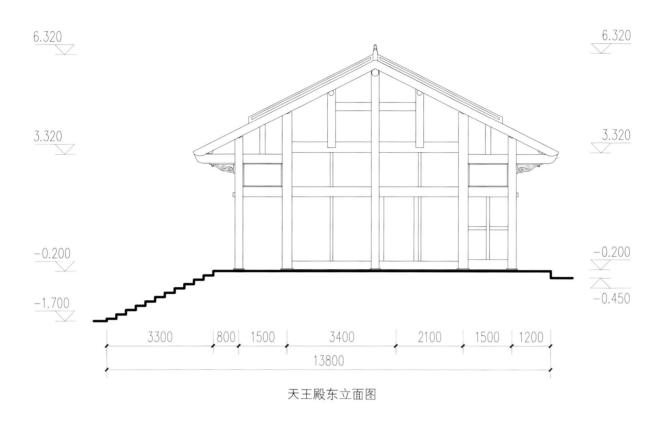

天王殿东立面图

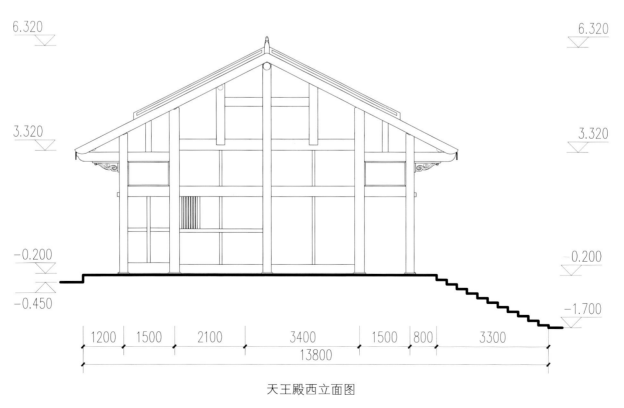

天王殿西立面图

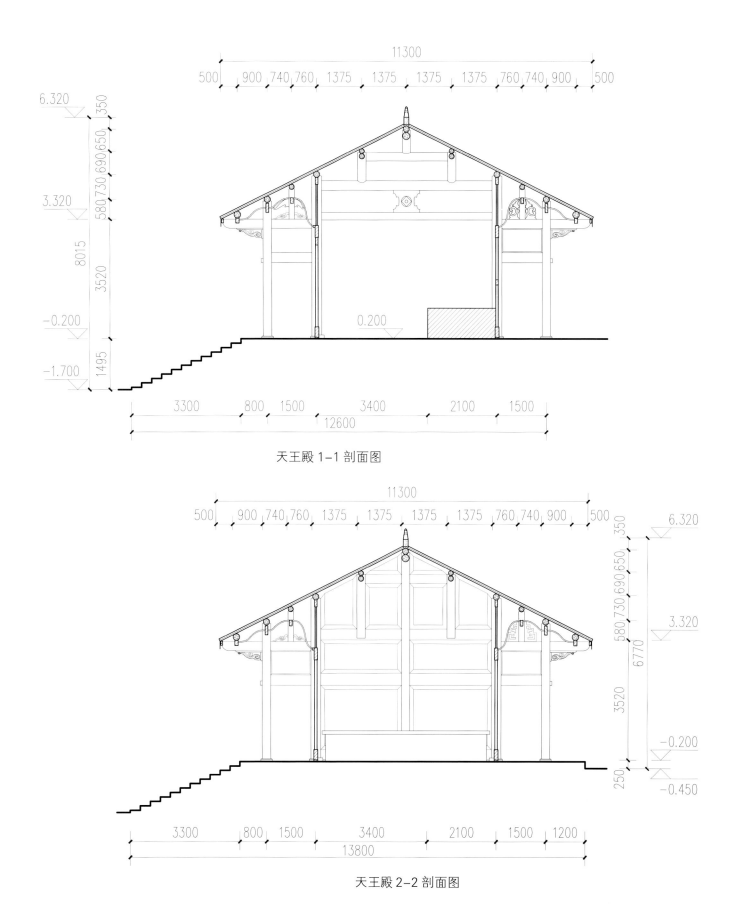

天王殿 1-1 剖面图

天王殿 2-2 剖面图

大雄宝殿

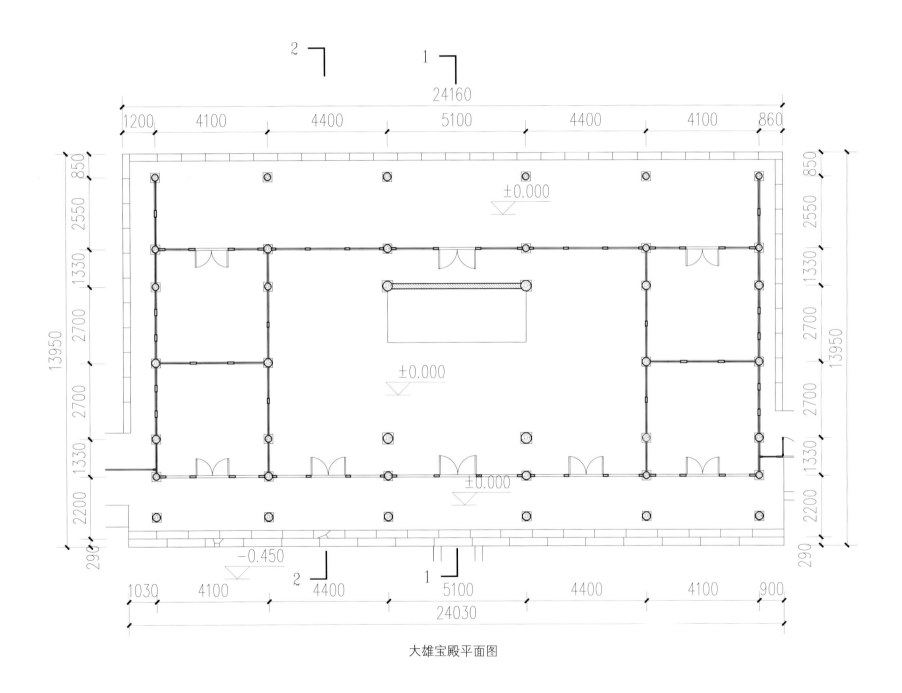

大雄宝殿平面图

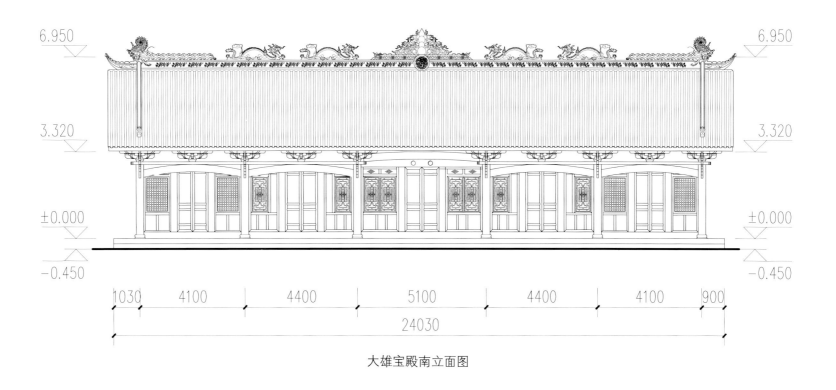

大雄宝殿南立面图

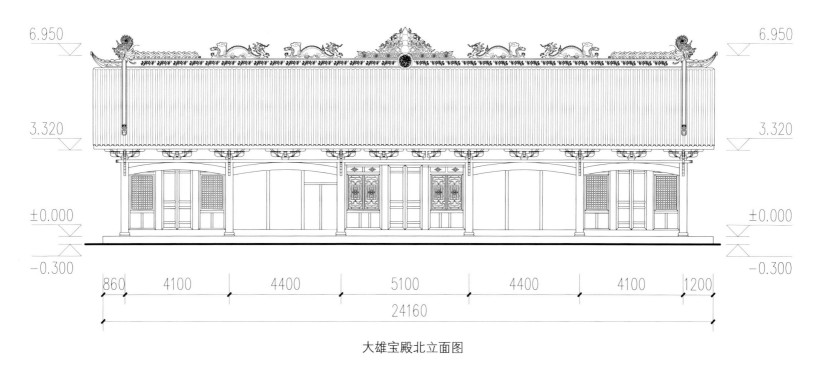

大雄宝殿北立面图

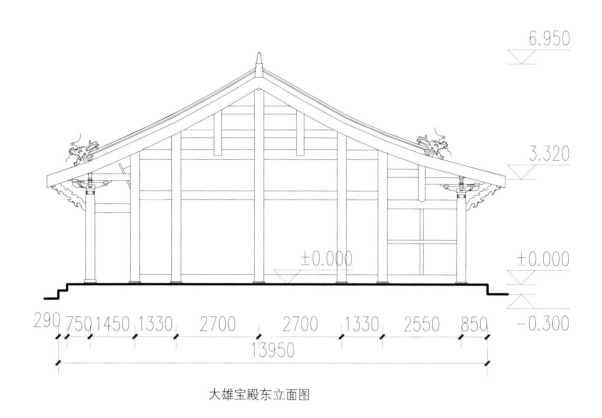

6.950

3.320

±0.000

±0.000

−0.300

290 750 1450 1330 2700 2700 1330 2550 850

13950

大雄宝殿东立面图

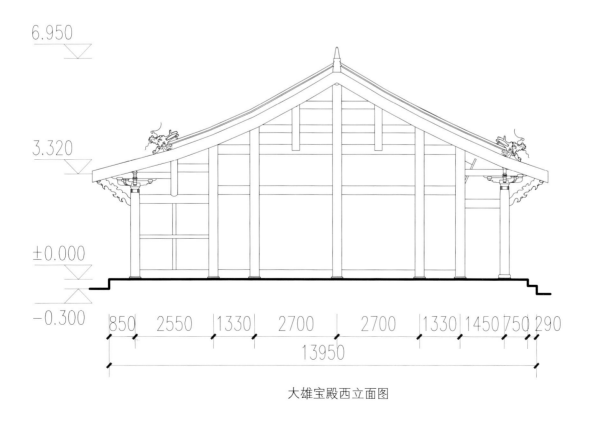

6.950

3.320

±0.000

−0.300

850 2550 1330 2700 2700 1330 1450 750 290

13950

大雄宝殿西立面图

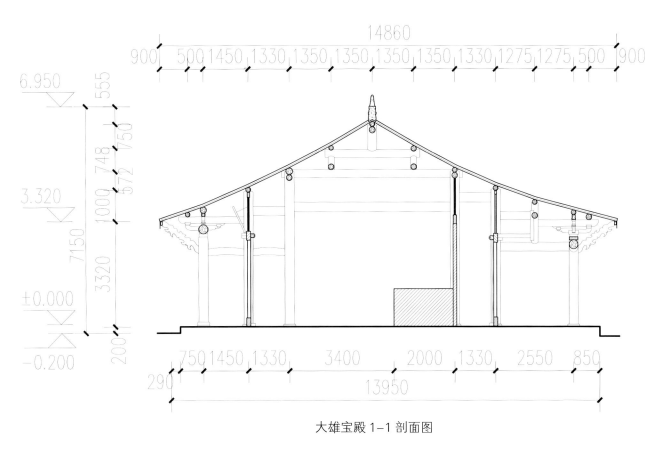

大雄宝殿 1-1 剖面图

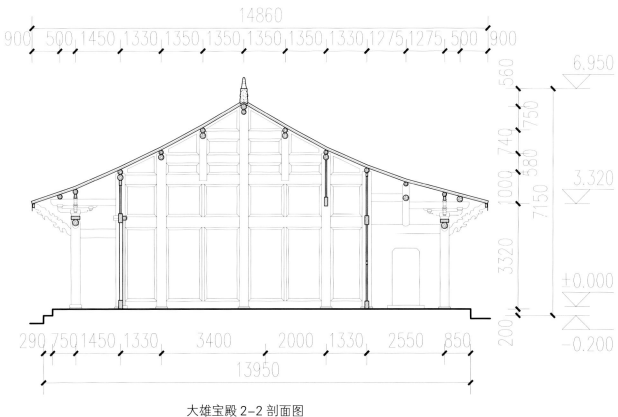

大雄宝殿 2-2 剖面图

观音殿

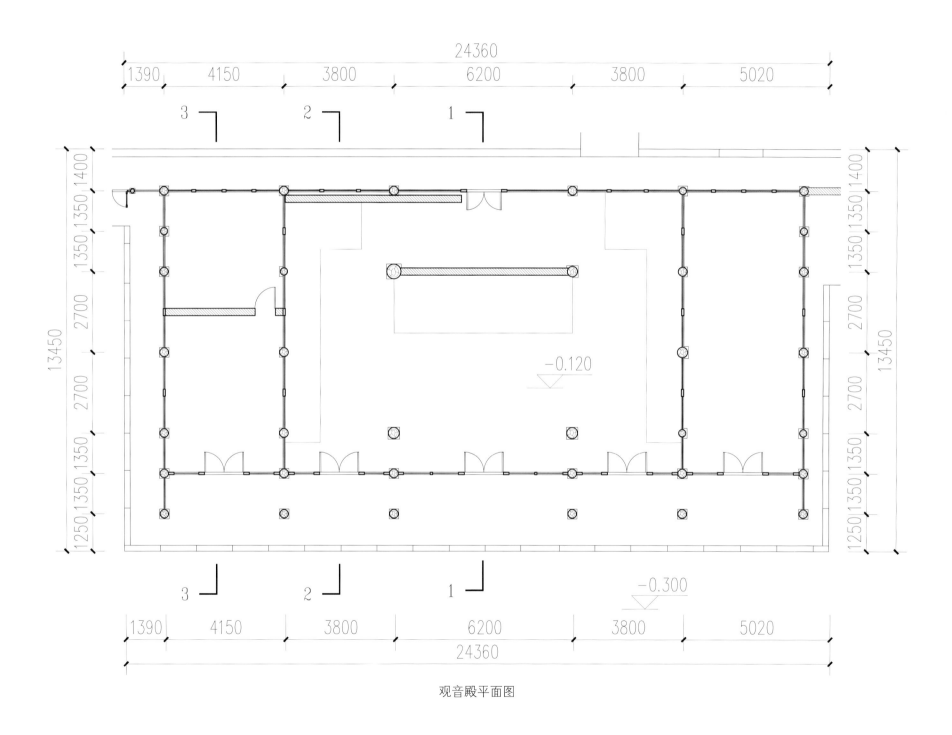

观音殿平面图

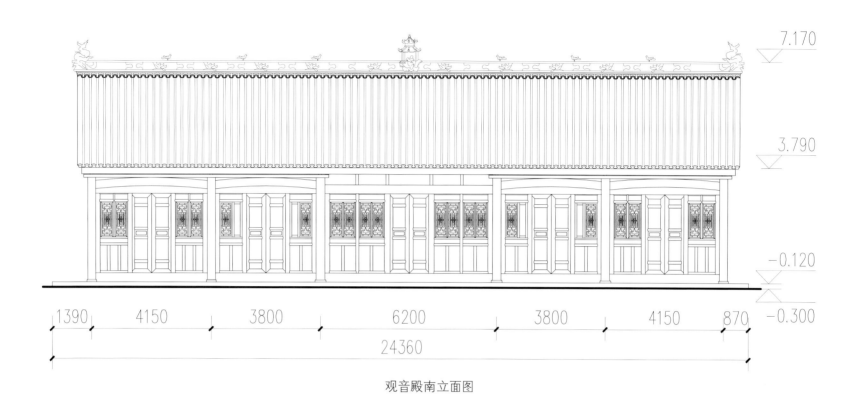

7.170

3.790

-0.120

-0.300

| 1390 | 4150 | 3800 | 6200 | 3800 | 4150 | 870 |

24360

观音殿南立面图

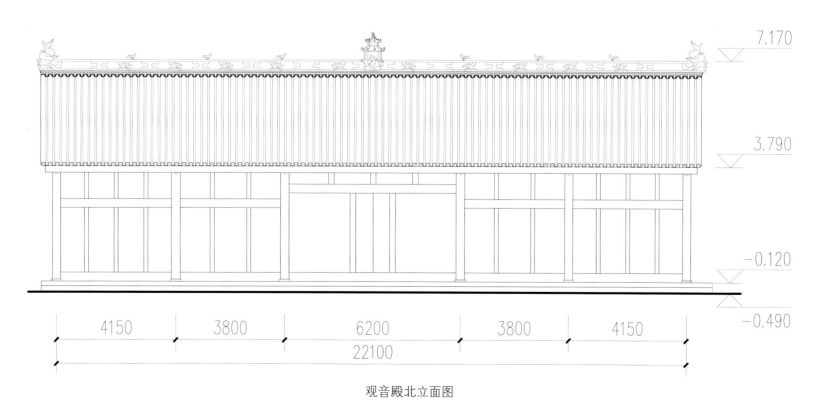

7.170

3.790

-0.120

-0.490

| 4150 | 3800 | 6200 | 3800 | 4150 |

22100

观音殿北立面图

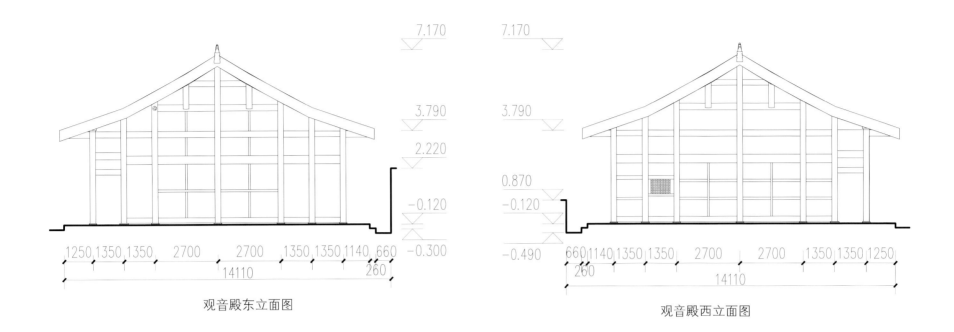

观音殿东立面图

观音殿西立面图

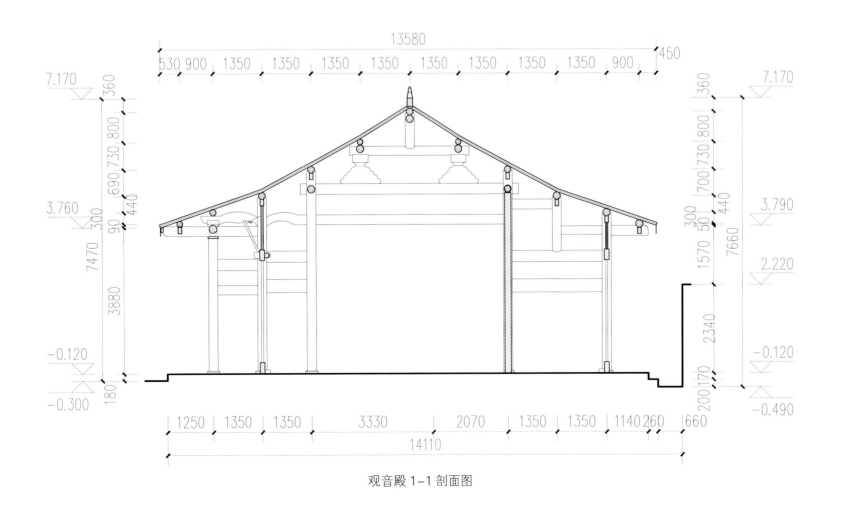

观音殿 1-1 剖面图

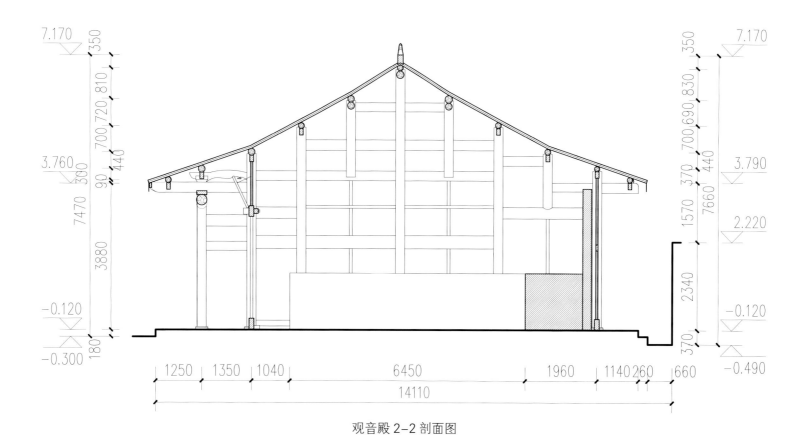

观音殿 2-2 剖面图

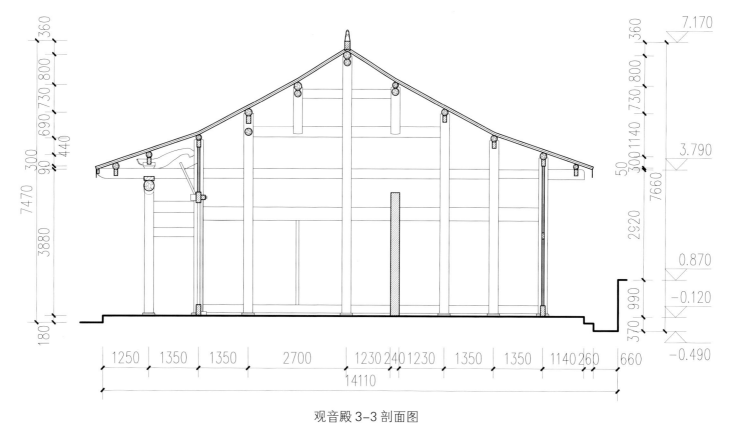

观音殿 3-3 剖面图

玉皇殿

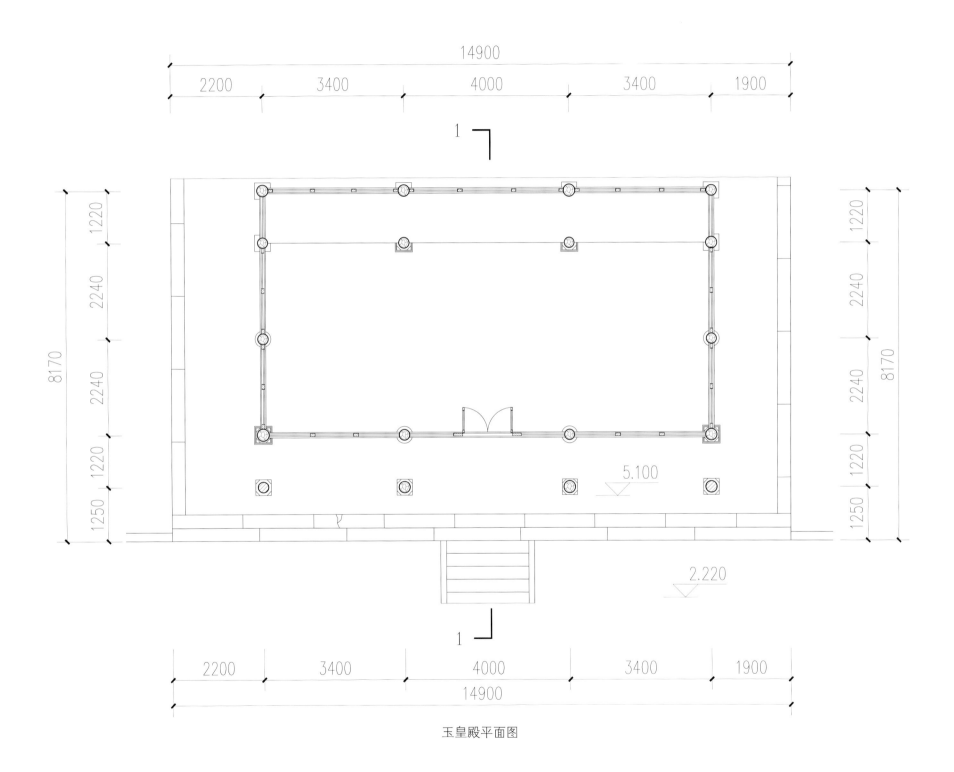

玉皇殿平面图

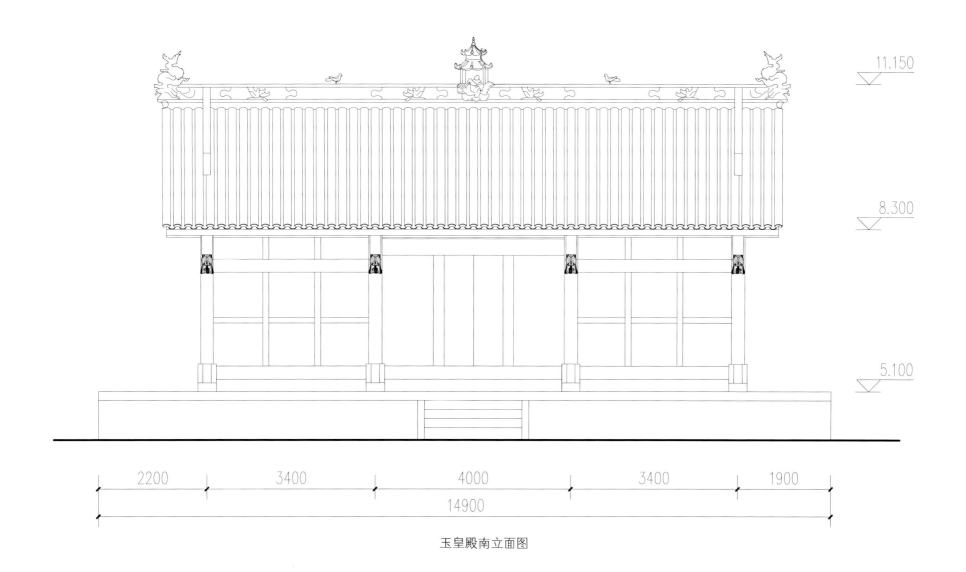

11.150

8.300

5.100

| 2200 | 3400 | 4000 | 3400 | 1900 |

14900

玉皇殿南立面图

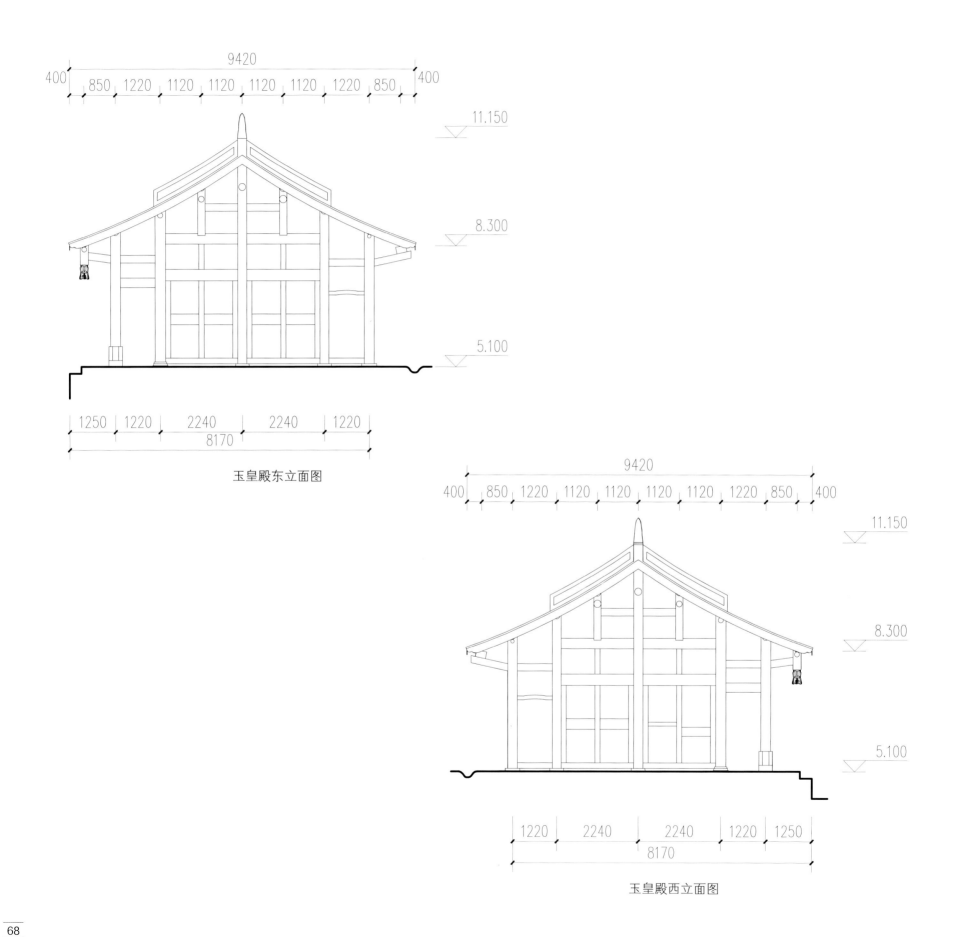

玉皇殿东立面图

玉皇殿西立面图

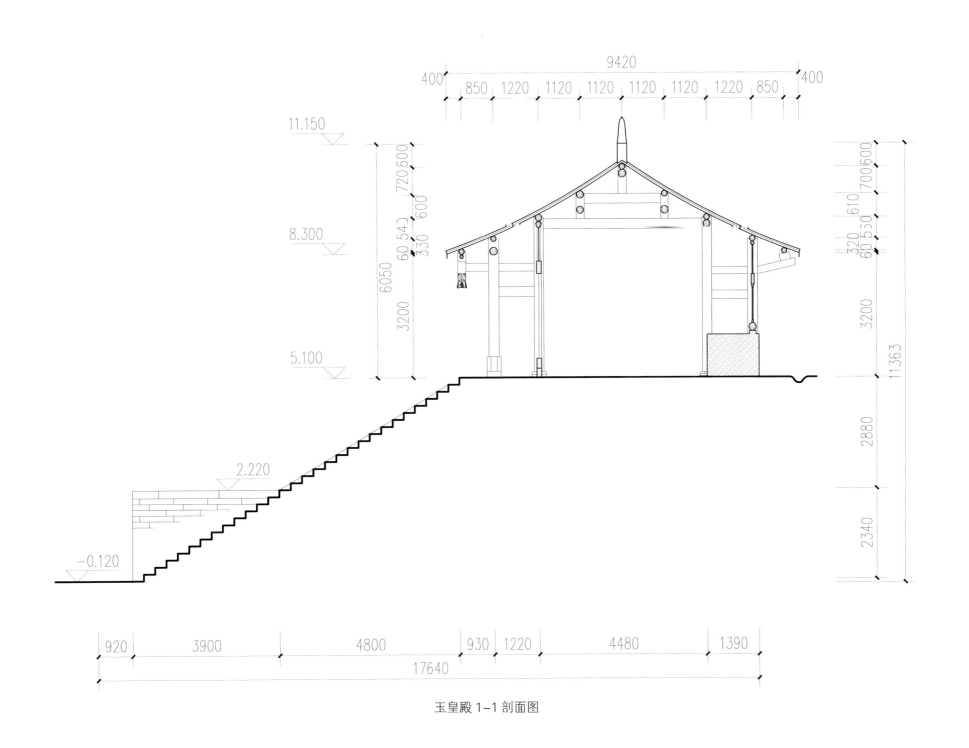

玉皇殿 1-1 剖面图

🐉 东厢房

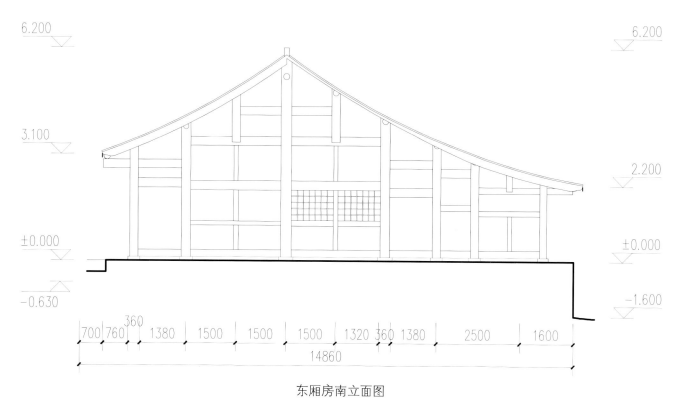

6.200

3.100

±0.000

-0.630

| 700 | 760 | 360 | 1380 | 1500 | 1500 | 1500 | 1320 | 360 | 1380 | 2500 | 1600 |

14860

6.200

2.200

±0.000

-1.600

东厢房南立面图

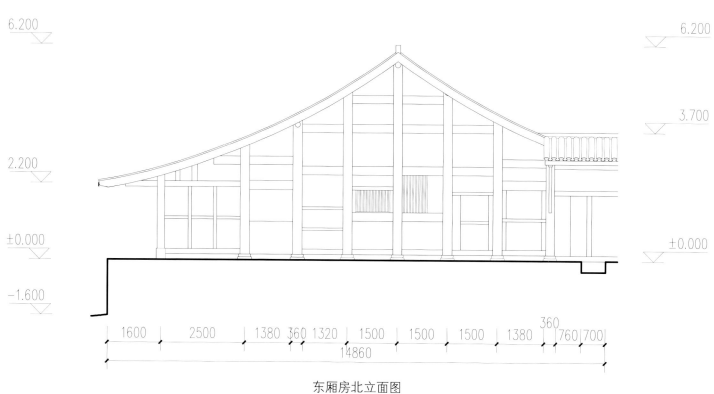

6.200

2.200

±0.000

-1.600

| 1600 | 2500 | 1380 | 360 | 1320 | 1500 | 1500 | 1500 | 1380 | 360 | 760 | 700 |

14860

6.200

3.700

±0.000

东厢房北立面图

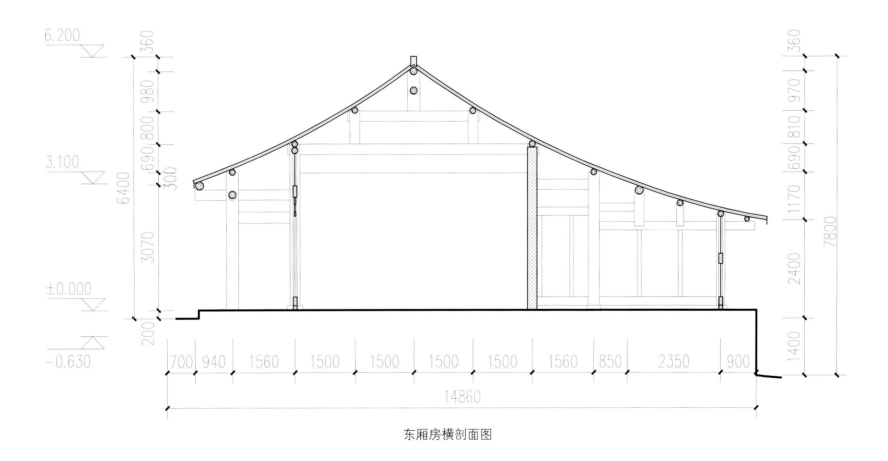

东厢房横剖面图

开禧寺

开禧寺

开禧寺位于安州区西南 20 公里、安县故城南 25 公里的塔水镇开禧村，其大雄宝殿为明代建筑。

开禧寺坐东北朝西南，寺内原有建筑仅存大雄殿和西配殿，近年又复建了山门、前殿、东配殿、后殿等建筑。

　　大雄殿初建于明永乐四年（1406），嘉靖七年（1528）迁建于此，面阔三间，六架椽屋前乳栿后箚牵对三椽栿厅堂式建筑，单檐歇山顶。平面近方形，面阔12.9米，进深13.35米。明间宽7.7米，次间宽2.6米。檐柱之间用阑额一道，柱头施普拍枋，檐下施斗拱一周，前繁后简。前檐至山面第一朵补间铺作，为五铺作单杪单昂斗拱。后檐及山面其他斗拱则为四铺作单杪斗拱，檐柱随之升高。斗拱布置舒朗，补间铺作前后檐明间各两朵，山面前进各一朵，其他各间都不用补间铺作。斗拱用材厚120毫米，单材广170毫米，足材广245毫米。五铺作斗拱昂嘴平出上卷，刻蝉肚华头子，采用昂形耍头，柱头铺作的耍头后尾做楷头压在梁栿下，补间铺作的则做挑幹，横拱拱眼做"{"形抹斜，里跳华拱上施异型拱。四铺作斗拱华拱出跳相当于两跳的长度，用平出斜截式耍头。殿内金柱四根，中间施天花，在正面佛坛所供的三身佛上方将天花做成三个八边形，天花板绘有云纹和花卉彩画。殿内明栿及屋内额下各施雀替，雕刻有龙头、卷草等样式。天花以上为三椽栿，上施蜀柱、平梁，脊蜀柱两侧施叉手。

大雄殿

后檐补间及转角铺作

大雄殿内部梁架及天花

东配殿

前檐转角铺作

前檐柱头铺作

后檐柱头铺作

　　大雄殿殿内梁架上保存有"永乐四年"墨书题记，编壁墙上残留有壁画。

　　开禧寺大雄殿是四川地区珍贵的明代早期建筑遗存，保存了很多宋元遗留的古老做法，具有重要的文物价值。1984 年被公布为县级文物保护单位，1991 年被公布为省级文物保护单位，2013 年被公布为全国重点文物保护单位。

大雄殿

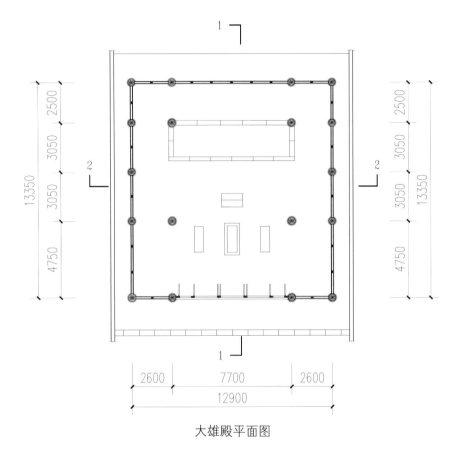

大雄殿平面图

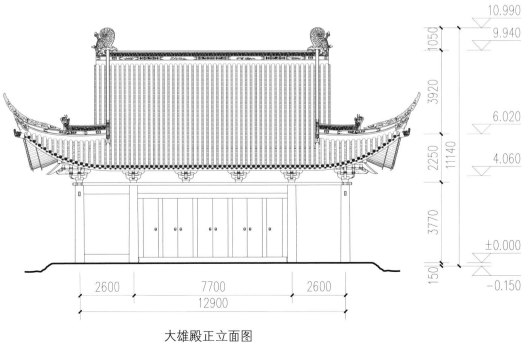

大雄殿正立面图

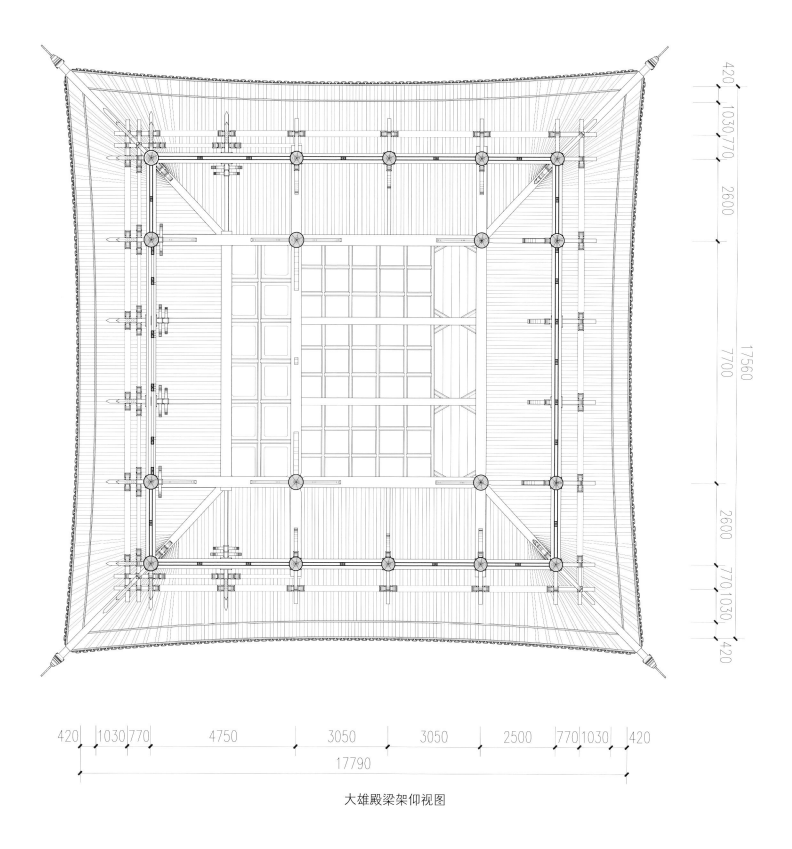

大雄殿梁架仰视图

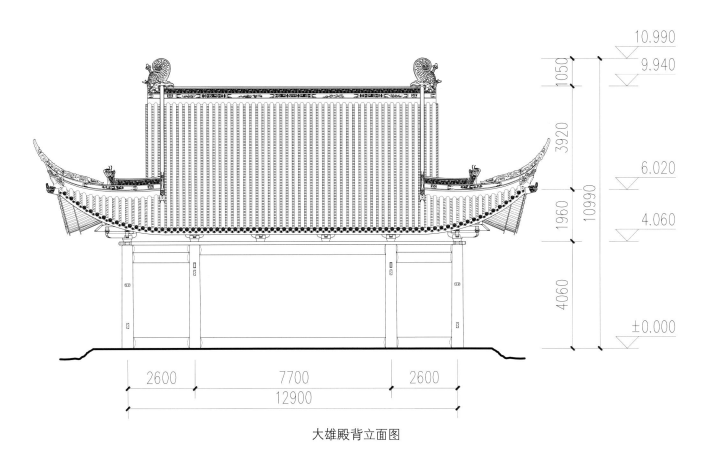

10.990
9.940
1050
3920
6.020
4.060
1960
10990
4060
±0.000

2600　　　7700　　　2600
12900

大雄殿背立面图

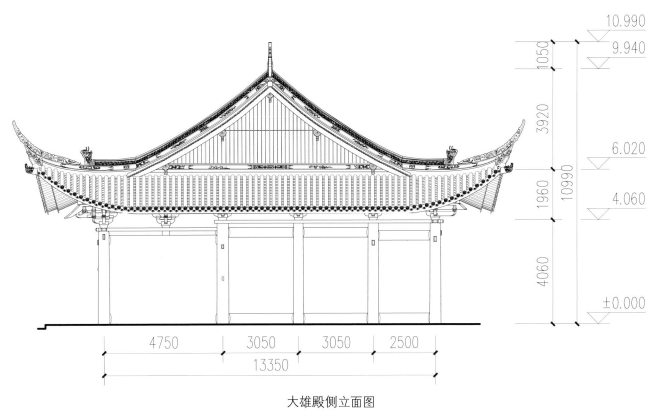

10.990
9.940
1050
3920
6.020
4.060
1960
10990
4060
±0.000

4750　　3050　　3050　　2500
13350

大雄殿侧立面图

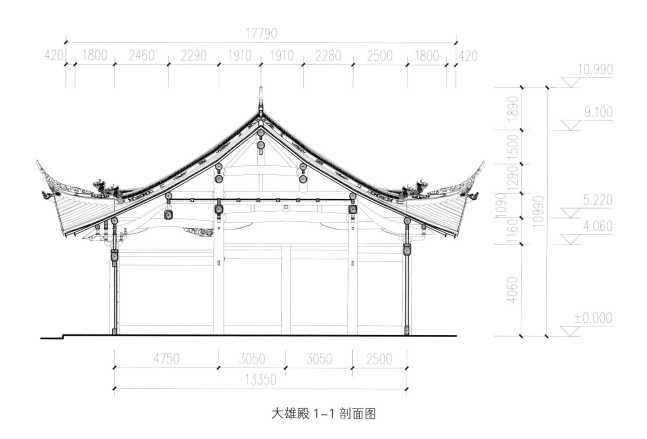

大雄殿 1-1 剖面图

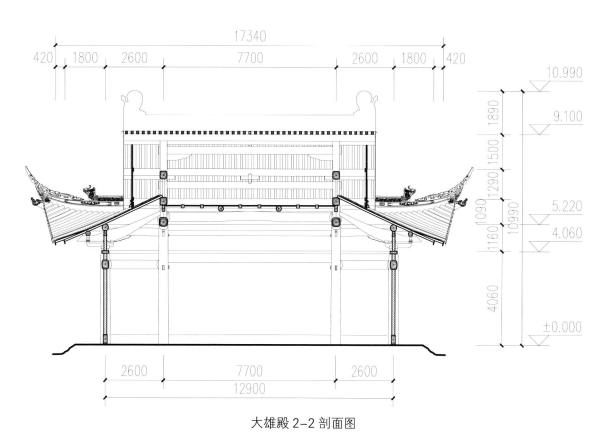

大雄殿 2-2 剖面图

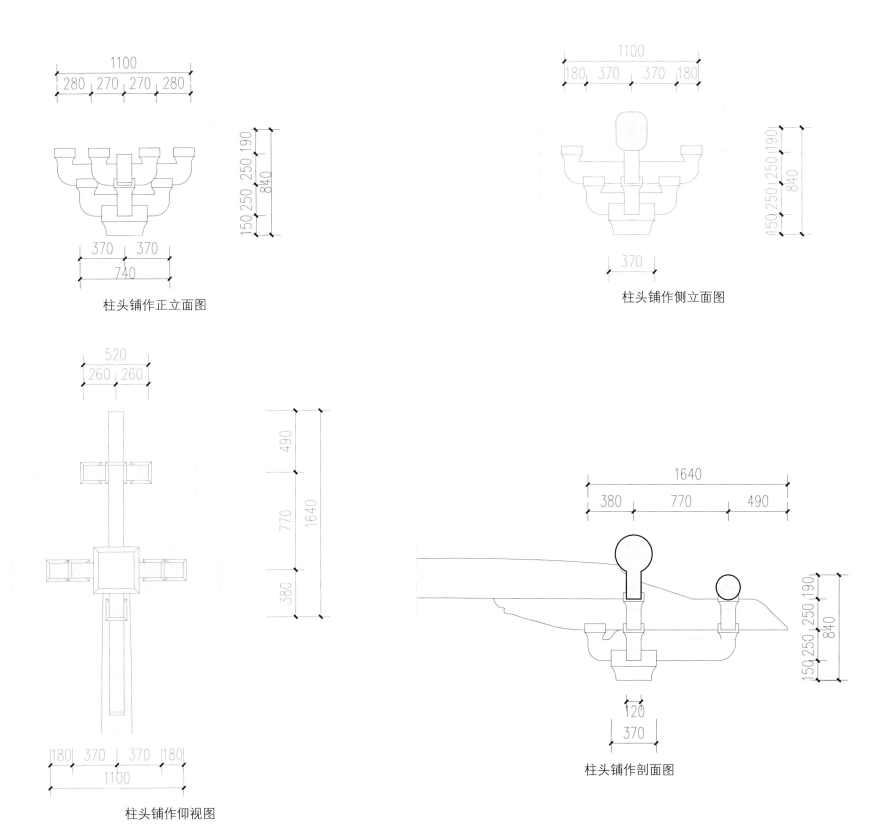

柱头铺作正立面图

柱头铺作侧立面图

柱头铺作仰视图

柱头铺作剖面图

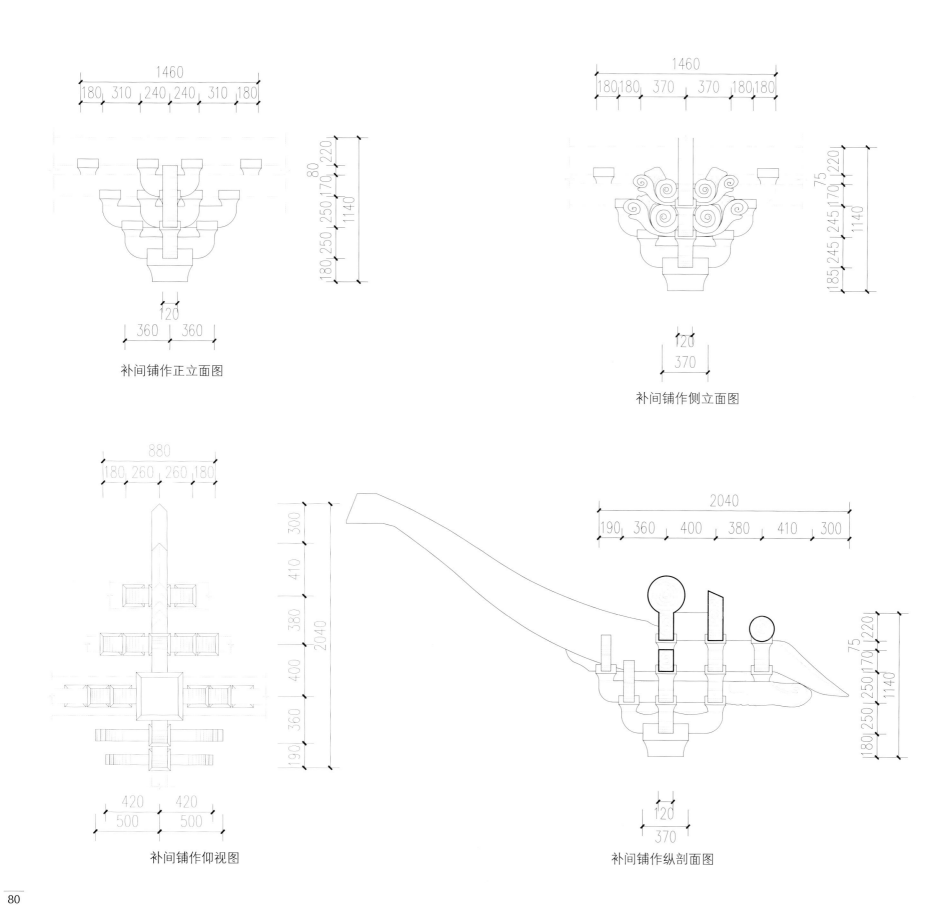

补间铺作正立面图

补间铺作侧立面图

补间铺作仰视图

补间铺作纵剖面图

东配殿

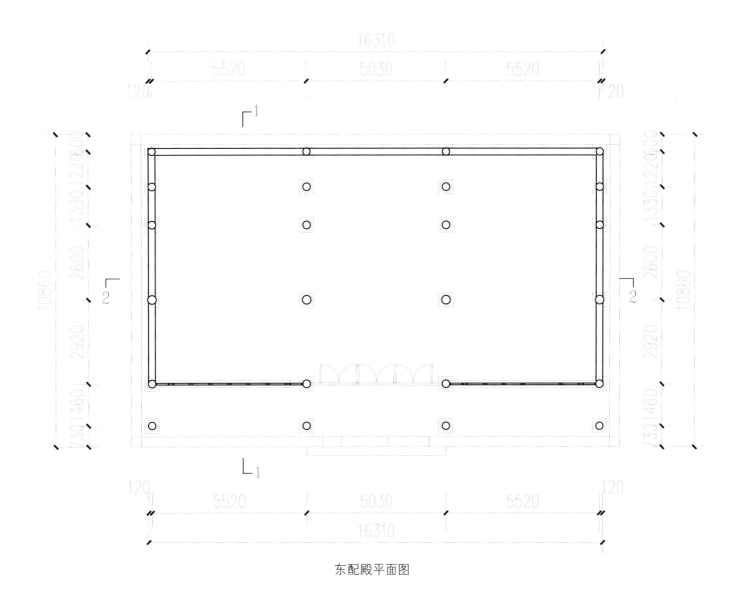

东配殿平面图

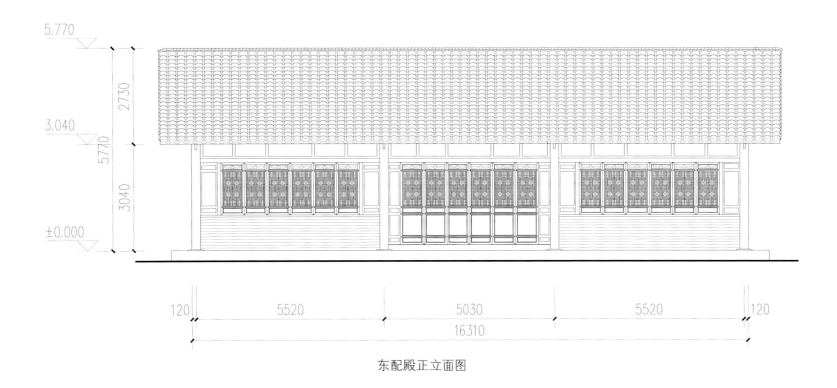

东配殿正立面图

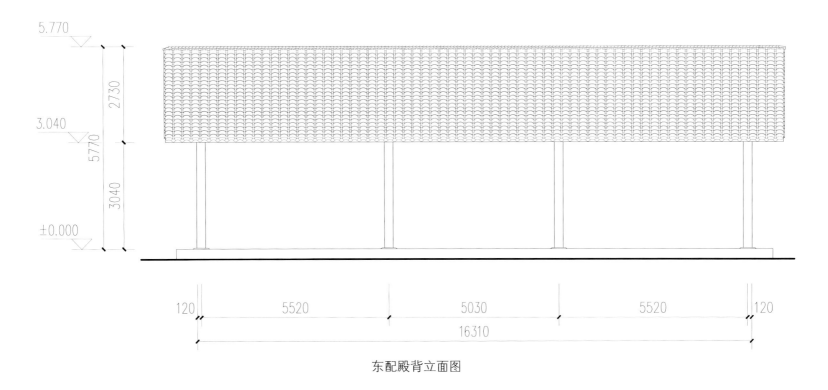

东配殿背立面图

5.630
4.630
3.790
2.770
±0.000

1000
840
1020

2770

|600|1220|1330| 2600 | 2920 |1460|730|

10860

东配殿侧立面图

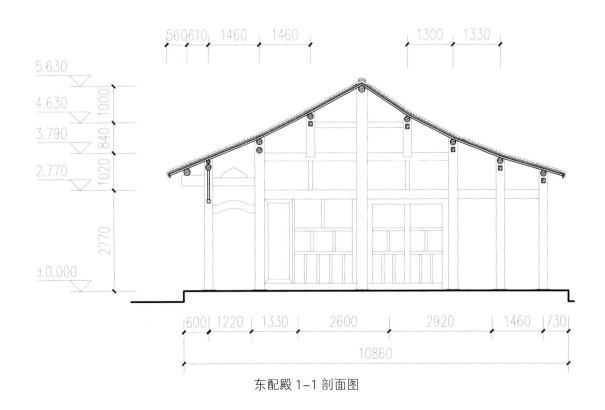

560610| 1460 | 1460 | | 1300 | 1330 |

5.630
4.630
3.790
2.770
±0.000

1000
840
1020

2770

|600|1220|1330| 2600 | 2920 |1460|730|

10860

东配殿 1-1 剖面图

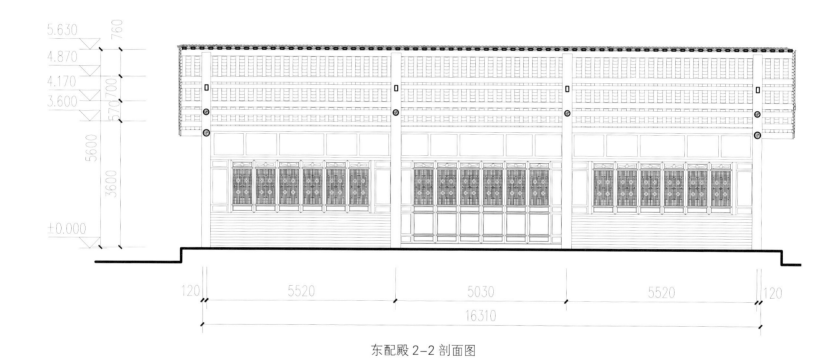

东配殿 2-2 剖面图

飞鸣禅院

飞鸣禅院

　　飞鸣禅院位于安州区西 30 公里、安县故城西南 11 公里的桑枣镇罗浮山南麓，传说是唐武宗为宣鉴禅师而建。实际上，宣鉴禅师长期在湖南澧阳龙潭寺一带活动，唐武宗会昌灭法时避难于湖南临澧县独浮山石室中，并未来过此处。罗浮山本为道教名山，北宋宣和间敕赐祥符观，明永乐二年（1404）敕赐玉虚观，正德年间被少数民族起义焚毁，嘉靖年间重建为东岳宫，万历年间建纯阳阁、文昌阁、纯阳殿等建筑，明末战乱中被毁。清顺治十六年（1659），僧常光至此开创飞鸣禅院，为了强调佛教在此山的正统性，才借"罗浮"与"独浮"音近，将唐代宣鉴禅师的事迹附会到罗浮山上，逐渐发展成一处大寺院。

　　飞鸣禅院坐北朝南，背倚峭拔秀丽的罗浮十二峰，寺内现有天王殿、大雄宝殿、大师殿、经堂、圆通殿等建筑，其中大雄宝殿和大师殿为清代古建筑。

　　大雄宝殿是九间十一檩的悬山式建筑，通面阔 30.32 米，深 12.03 米，西侧存朵殿一间，宽 5.7 米。大殿开间宽窄不一，可分为并列的三组空间，每一组都是中间宽两边窄，于宽的一间开门，并对应台基前的踏步，如同三座三开间的殿堂并列在一起。每组空间的明间为抬担式梁架，用六柱；次间则采用七柱四瓜的穿斗式梁架。大殿带前廊，挑枋上施驼墩和斗拱承托轩棚。

山门　　　　　　　　　　　　　　　　　　　　　　　　　　　　　　大雄宝殿

大雄宝殿　　　　　　　　　　　　　　　　　　　　　　　　　　大雄宝殿西侧朵殿

　　大师殿因供奉宗喀巴大师而得名，据梁上题记重建于清乾隆三十二年（1767），是一座方五间的重檐歇山式建筑，建于高大的台基上。通宽 16.28 米，深 15.87 米，四周带围廊。前檐和两山廊内做鹤颈轩，檐下施如意斗拱。前檐轩棚由驼墩支撑，斗拱外跳三层，里跳四层；山面轩棚由瓜柱、角背支撑，斗拱里外跳均为三层。斗拱由华拱、横拱、斜拱层层交织而成，只起装饰作用，屋檐仍由挑枋承托。上檐梁架采用抬担式结构，殿身三间九檩，用四柱，下檐围廊两步架。殿内残留有部分壁画，外壁还题写有历代文人的诗文。

大师殿

大师殿屋面

大师殿柱础

大师殿侧面

大师殿前檐如意斗拱

石狮

　　飞鸣禅院借罗浮山之势营造出自然与人工相结合的神圣宗教空间，殿堂注重前部轩棚的装饰，体现了四川清代庙宇的建筑特点。1991年被公布为省级文物保护单位。

大雄宝殿

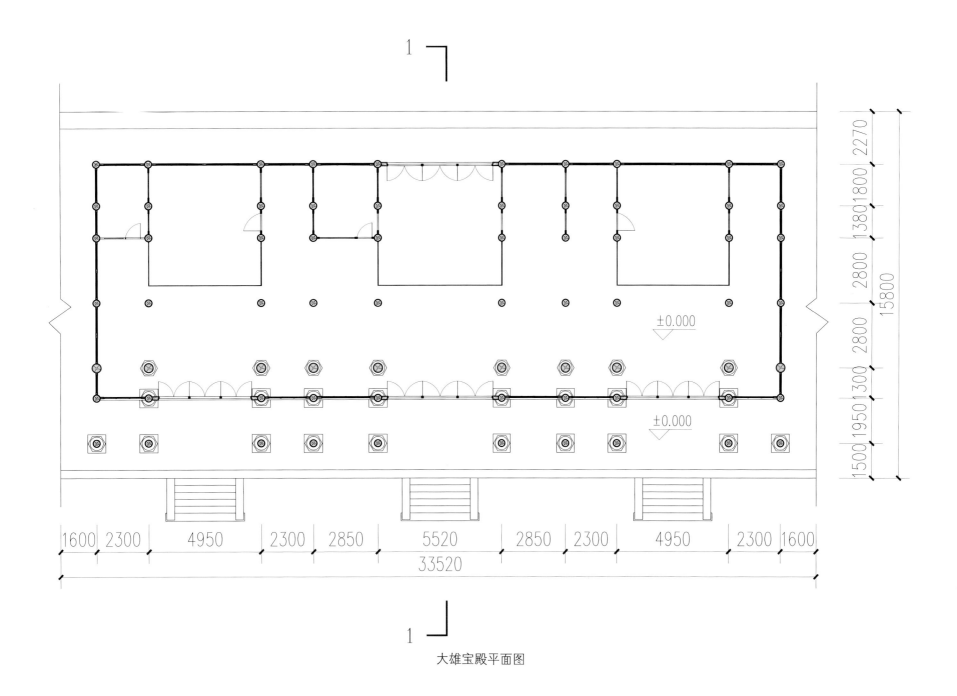

大雄宝殿平面图

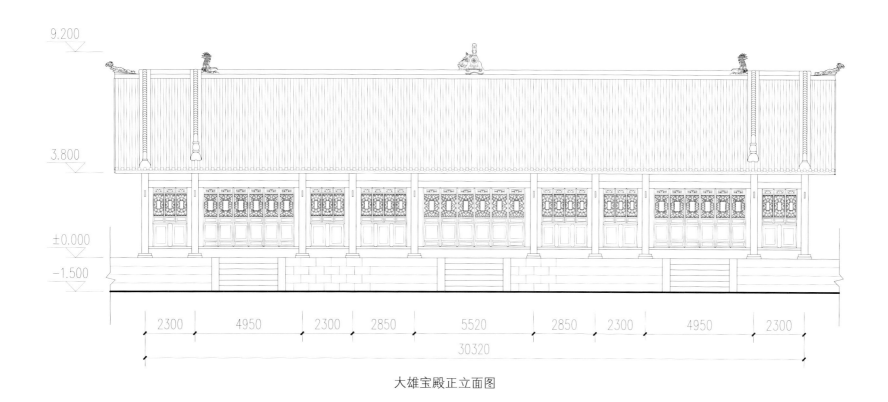

大雄宝殿正立面图

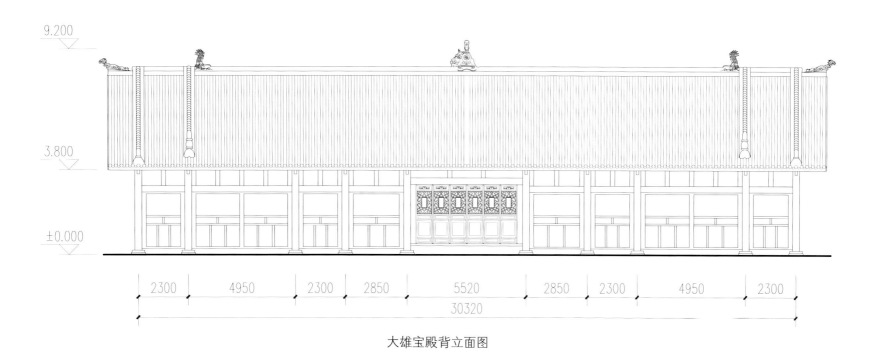

大雄宝殿背立面图

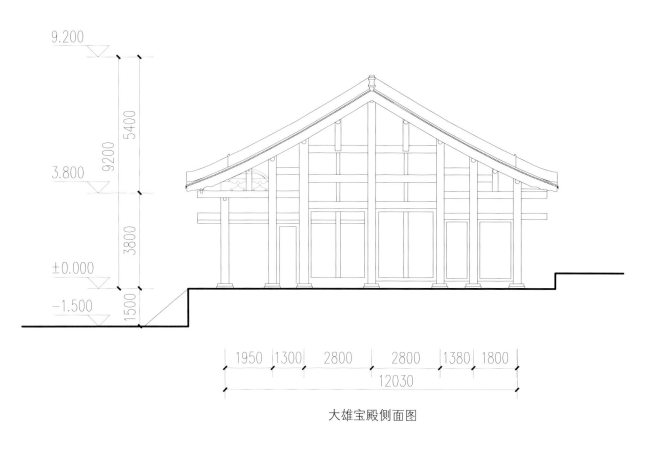

9.200

5400

9200

3.800

3800

±0.000

−1.500

1500

| 1950 | 1300 | 2800 | 2800 | 1380 | 1800 |

12030

大雄宝殿侧面图

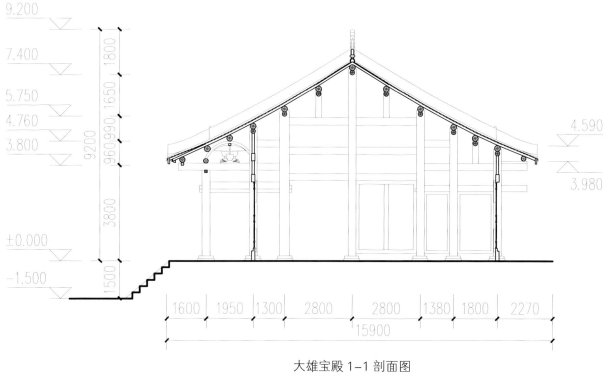

9.200

7.400

1800

5.750

1650

4.760

990

3.800

960

9200

4.590

3.980

3800

±0.000

−1.500

1500

| 1600 | 1950 | 1300 | 2800 | 2800 | 1380 | 1800 | 2270 |

15900

大雄宝殿 1−1 剖面图

大师殿

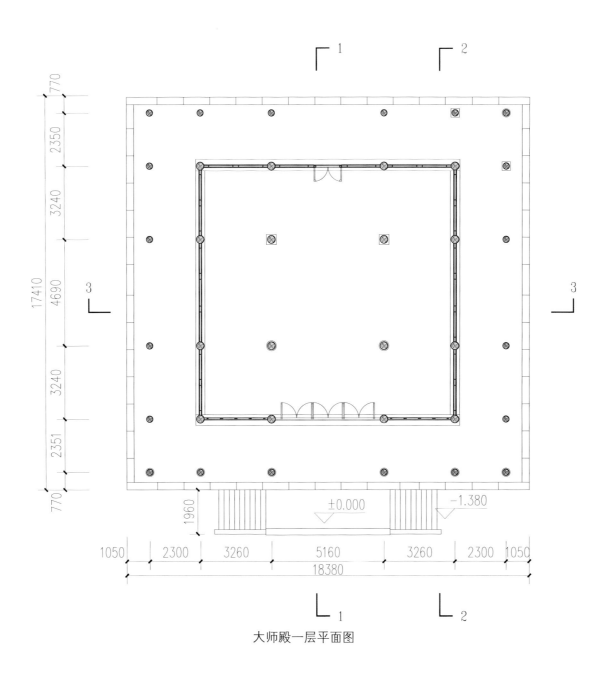

大师殿一层平面图

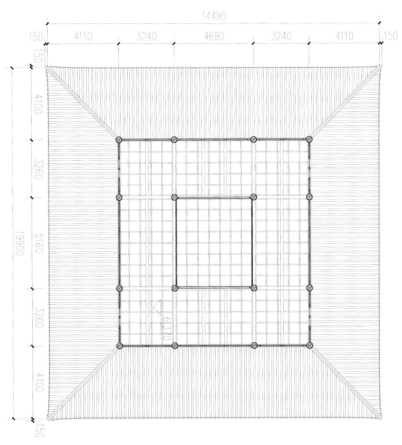

大师殿二层平面图

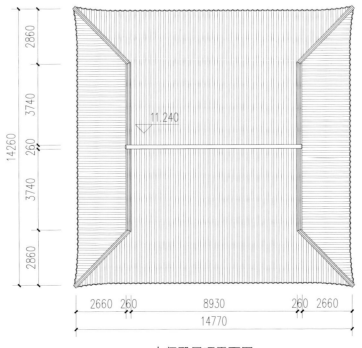

11.240

大师殿屋顶平面图

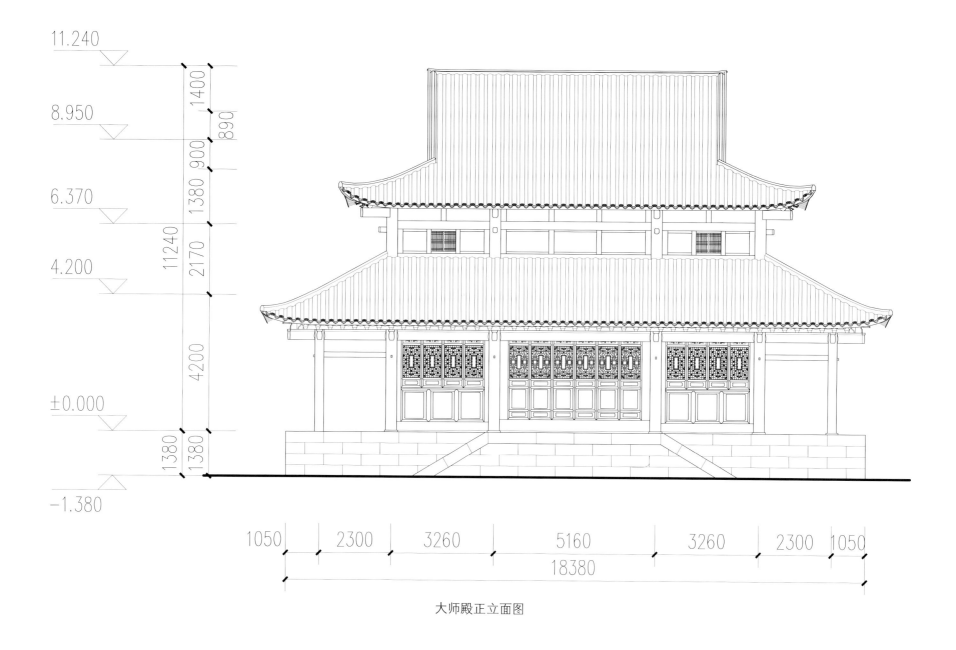

11.240

8.950

6.370

4.200

±0.000

−1.380

1400

890

900

1380

2170

11240

4200

1380

1380

1050　2300　3260　5160　3260　2300　1050

18380

大师殿正立面图

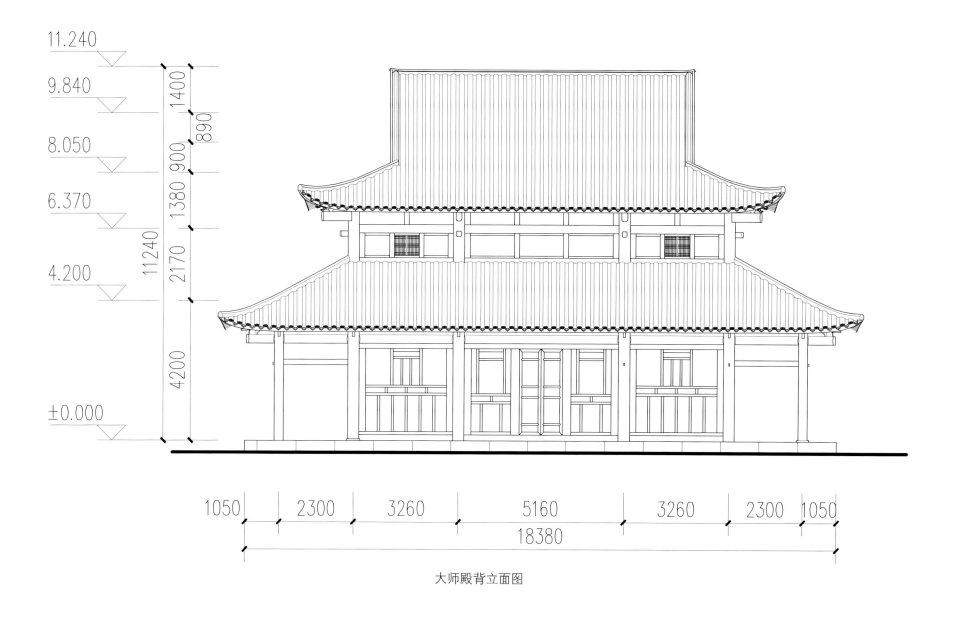

11.240

9.840

8.050

6.370

4.200

±0.000

1400

890

900

1380

2170

11240

4200

大师殿背立面图

| 1050 | 2300 | 3260 | 5160 | 3260 | 2300 | 1050 |

18380

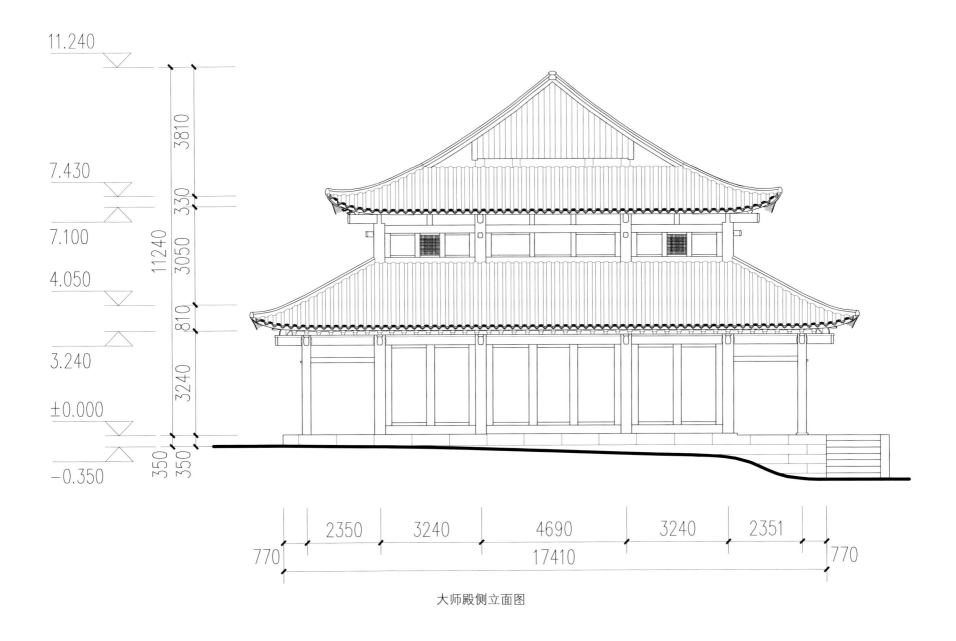

11.240

3810

7.430

330

7.100

11240

3050

4.050

810

3.240

3240

±0.000

350 350

−0.350

770 2350 3240 4690 3240 2351 770

17410

大师殿侧立面图

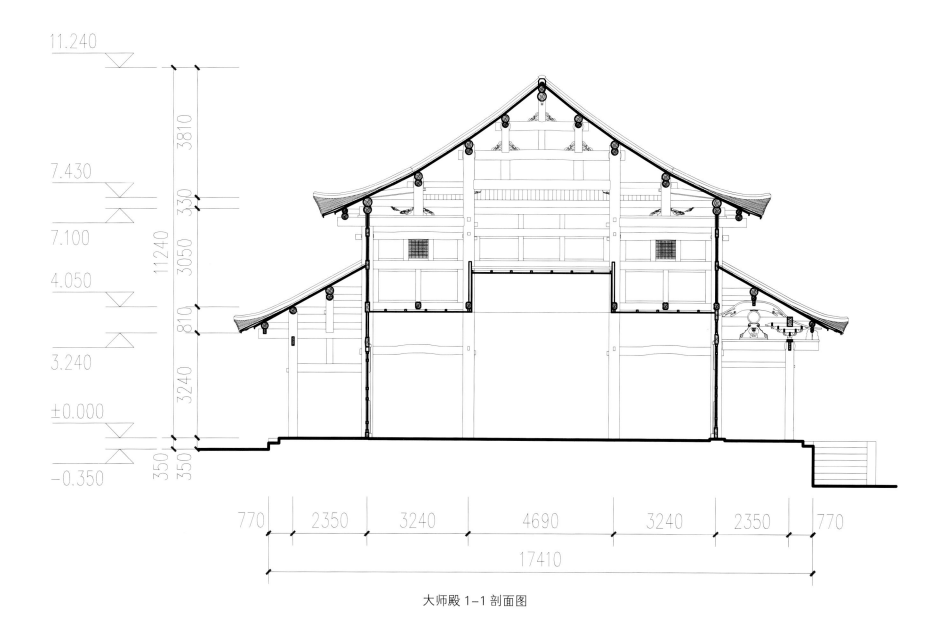

11.240

3810

7.430

330

7.100

3050

11240

4.050

810

3.240

3240

±0.000

350

350

−0.350

770 | 2350 | 3240 | 4690 | 3240 | 2350 | 770

17410

大师殿 1−1 剖面图

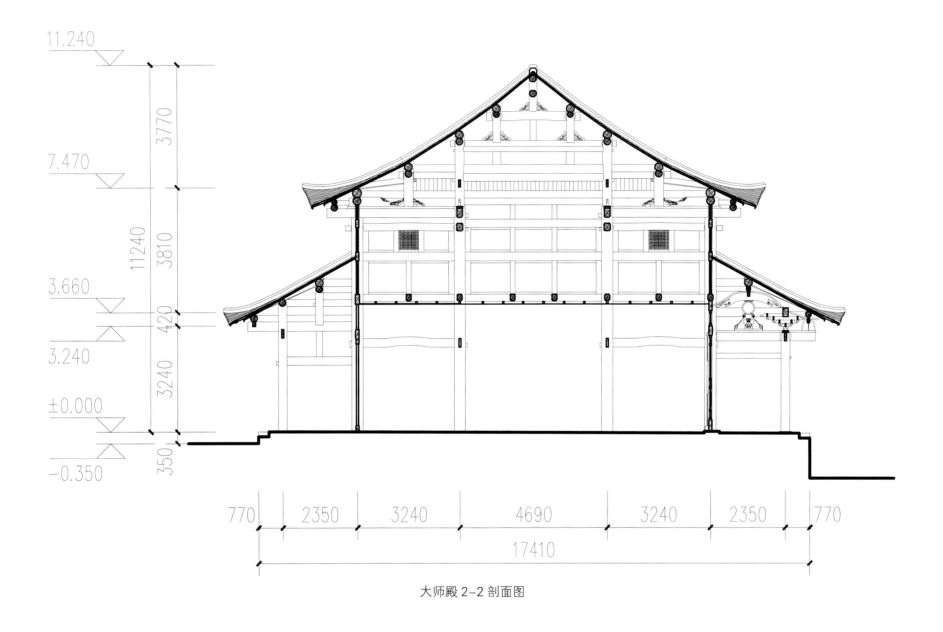

11.240

3770

7.470

11240

3810

3.660

420

3.240

3240

±0.000

350

−0.350

770 2350 3240 4690 3240 2350 770

17410

大师殿 2-2 剖面图

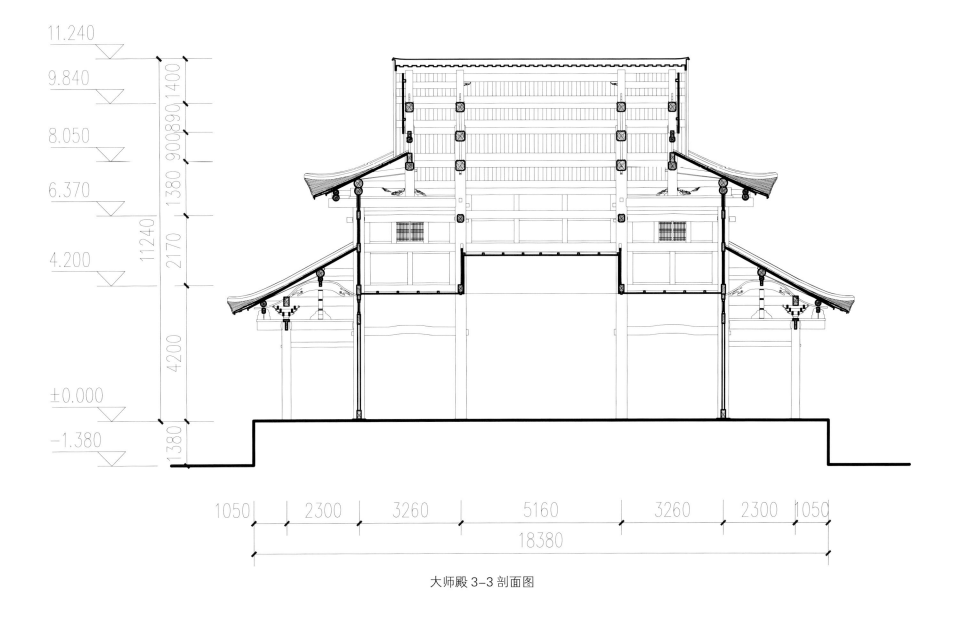

大师殿 3-3 剖面图

姊妹桥

　　姊妹桥位于安州区西北38公里、安县故城安昌镇西18公里的晓坝镇五福村，横跨于茶坪河上。原名五福桥，又名高桥。因其借用河中凸起的岩石分架两桥，两桥造型相近，地势一高一矮，如同一对姐妹，故今人称之为姊妹桥。

　　姊妹桥据传始建于元末明初，当时为石桥，因位置过低，水大时常被淹没。清同治十一年（1872）乡人集资重建，改为木廊桥，分为南北两桥，中间是在河心天然岩石的基础上砌筑的石墩台。两桥的结构都是架一排圆木为梁，上铺木板为桥面，其上再建木廊屋，铺小青瓦屋面。2003年维修时，在圆木梁上下增加了横向钢条等加固措施。

北桥入口

南桥入口

南桥长 12.95 米，木廊两端为三间三楼的牌坊式桥头，高 4.94 米，牌坊边柱呈八字伸出，用挑枋、吊瓜、撑弓承檐，吊瓜、撑弓和照面枋都带雕刻，是桥梁装饰的重点。桥身又用二榀四柱一瓜的五檩穿斗式梁架，正中檐檩下加一根中柱，柱根之间用地脚枋拉结，两侧檐柱间施木栅栏。

南桥内部梁架

姊妹桥

北桥长 15.30 米，与南桥结构相近，桥头高 3.99 米，形式较简单，上檐用悬山顶，且不带雕饰，桥身为三榀屋架。

建造姊妹桥的工匠巧妙利用自然地形，将跨度 30 多米的河面分为两段，节约了造桥的人力物力，降低了施工难度，表现出古代工匠的杰出技艺。如今，姊妹桥在高山深谷、碧水危岩的映衬下，依旧展现着古朴秀丽的身姿，成为一道独特的风景线。2004 年被公布为省级文物保护单位。

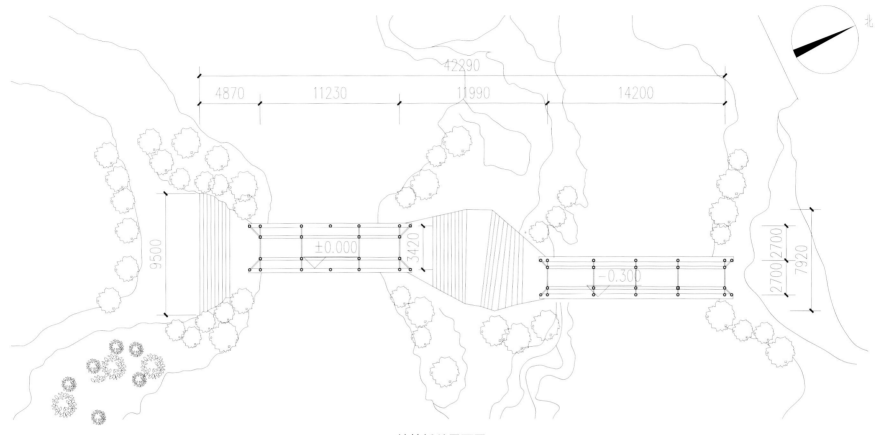

姊妹桥总平面图

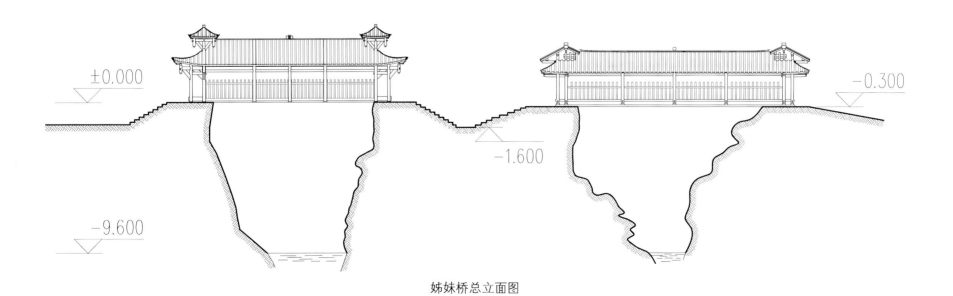

姊妹桥总立面图

🐉 南桥

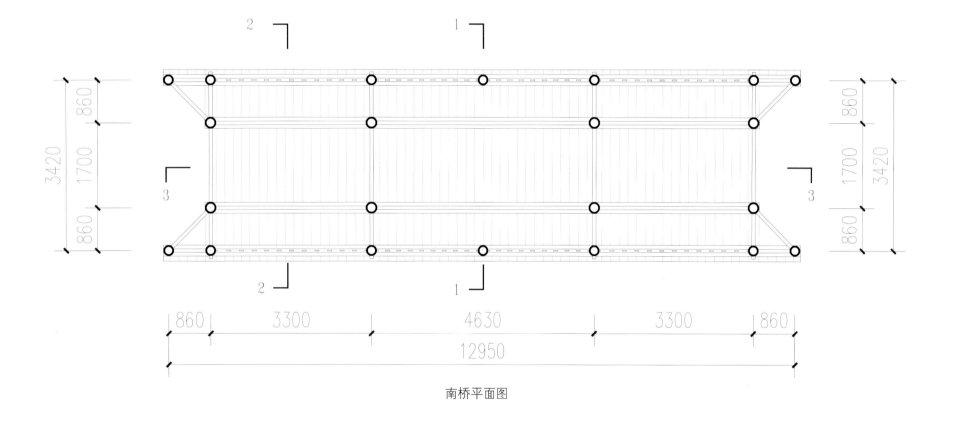

南桥平面图

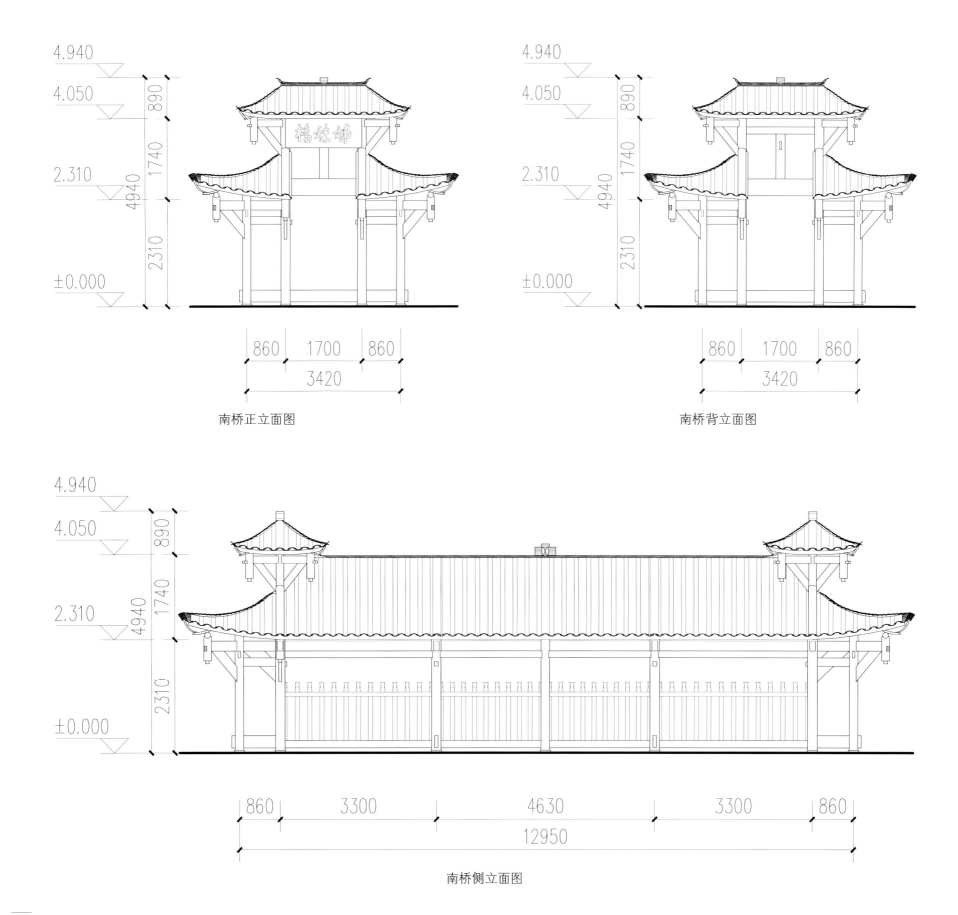

南桥正立面图

南桥背立面图

南桥侧立面图

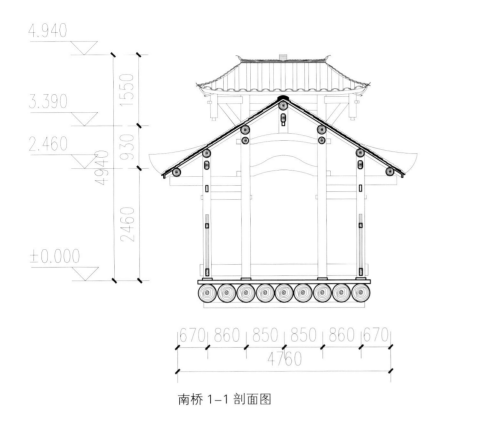

南桥 1-1 剖面图

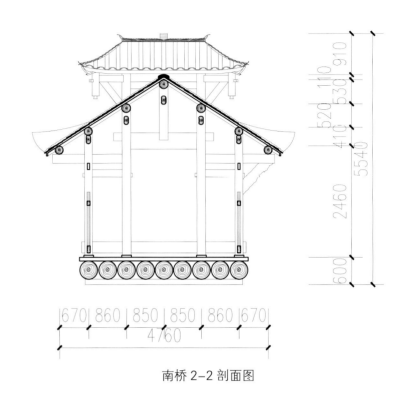

南桥 2-2 剖面图

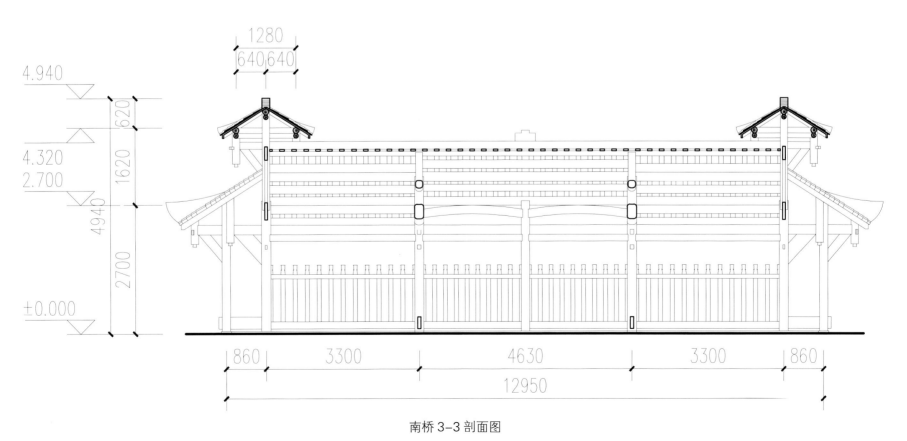

南桥 3-3 剖面图

北桥

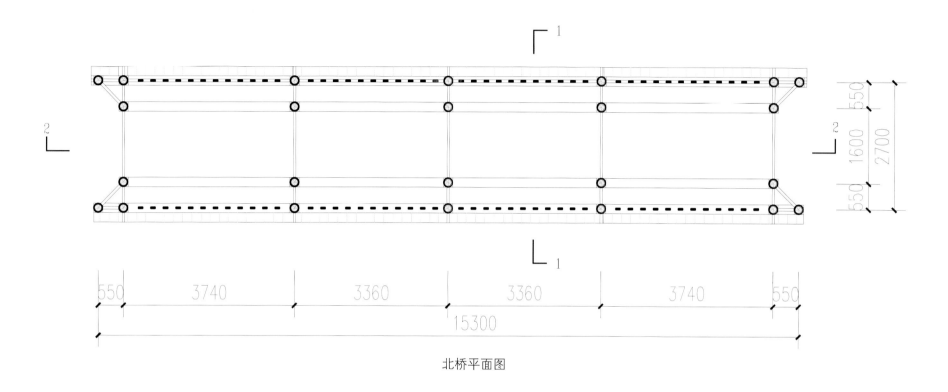

北桥平面图

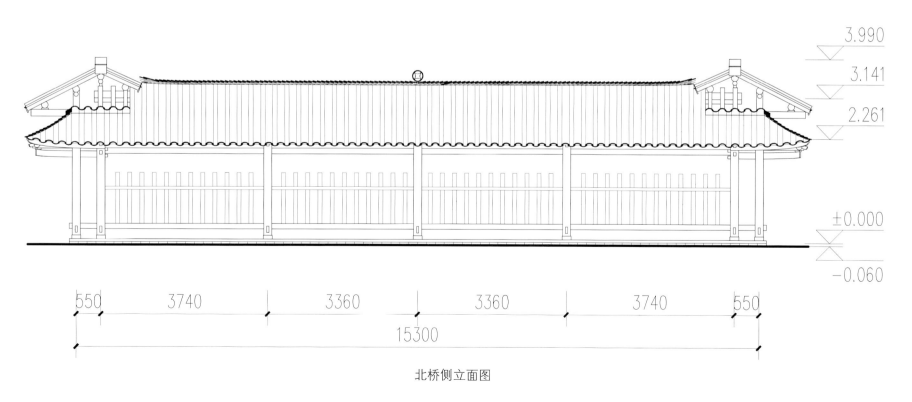

北桥侧立面图

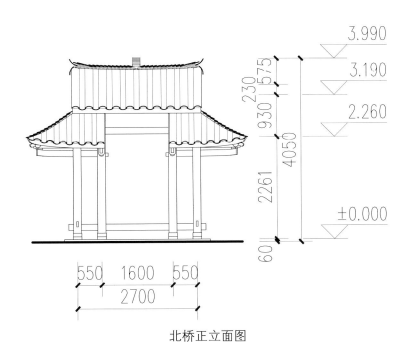

北桥正立面图

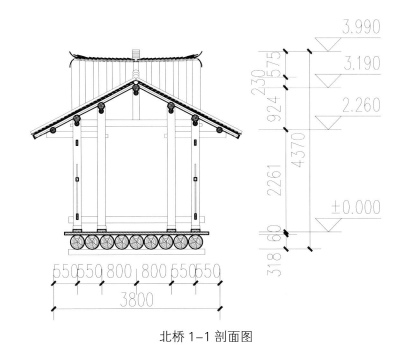

北桥 1-1 剖面图

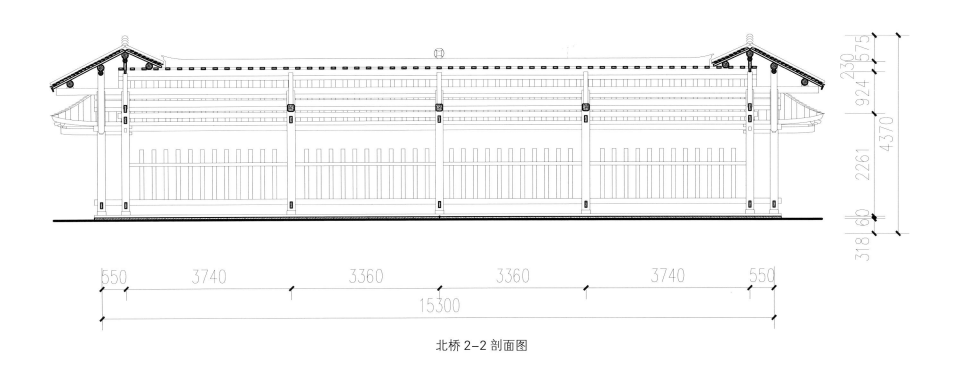

北桥 2-2 剖面图

太白故居

太白故居入口广场

太白故居位于江油市南 15 公里的青莲镇，是当地诸多李白纪念地的统称。

唐代诗人李白（701—762）出生于今江油市青莲镇，唐时属绵州昌隆县，后改名昌明县、彰明县，1958 年并入江油。

在此地纪念李白，始于北宋彰明县县令杨遂。杨遂在其撰写的《唐李先生彰明县旧宅碑并序》中称："先生旧宅在青莲乡，后往县北戴天山读书，今旧宅已为浮图者居之。"他在佛寺"陇西院"中访得李白旧居，遂于淳化五年（994）在寺内立碑，以为纪念。明弘治年间，四川布政使洪汉、彰明知县黄瑞收回寺院土地，创立太白祠。至嘉靖年间，安绵兵备道佥事方任、彰明知县党宗正扩建祠宇，当时祠前有牌坊，祠内有大门、仪门、正堂、两庑等建筑，四周绕以围墙，明末清初毁于兵燹。清乾隆五十三年（1788）重建陇西院，仍为佛寺，又名天宝寺，民国时逐渐荒废，仅存山门和一小院。

陇西院位于青莲镇东 500 米的天宝山南麓，坐北朝南，现由山门、李白旧宅、序伦堂、陇风堂组成。山门为 5·12 汶川特大地震后重建，进门左侧的李白旧宅就是清代陇西院留下的小院，右侧的序伦堂建于 2003 年，正对的陇风堂是从重华镇江西会馆迁建而来。陇风堂由前堂和后堂组成，中间隔一道极窄的横长天井，通宽 22.9 米，深 26.14 米。前堂为五间七檩的卷棚顶建筑，两山用封火山墙，前檐双挑承檐，不用廊柱直接在挑枋上做轩棚，梁架用三柱，明间为抬担式，次间则为穿斗式。后堂为五间十三檩歇山建筑，前廊做轩棚，明间为抬担式梁架，用六柱；次间为穿斗式梁架，用七柱。陇风堂建筑在挑枋、吊瓜、驼墩、云板等处多用雕刻，装饰精美。

李白旧宅　　陇西院山门

陇风堂立面图

陇风堂后堂梁架结构

　　太白祠位于青莲镇东南 2 公里，创建于清代。乾隆四十一年至四十二年（1776—1777），知县廖方举建太白祠，门房三间、享堂五间、左厢房一栋，四周围墙，形成了现存太白祠的基本格局。嘉庆六年（1801），知县周起瑶培修、增建右厢房三间。现存太白祠由门房、蜀风堂和围墙组成。门房面阔三间，为带前廊的九檩悬山穿斗式建筑，左右各带耳房两间，屋面较大门略低。蜀风堂即乾隆四十二年（1777）建成的"正殿五楹，外搭卷棚"，前有五间八檩的卷棚顶前厅，后有五间十一檩的正堂，中间隔一道极窄的横长天井，南北两侧还各有一个小偏院，通宽 48.02 米，深 22.67 米。四周围墙由土夹卵石夯筑而成，院落占地 3000 多平方米。1982年在太白祠东侧扩建园林，增建白玉堂、思贤亭等，占地面积增至 16000 平方米。

蜀风堂

门房

门房（背面）

蜀风堂南跨院

粉竹楼位于青莲镇北 205 省道旁，传说是李白为妹妹李月圆所造。现存粉竹楼是 1988 年将彰明青莲书院的太白楼迁建至此，并配建门楼、游廊、园池而成。粉竹楼为重檐歇山式二层楼阁。一层面阔五间，前后带廊。二层面阔三间，进深五檩，正梁下有光绪二十七年（1901）题记。

门楼

粉竹楼

名贤祠位于青莲镇明贤街。清同治八年（1869），知县何庆恩捐俸修建李白衣冠墓，并在墓前修建了名贤祠，内有享堂三间，供奉李白和四川总督骆秉章牌位。中华人民共和国成立后为青莲职业中学使用，5·12 汶川特大地震后，学校迁出，名贤祠得以修复。现存名贤祠为两进天井式院落，穿斗式结构，小青瓦屋面。进入大门为前院，前堂与后堂之间用穿堂相连，将后院分为左右两个天井。

2013 年，被公布为绵阳市级文物保护单位。

大门

前院

太白故居是历代文人士大夫为纪念李白而营建的纪念地。李白在士大夫眼中是才华横溢、志向远大、豪放不羁而又怀才不遇的文人代表。透过李白，士大夫们仿佛能够看到自己的身影。李白的人格形象早已融入中华民族的人文精神中，与他的作品一同，被世代传颂。

1980 年，陇西院、太白祠、粉竹楼三处被公布为省级文物保护单位。

陇西院

北

陇风堂

序伦堂

山门

李白旧宅

陇西院总平面图

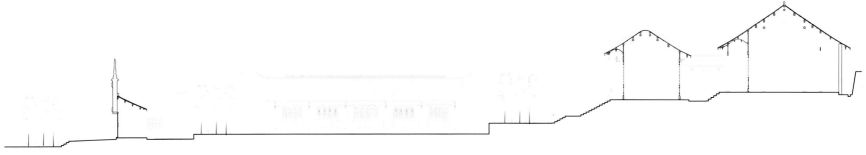

陇西院 1-1 总剖面图

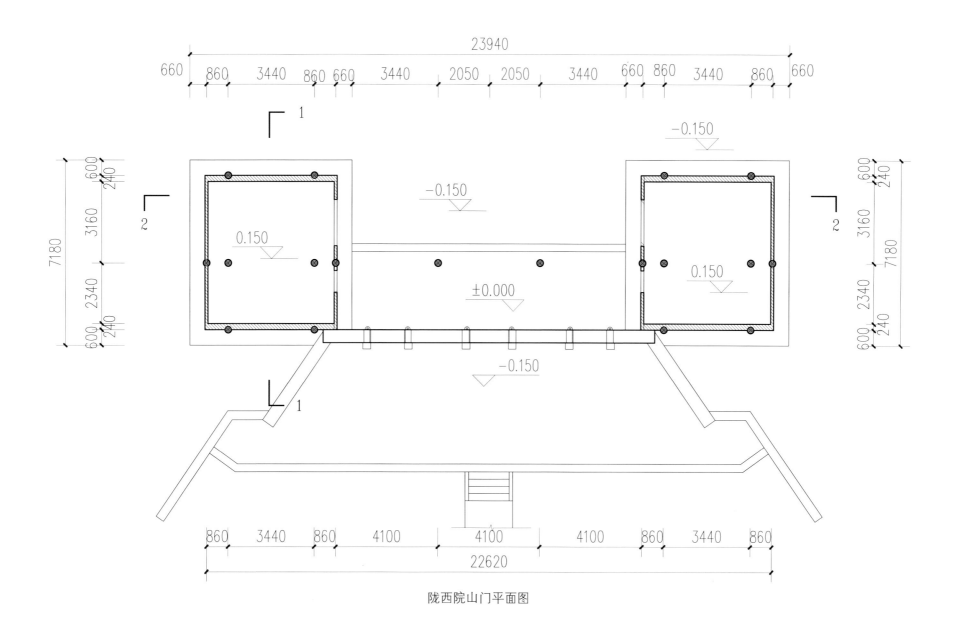

陇西院山门平面图

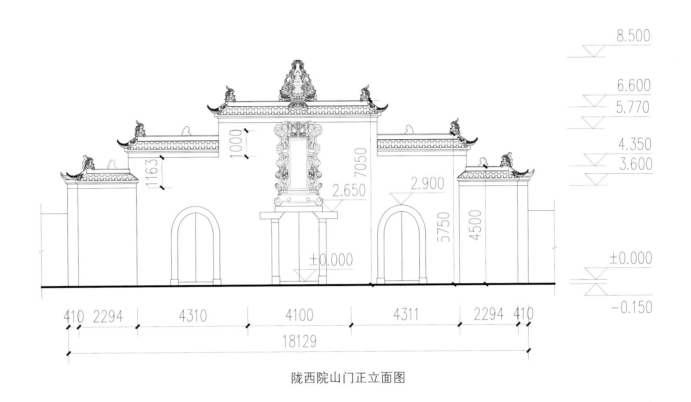

8.500

6.600
5.770

4.350
3.600

1000

1163

7050

2.650

2.900

5750

4500

±0.000

±0.000

−0.150

410 2294　　4310　　4100　　4311　　2294 410

18129

陇西院山门正立面图

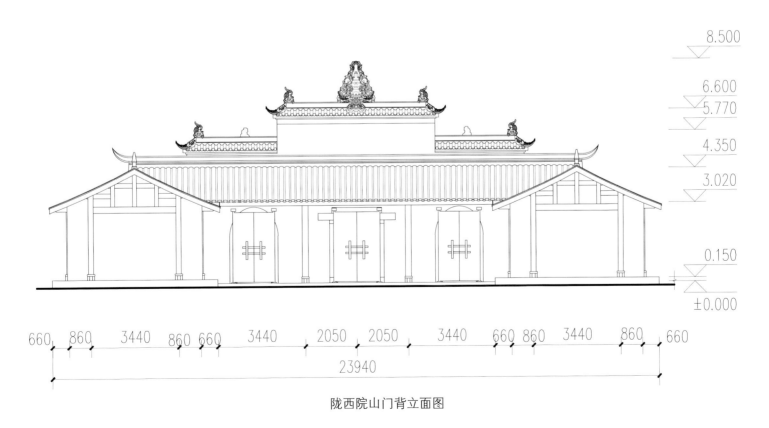

8.500

6.600
5.770

4.350

3.020

0.150

±0.000

660 860　3440　860 660　3440　2050 2050　3440　660 860　3440　860 660

23940

陇西院山门背立面图

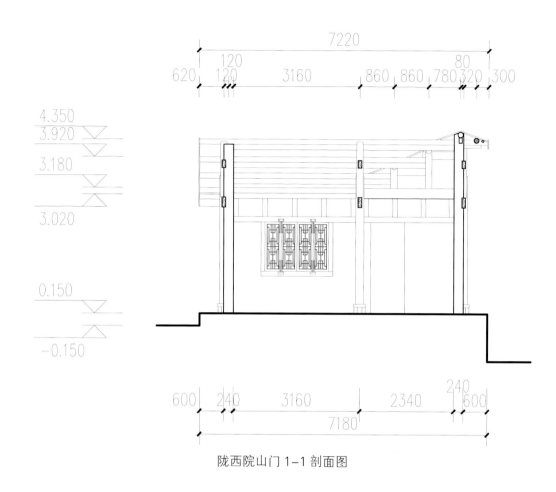

陇西院山门 1—1 剖面图

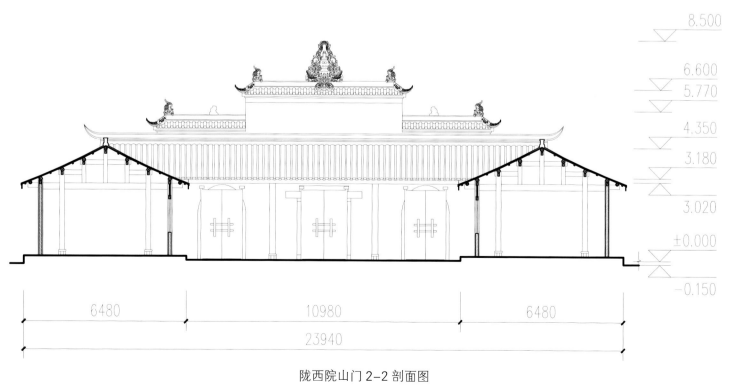

陇西院山门 2—2 剖面图

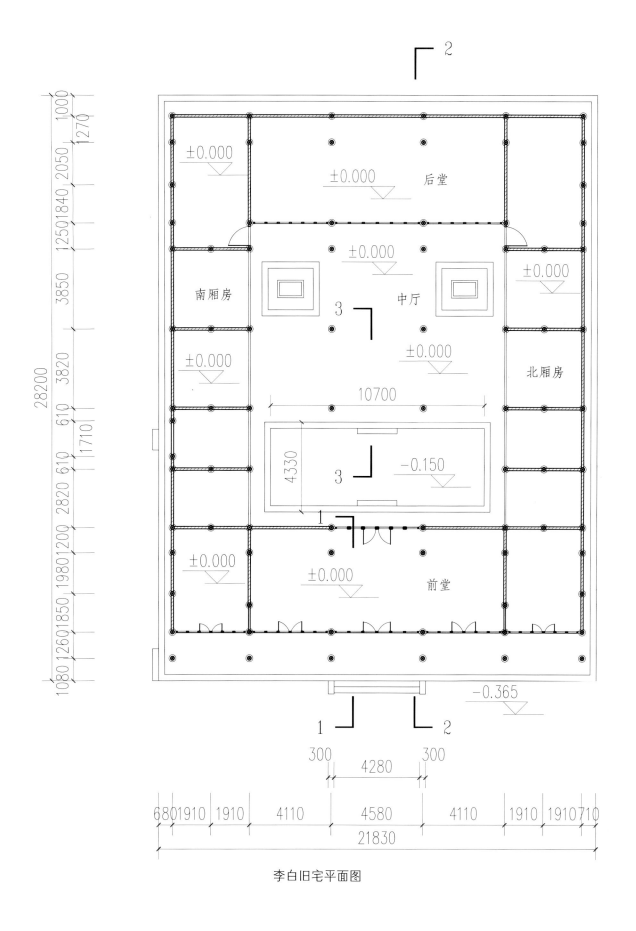

李白旧宅平面图

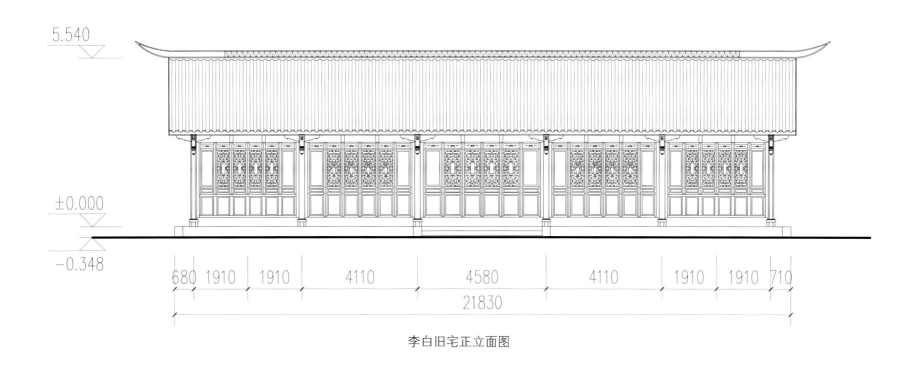

5.540

±0.000

−0.348

| 680 | 1910 | 1910 | 4110 | 4580 | 4110 | 1910 | 1910 | 710 |

21830

李白旧宅正立面图

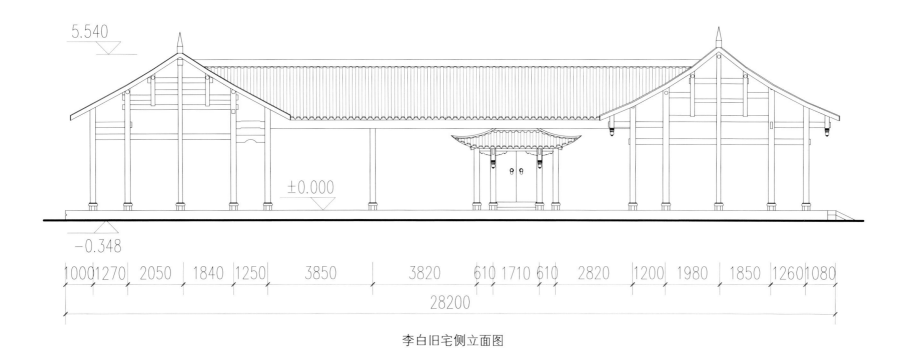

5.540

±0.000

−0.348

| 1000 | 1270 | 2050 | 1840 | 1250 | 3850 | 3820 | 610 | 1710 | 610 | 2820 | 1200 | 1980 | 1850 | 1260 | 1080 |

28200

李白旧宅侧立面图

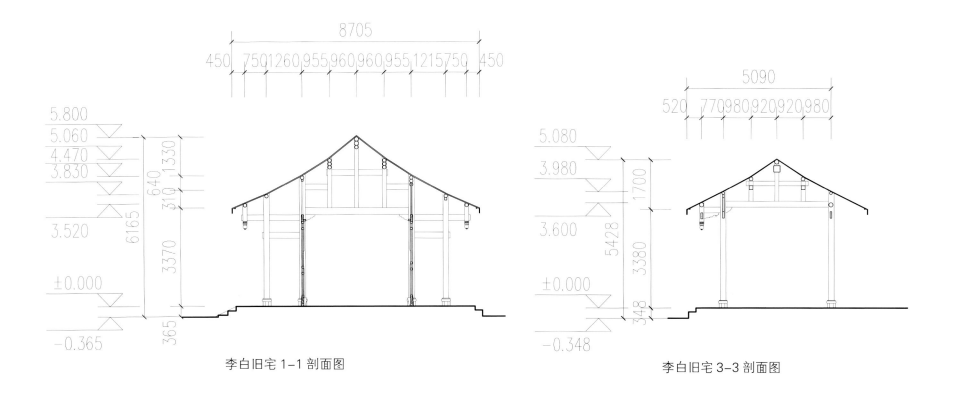

李白旧宅 1-1 剖面图

李白旧宅 3-3 剖面图

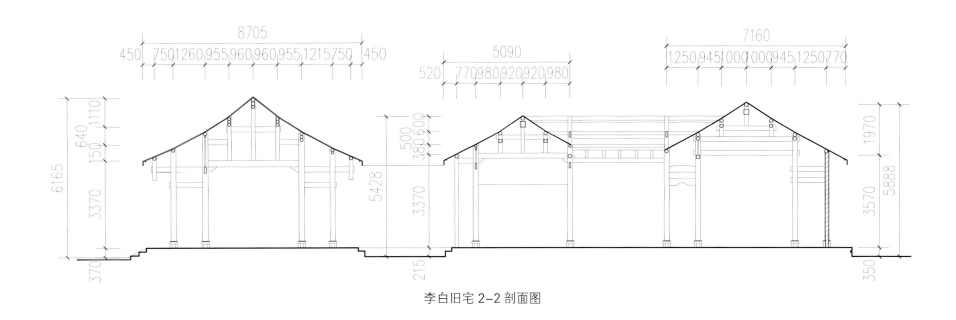

李白旧宅 2-2 剖面图

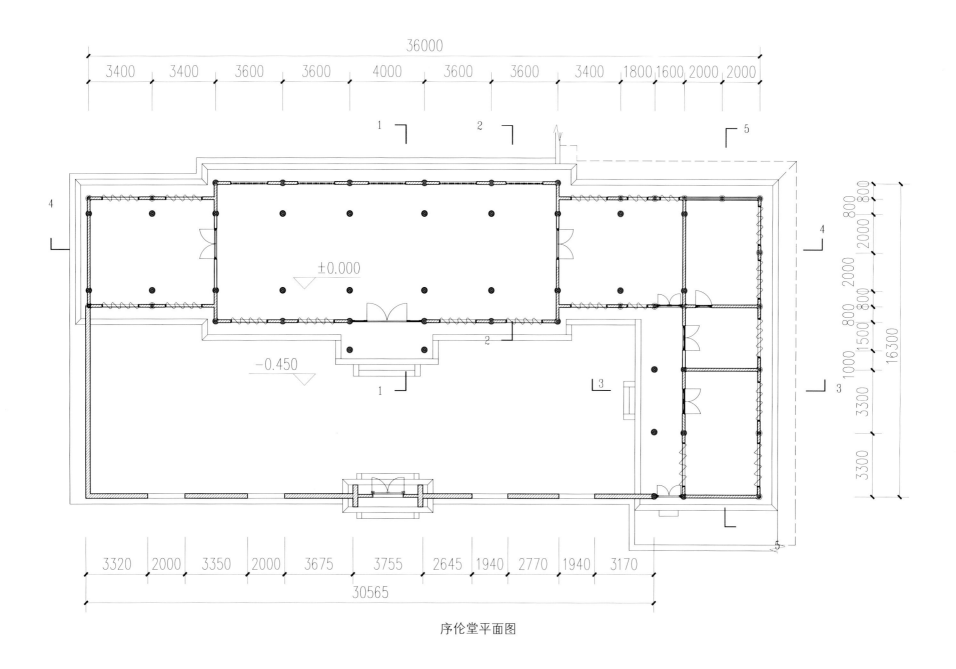

序伦堂平面图

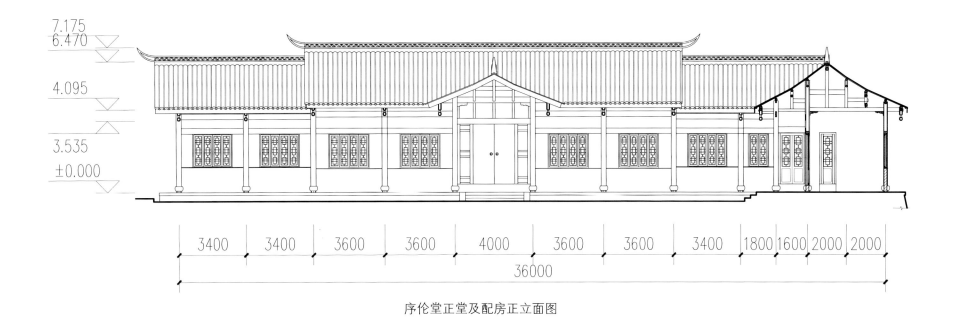

7.175
6.470
4.095
3.535
±0.000

| 3400 | 3400 | 3600 | 3600 | 4000 | 3600 | 3600 | 3400 | 1800 | 1600 | 2000 | 2000 |

36000

序伦堂正堂及配房正立面图

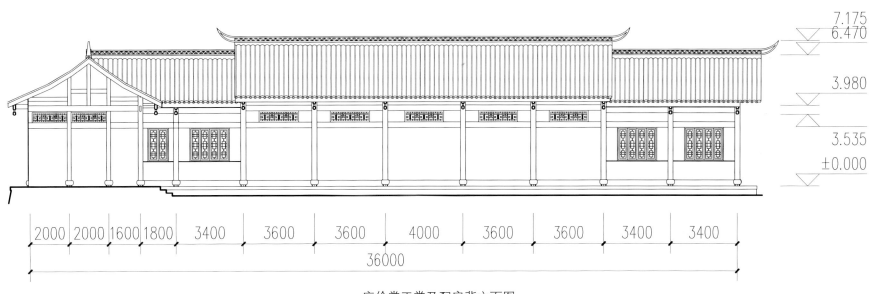

7.175
6.470
3.980
3.535
±0.000

| 2000 | 2000 | 1600 | 1800 | 3400 | 3600 | 3600 | 4000 | 3600 | 3600 | 3400 | 3400 |

36000

序伦堂正堂及配房背立面图

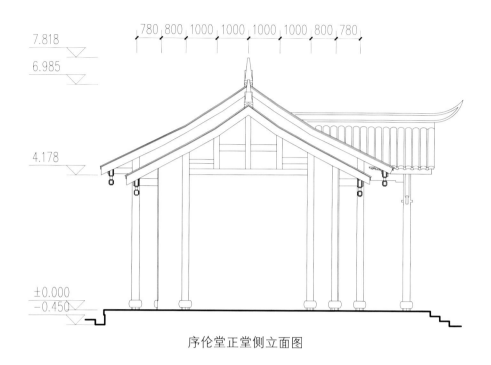

780 | 800 | 1000 | 1000 | 1000 | 1000 | 800 | 780

7.818
6.985
4.178
±0.000
−0.450

序伦堂正堂侧立面图

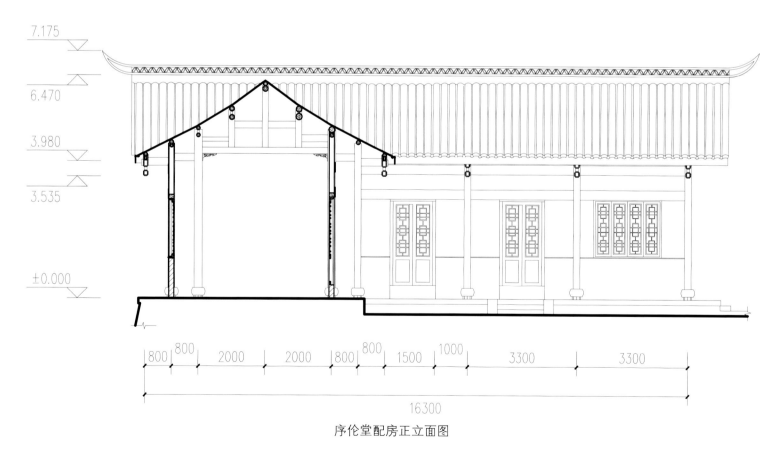

7.175
6.470
3.980
3.535
±0.000

800 | 800 | 2000 | 2000 | 800 | 800 | 1500 | 1000 | 3300 | 3300

16300

序伦堂配房正立面图

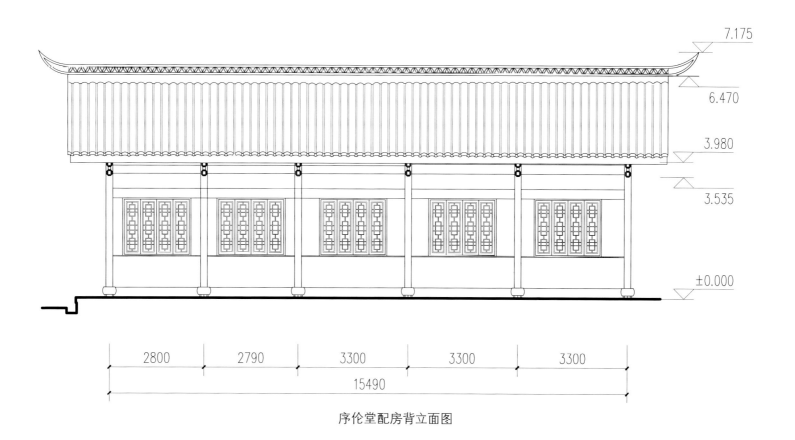

序伦堂配房背立面图

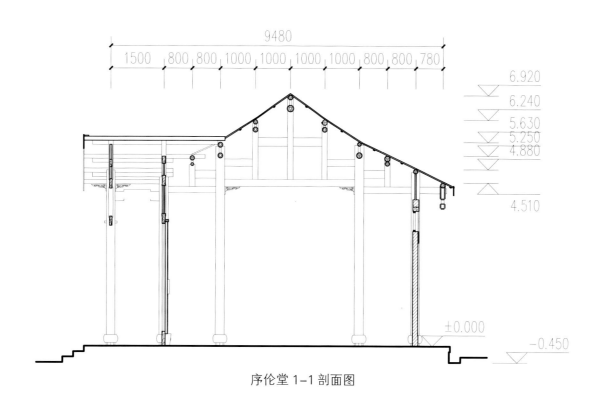

序伦堂 1-1 剖面图

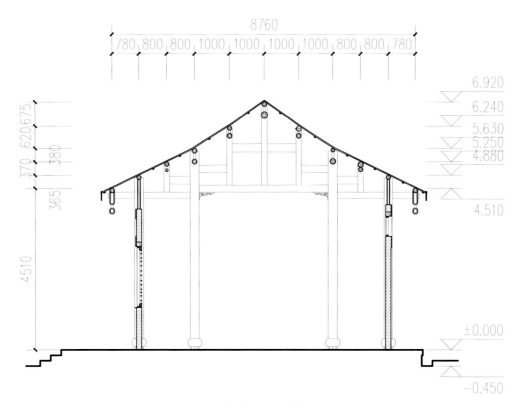

序伦堂 2-2 剖面图

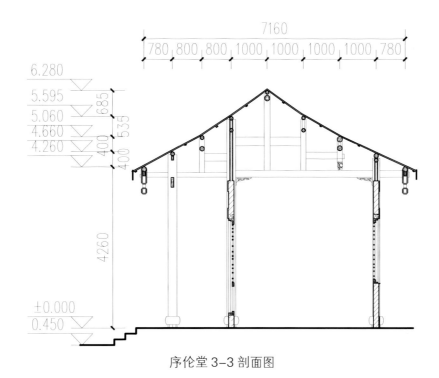

序伦堂 3-3 剖面图

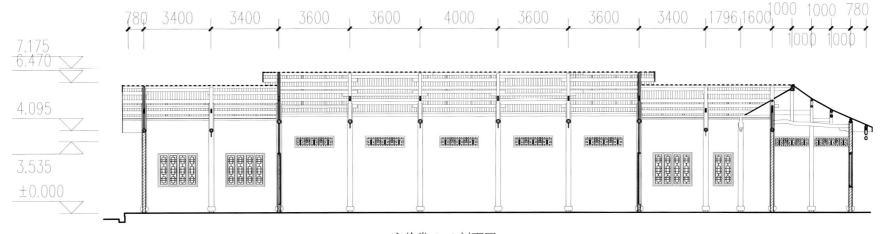

| 780 | 3400 | 3400 | 3600 | 3600 | 4000 | 3600 | 3600 | 3400 | 1796 | 1600 | 1000 | 1000 | 780 |

1000 1000

7.175
6.470

4.095

3.535

±0.000

序伦堂 4-4 剖面图

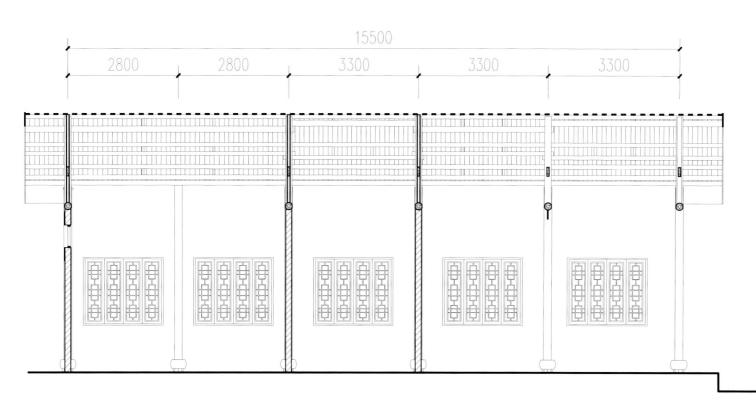

15500

| 2800 | 2800 | 3300 | 3300 | 3300 |

序伦堂 5-5 剖面图

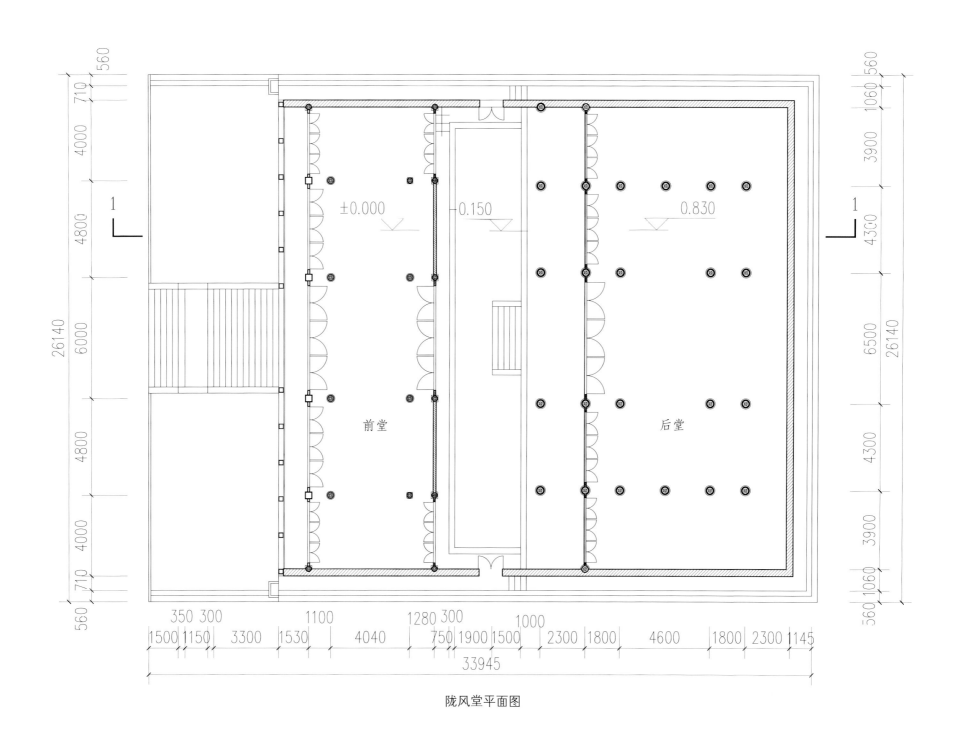

太白故居
MIANYANG
SHENGJI WENWU BAOHU DANWEI
MUJIEGOU JIANZHU

±0.000

0.150

0.830

前堂

后堂

陇风堂平面图

129

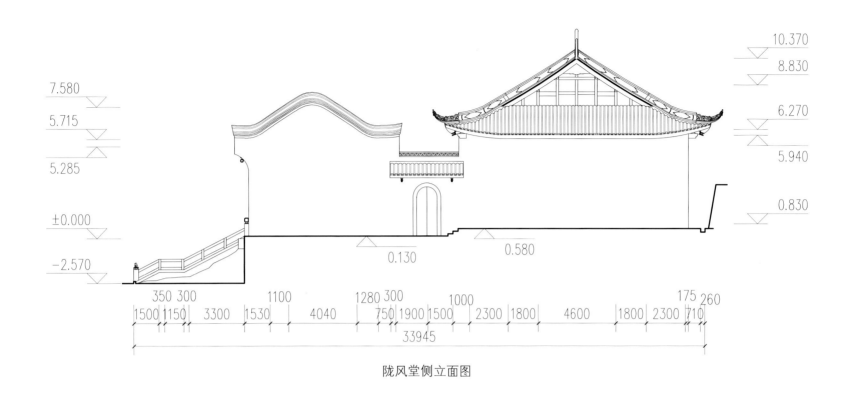

陇风堂侧立面图

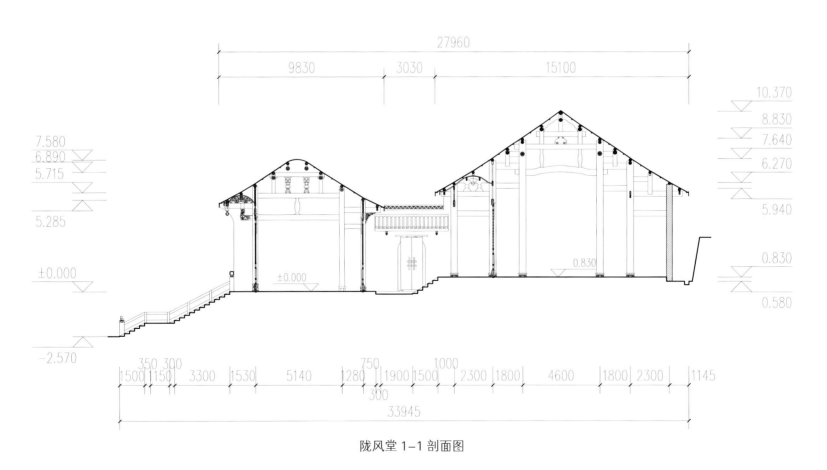

陇风堂 1-1 剖面图

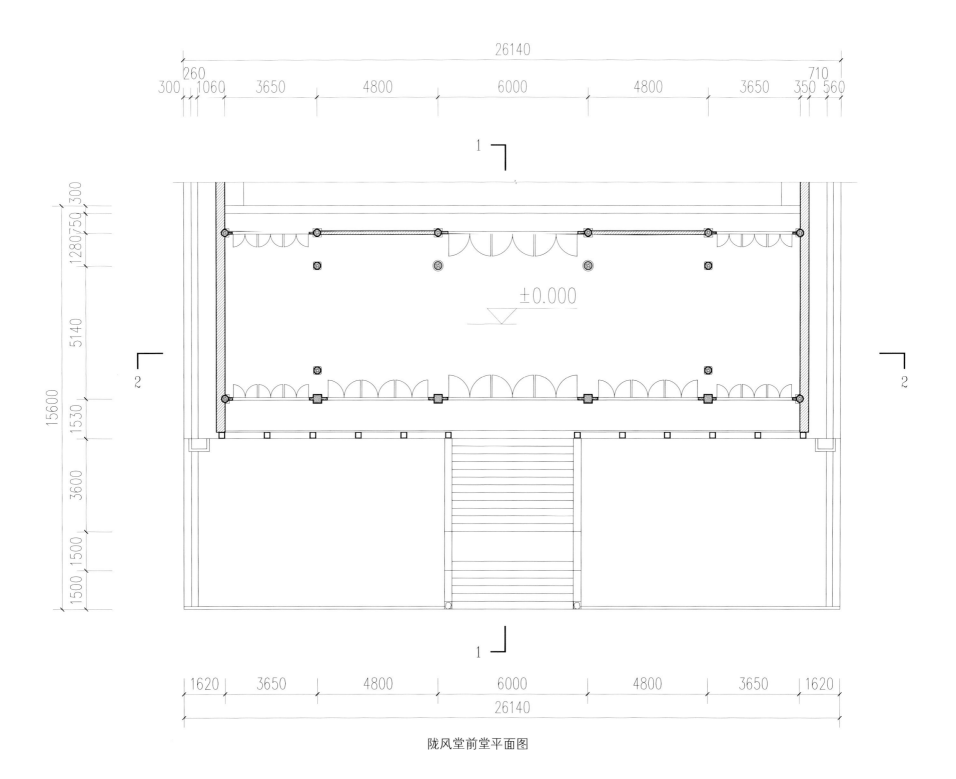

陇风堂前堂平面图

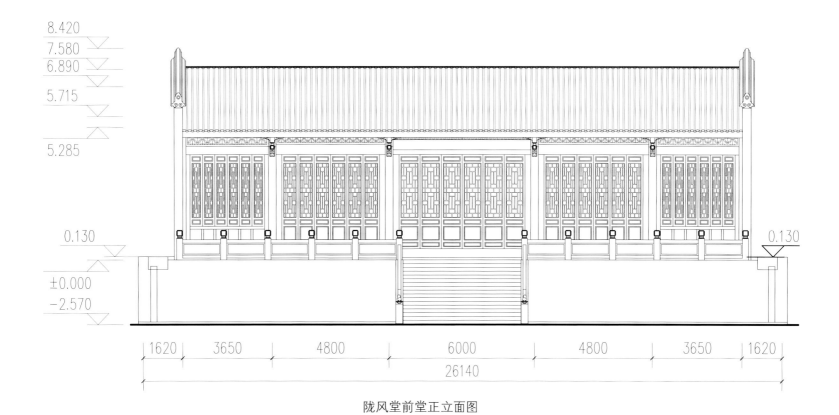

陇风堂前堂正立面图

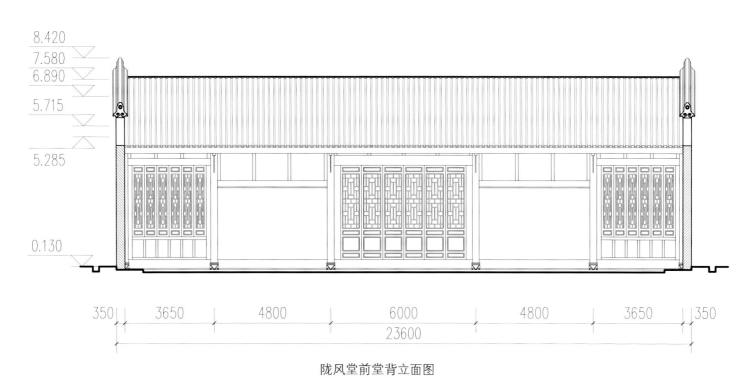

陇风堂前堂背立面图

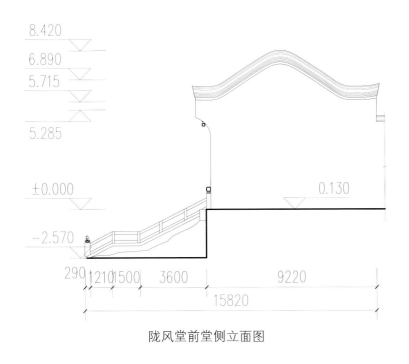

陇风堂前堂侧立面图

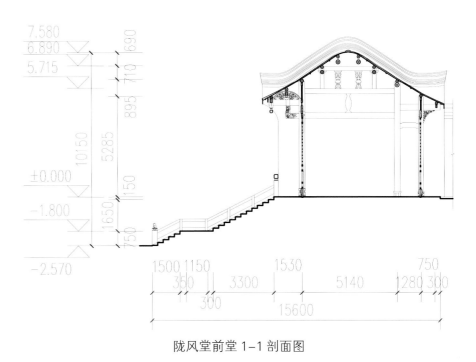

陇风堂前堂 1-1 剖面图

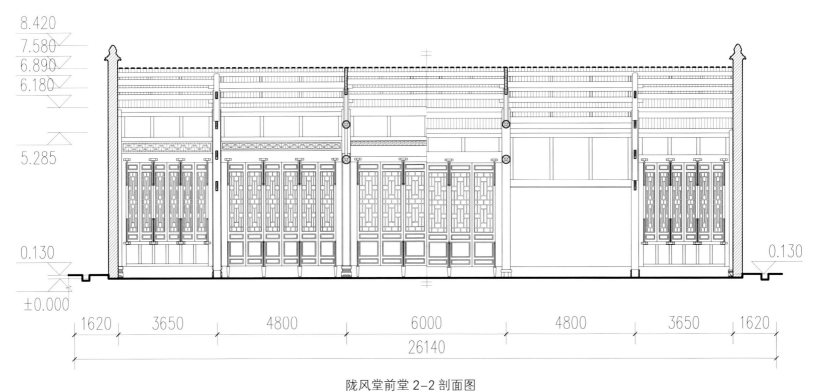

陇风堂前堂 2-2 剖面图

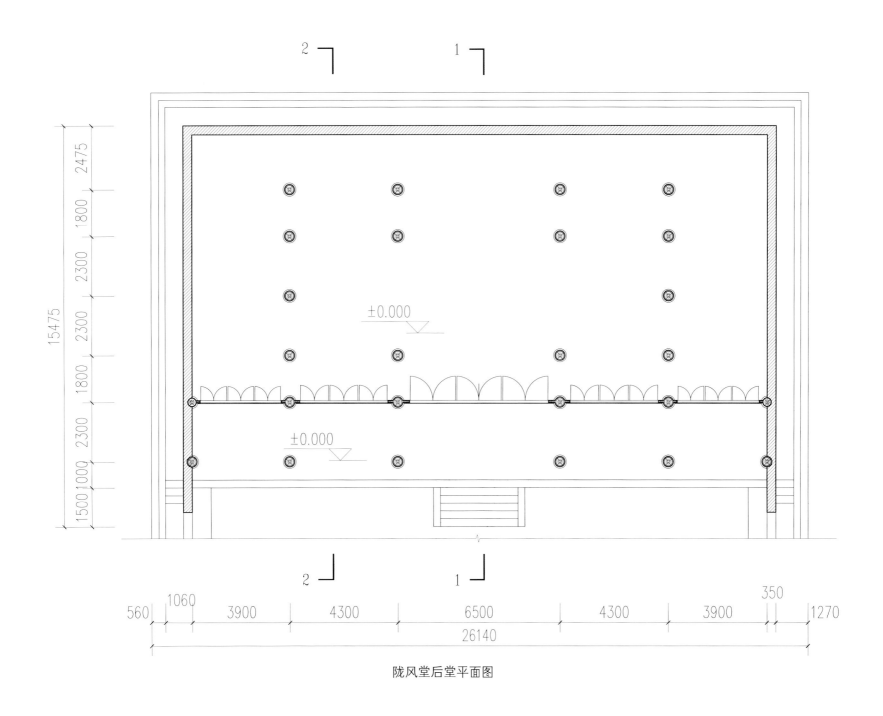

陇风堂后堂平面图

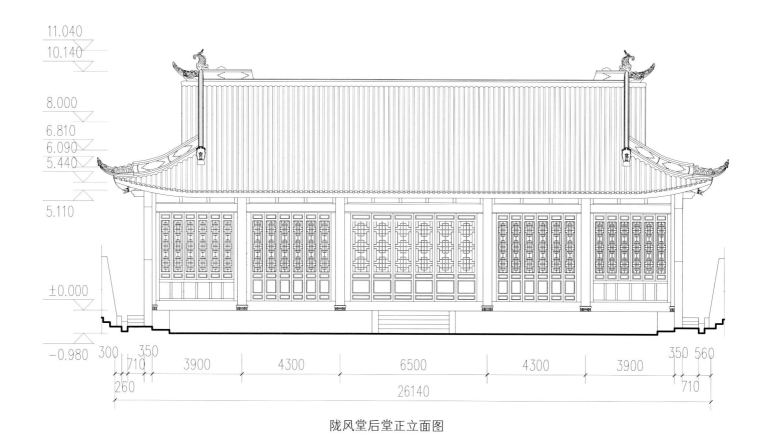

11.040
10.140
8.000
6.810
6.090
5.440
5.110
±0.000
−0.980

300 | 350
710
3900 | 4300 | 6500 | 4300 | 3900
260 | 350 | 560
710
26140

陇风堂后堂正立面图

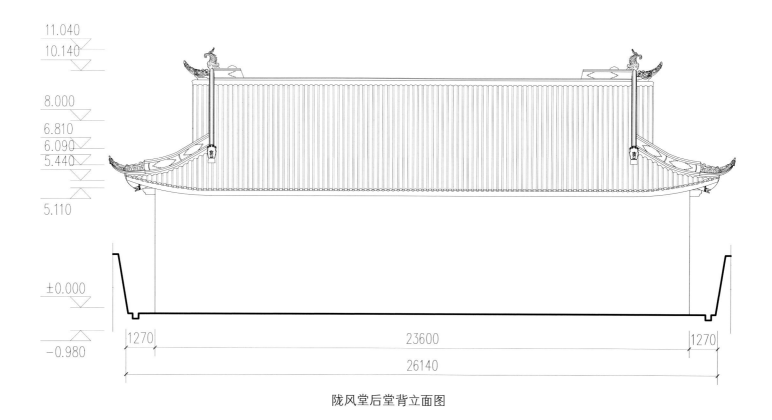

11.040
10.140
8.000
6.810
6.090
5.440
5.110
±0.000
−0.980

1270 | 23600 | 1270
26140

陇风堂后堂背立面图

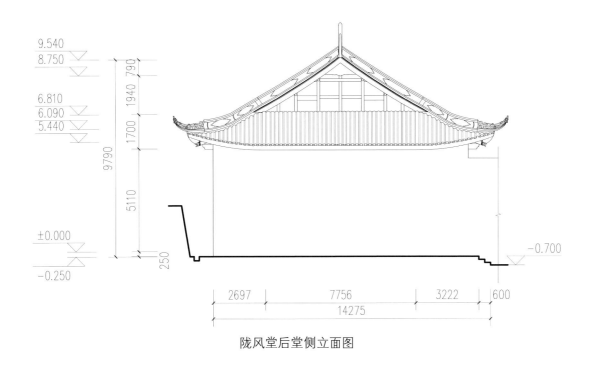

陇风堂后堂侧立面图

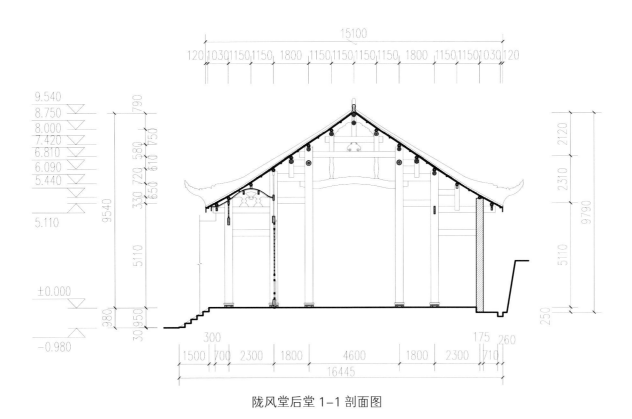

陇风堂后堂 1-1 剖面图

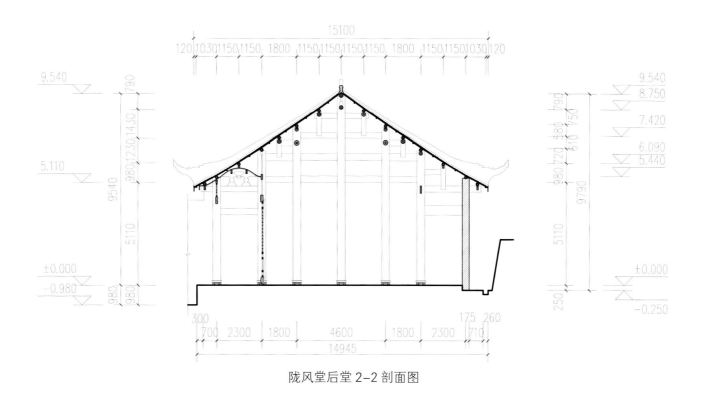

陇风堂后堂 2-2 剖面图

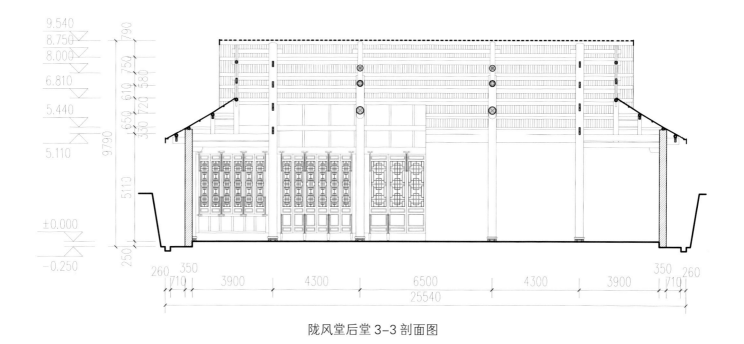

陇风堂后堂 3-3 剖面图

🌸 太白祠

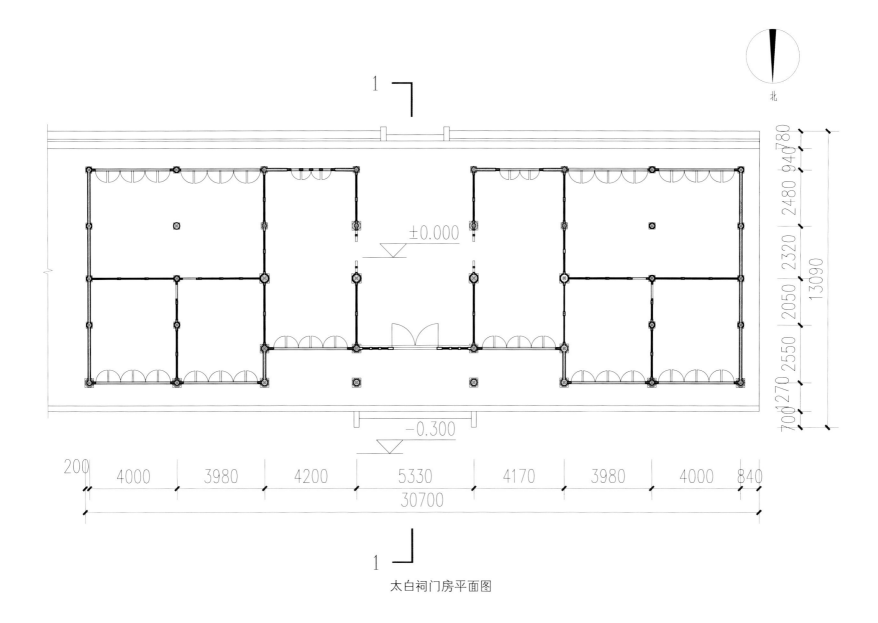

太白祠门房平面图

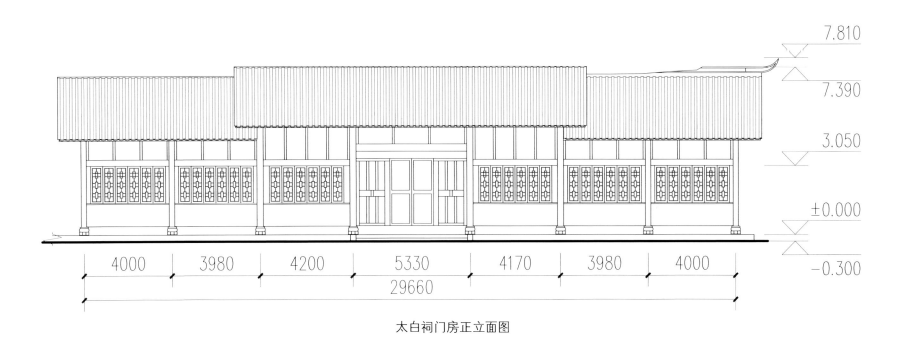

7.810

7.390

3.050

±0.000

−0.300

4000　3980　4200　5330　4170　3980　4000

29660

太白祠门房正立面图

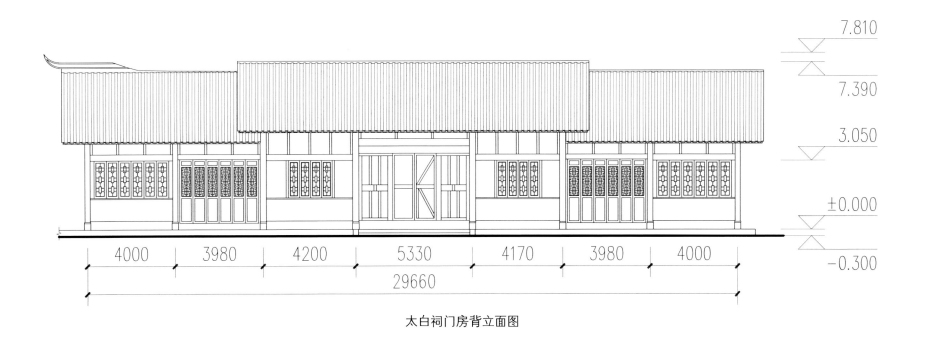

7.810

7.390

3.050

±0.000

−0.300

4000　3980　4200　5330　4170　3980　4000

29660

太白祠门房背立面图

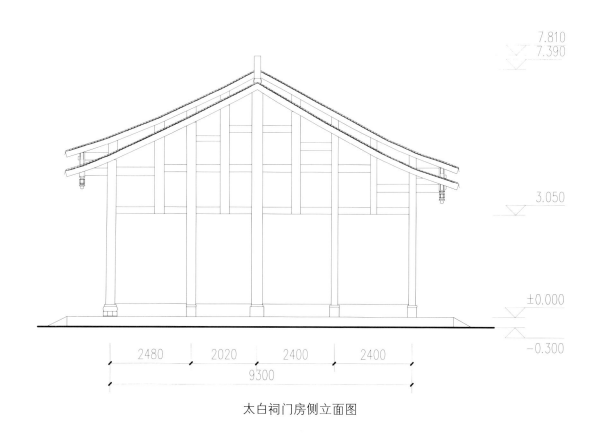

太白祠门房侧立面图

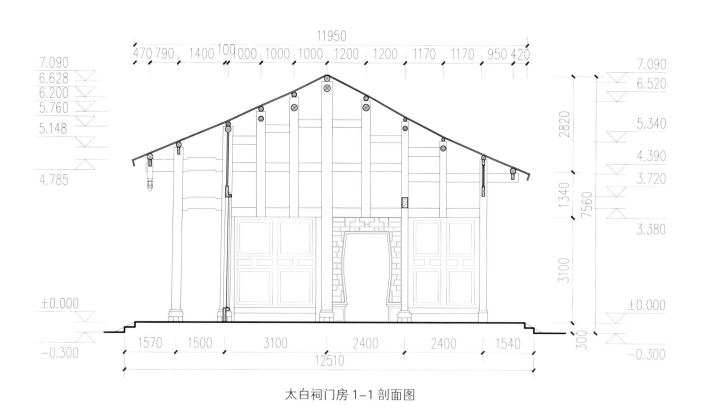

太白祠门房 1-1 剖面图

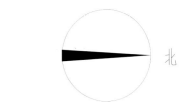

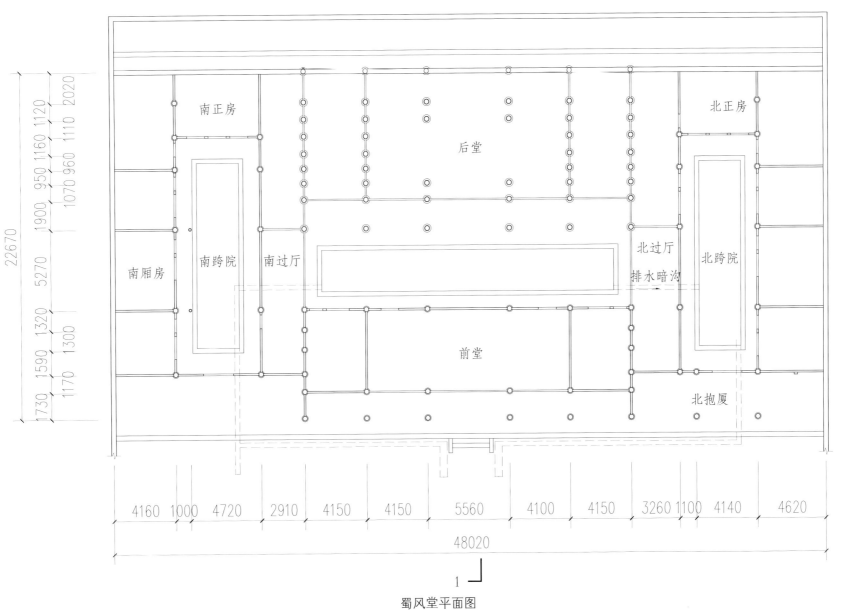

北

蜀风堂平面图

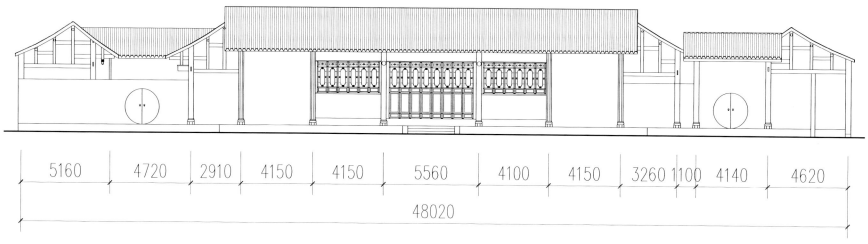

5160　4720　2910　4150　4150　5560　4100　4150　3260　1100　4140　4620

48020

蜀风堂正立面图

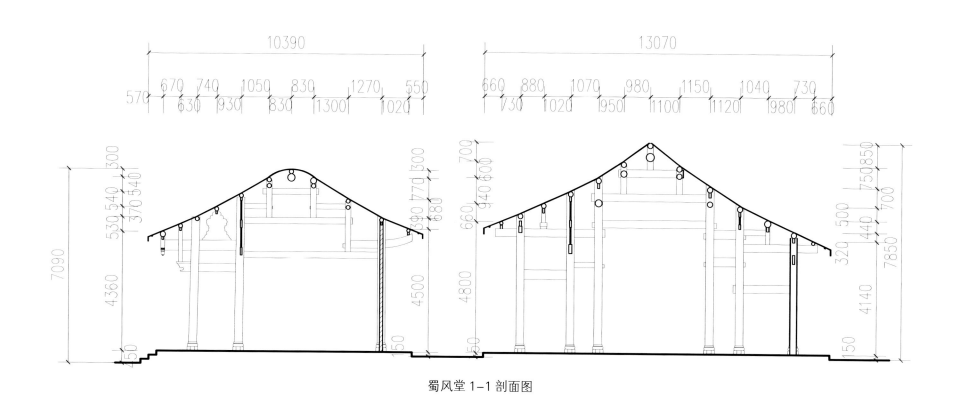

蜀风堂1-1剖面图

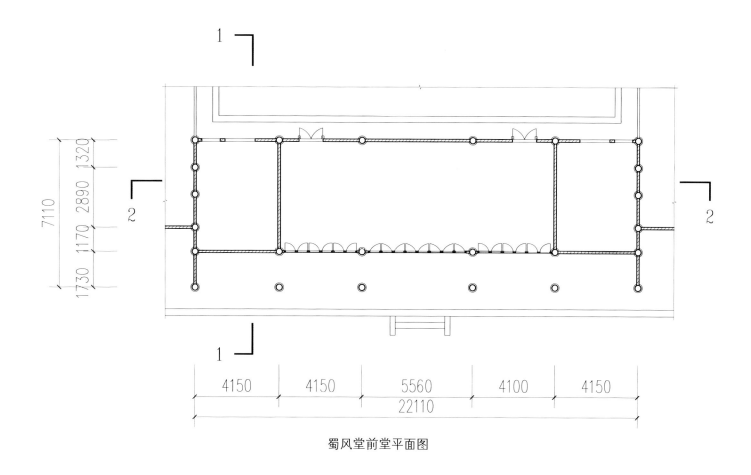

蜀风堂前堂平面图

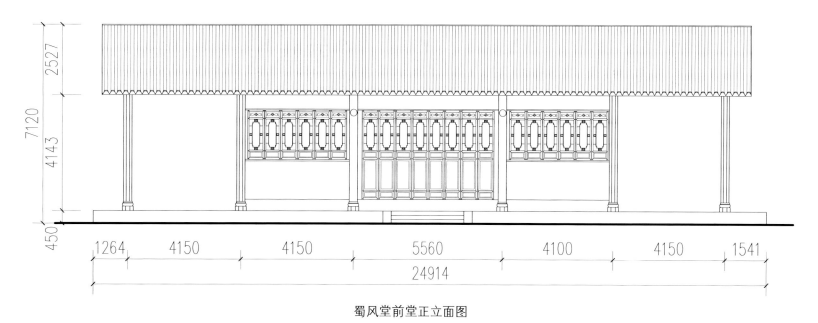

蜀风堂前堂正立面图

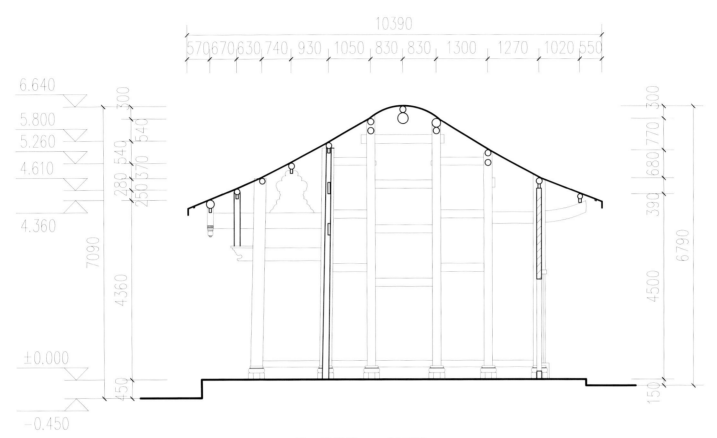

蜀风堂前堂 1-1 剖面图

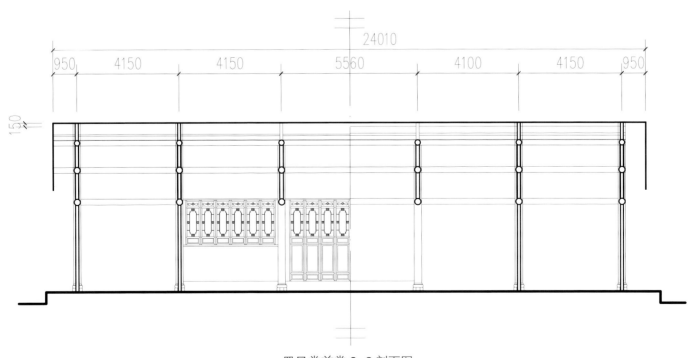

蜀风堂前堂 2-2 剖面图

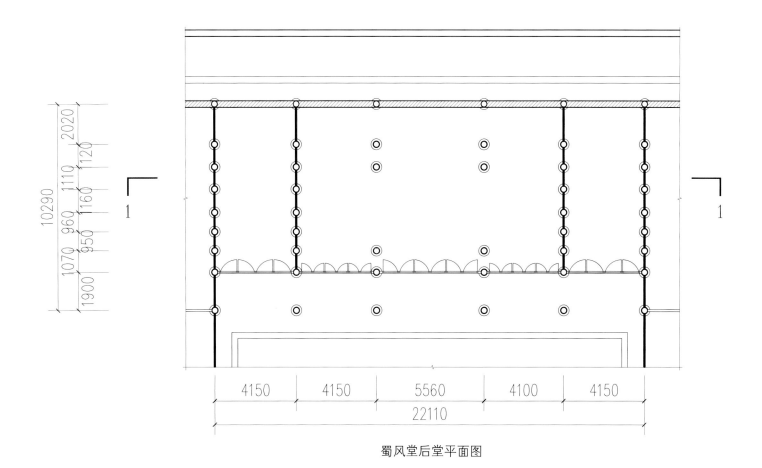

蜀风堂后堂平面图

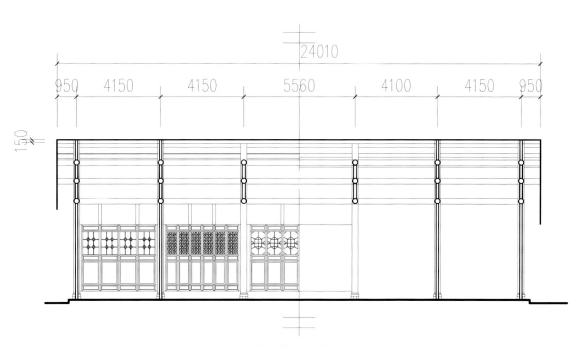

蜀风堂后堂 1-1 剖面图

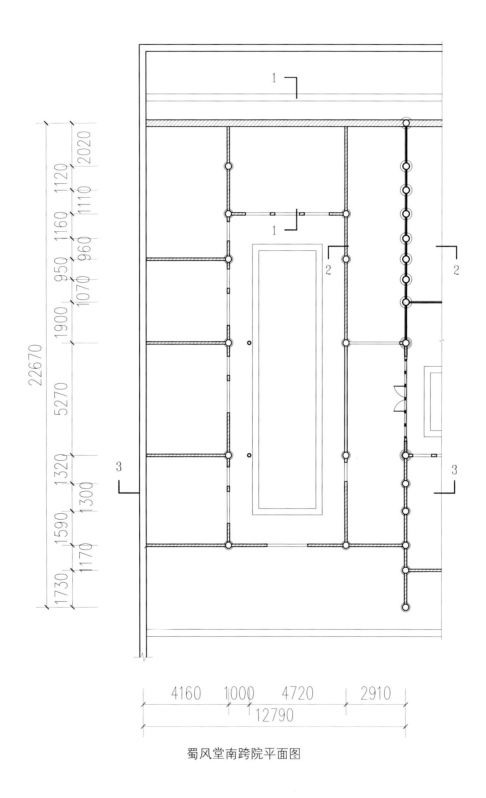

蜀风堂南跨院平面图

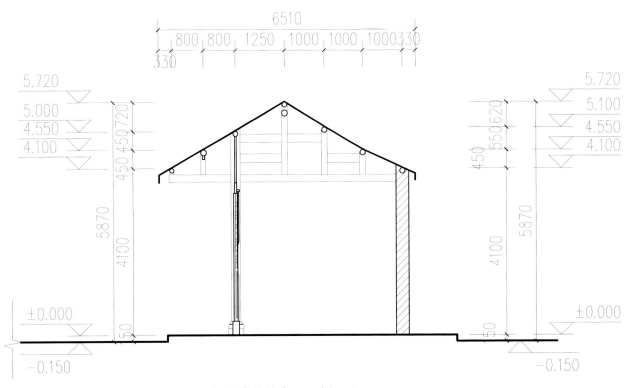

蜀风堂南跨院 1-1 剖面图

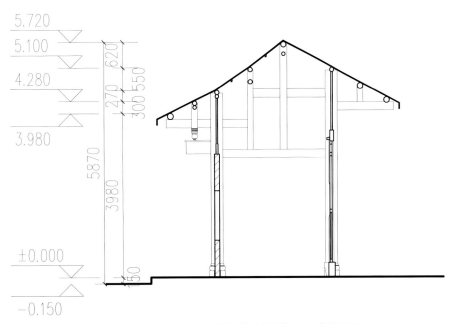

蜀风堂南跨院 2-2 剖面图

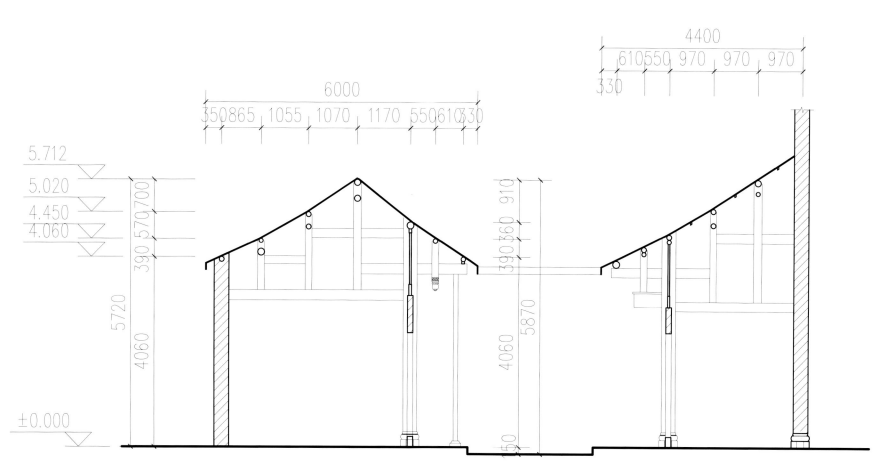

蜀风堂南跨院 3-3 剖面图

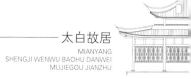

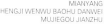

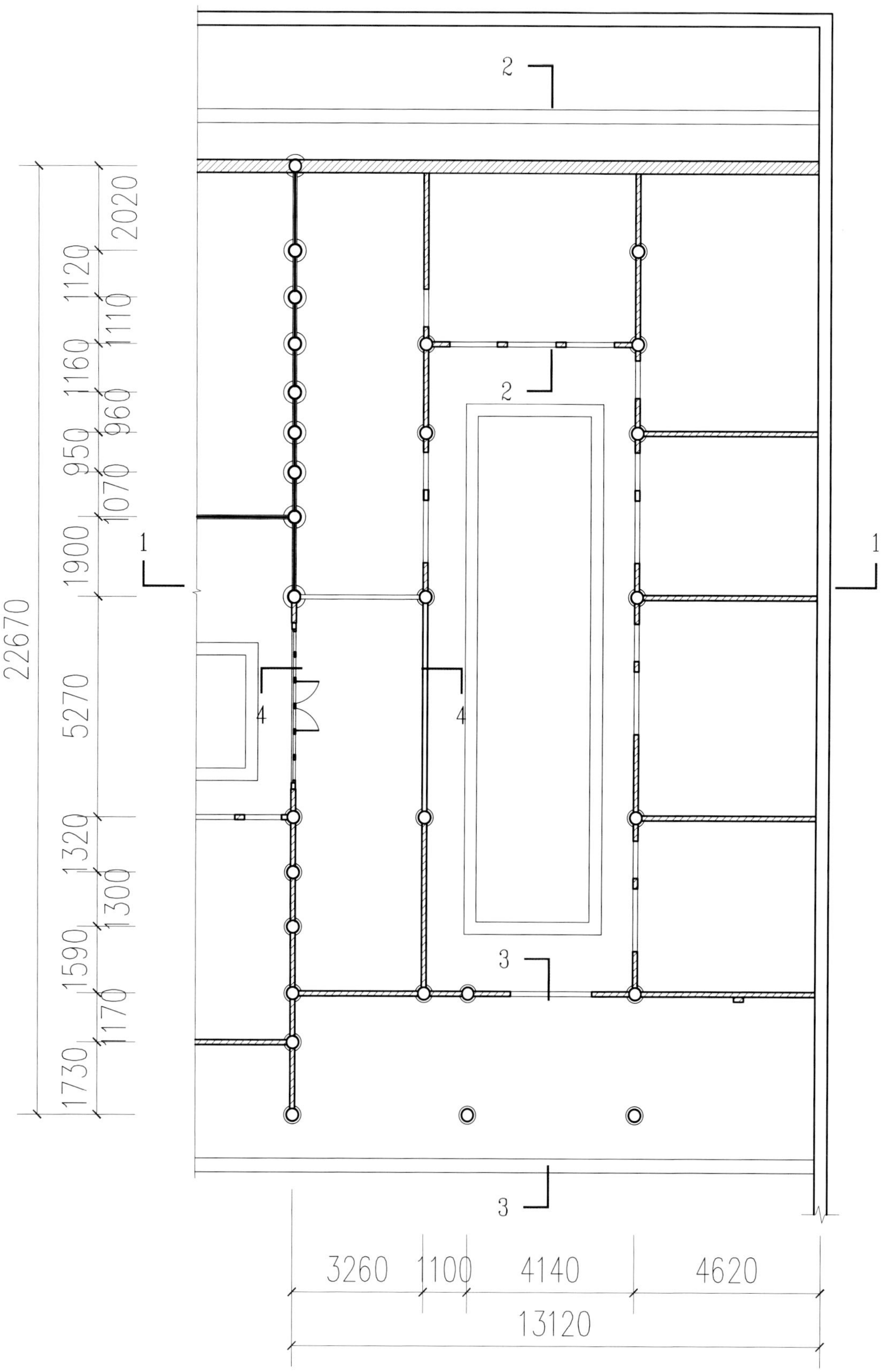
2
2
1
1
4
4
3
3
22670
2020
1120
1110
1160
960
950
1070
1900
5270
1320
1300
1590
1170
1730
3260
1100
4140
4620
13120

蜀风堂北跨院平面图

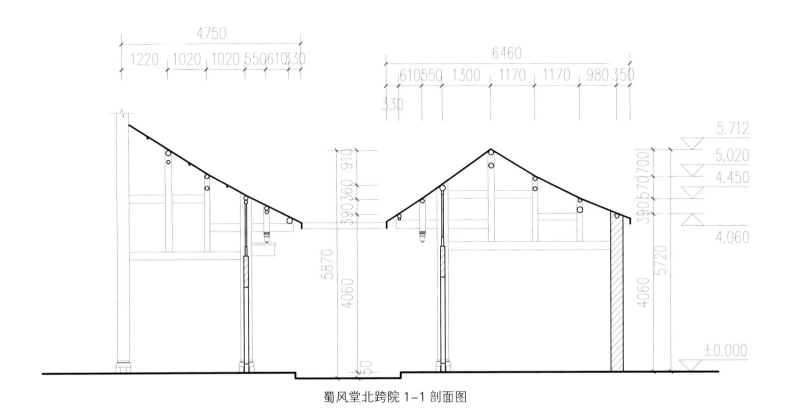

蜀风堂北跨院 1-1 剖面图

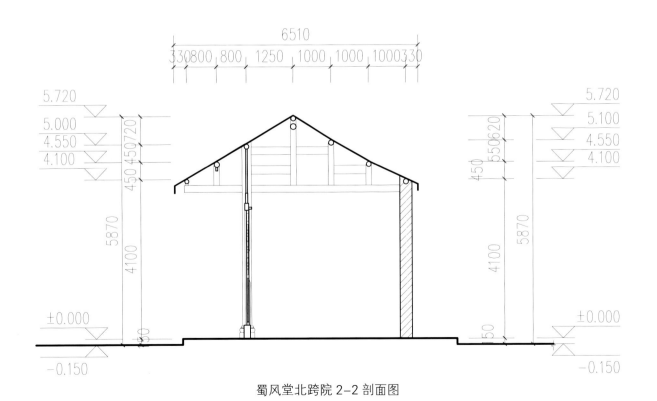

蜀风堂北跨院 2-2 剖面图

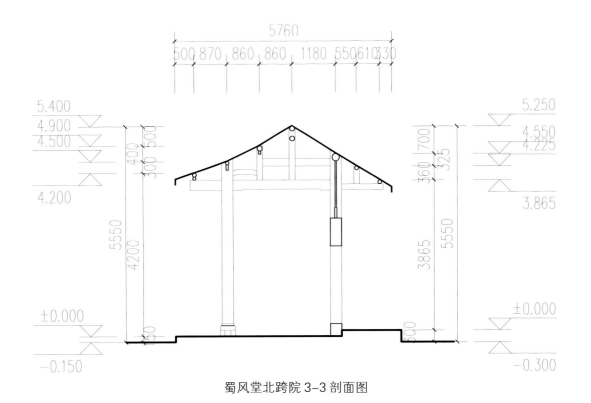

蜀风堂北跨院 3-3 剖面图

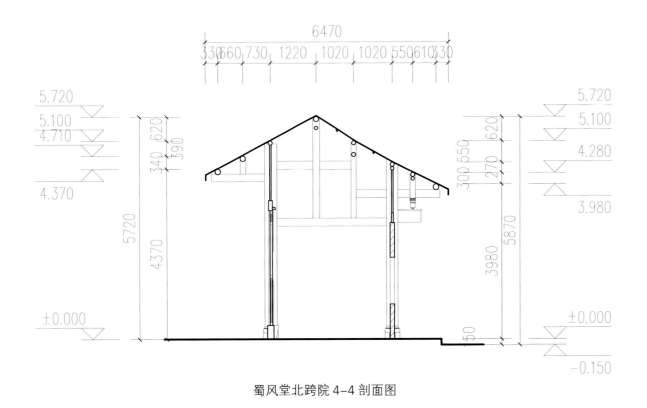

蜀风堂北跨院 4-4 剖面图

粉竹楼

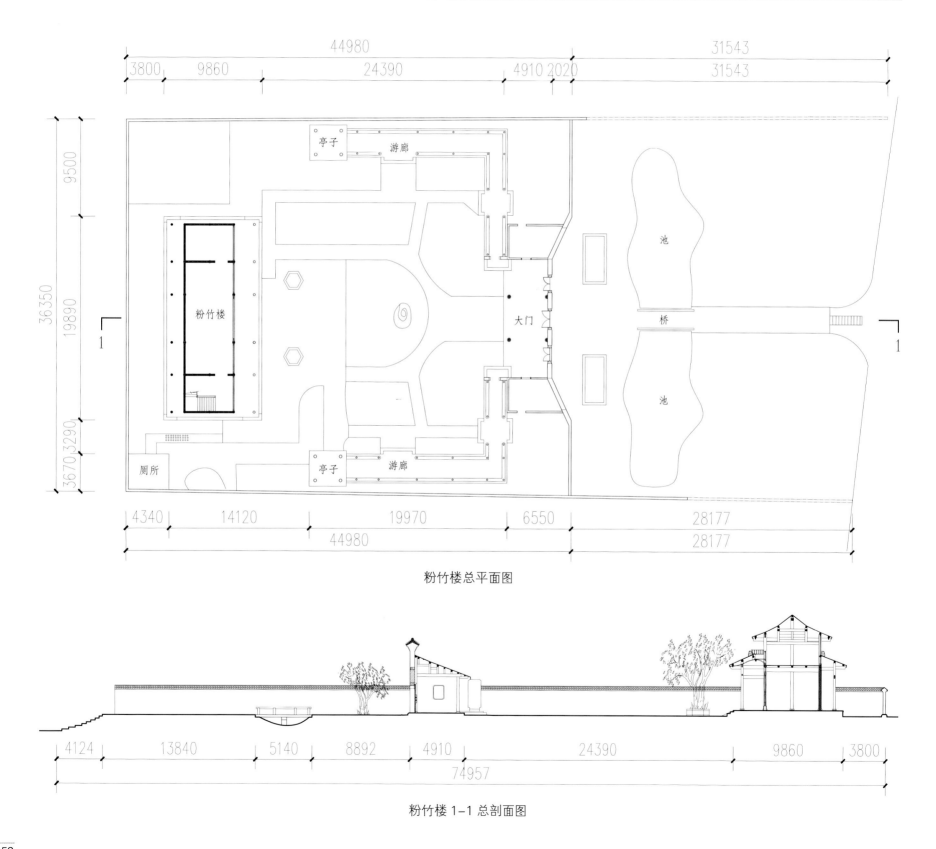

粉竹楼总平面图

粉竹楼 1—1 总剖面图

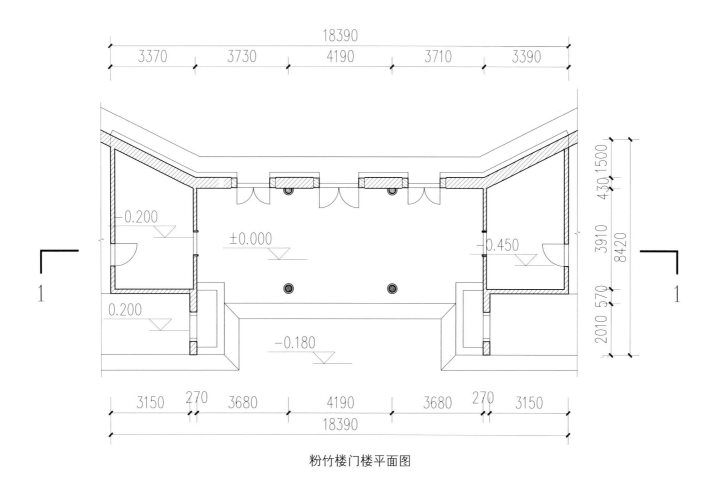

粉竹楼门楼平面图

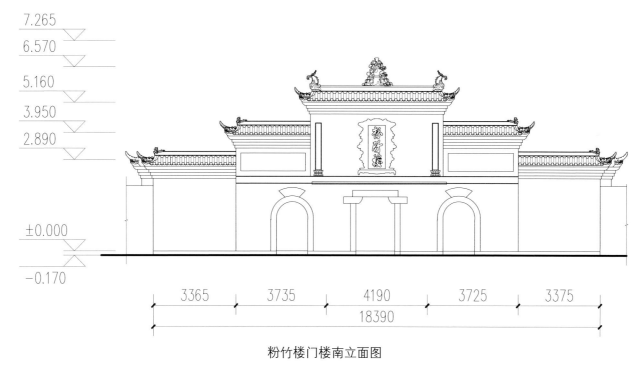

粉竹楼门楼南立面图

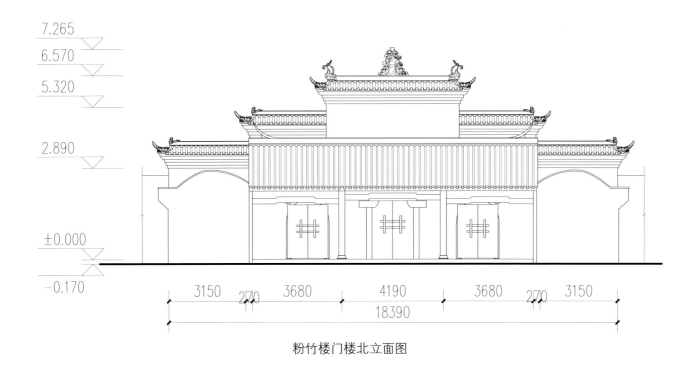

7.265
6.570
5.320
2.890
±0.000
−0.170

3150 270 3680 4190 3680 270 3150
18390

粉竹楼门楼北立面图

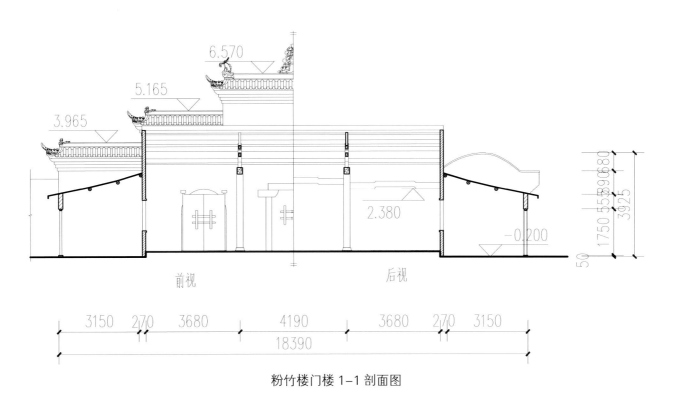

6.570
5.165
3.965
2.380
−0.200
1750 550 930 680
3925
50

前视　　　后视

3150 270 3680 4190 3680 270 3150
18390

粉竹楼门楼 1-1 剖面图

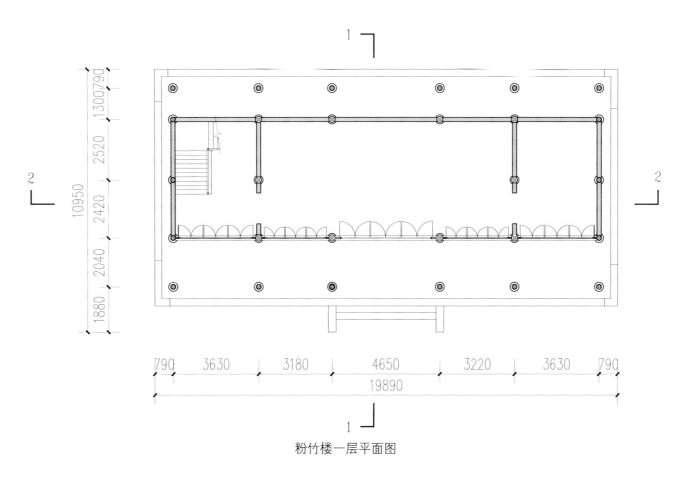

790
1300
2520
2420
2040
1880

10950

2

2

790 3630 3180 4650 3220 3630 790

19890

1

粉竹楼一层平面图

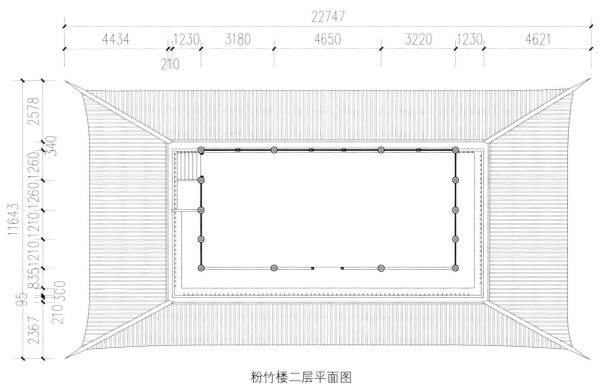

22747

4434 1230 3180 4650 3220 1230 4621

210

2578
340

11643

835 1210 1210 1260 1260

95

210 300

2367

粉竹楼二层平面图

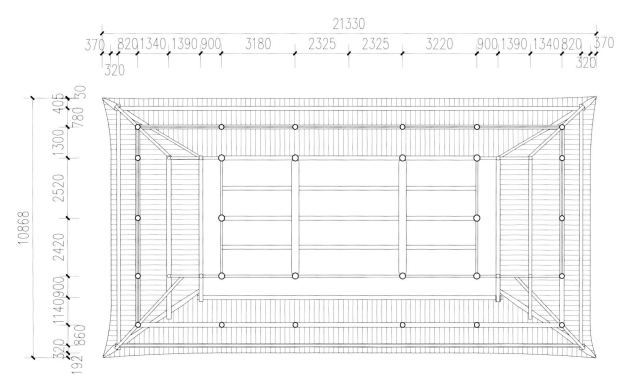

粉竹楼一层梁架仰视图

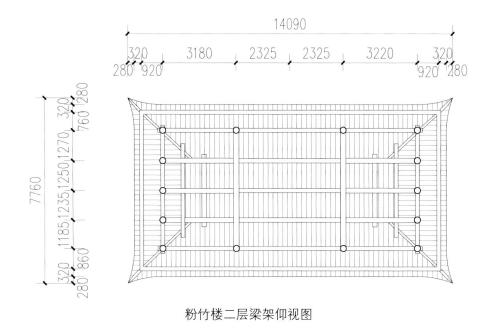

粉竹楼二层梁架仰视图

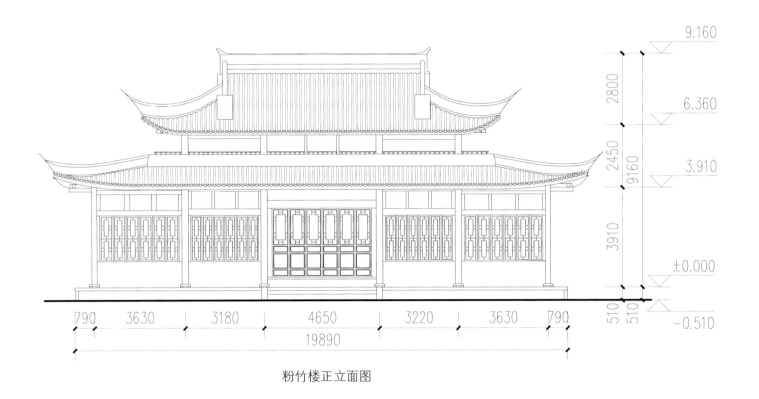

粉竹楼正立面图

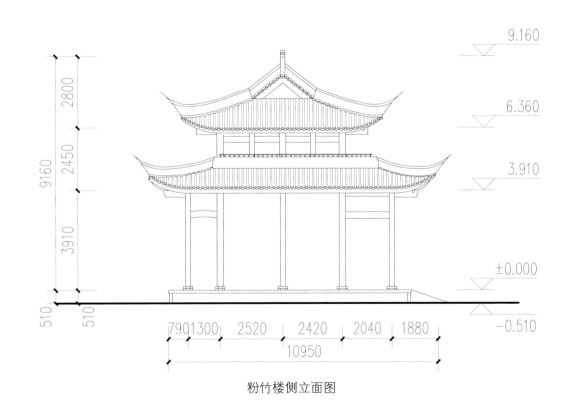

粉竹楼侧立面图

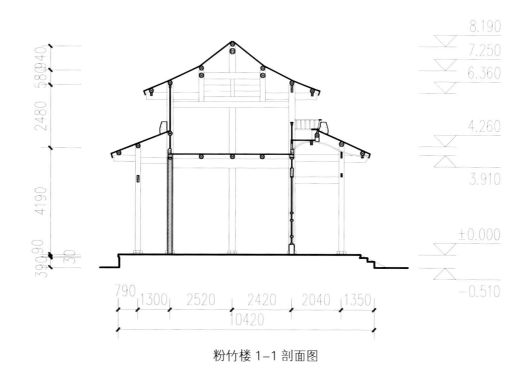

粉竹楼 1-1 剖面图

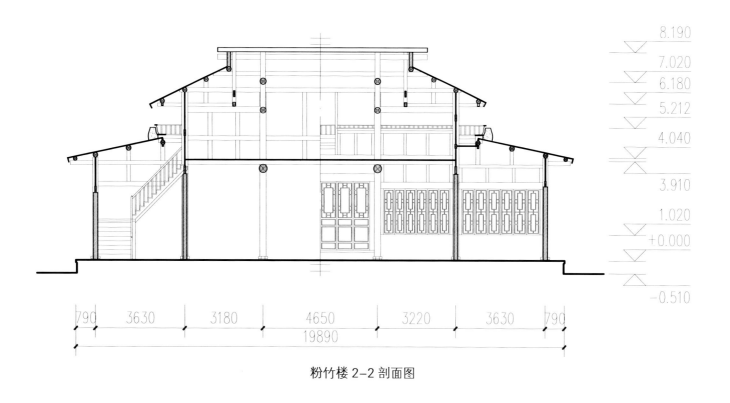

粉竹楼 2-2 剖面图

名贤祠

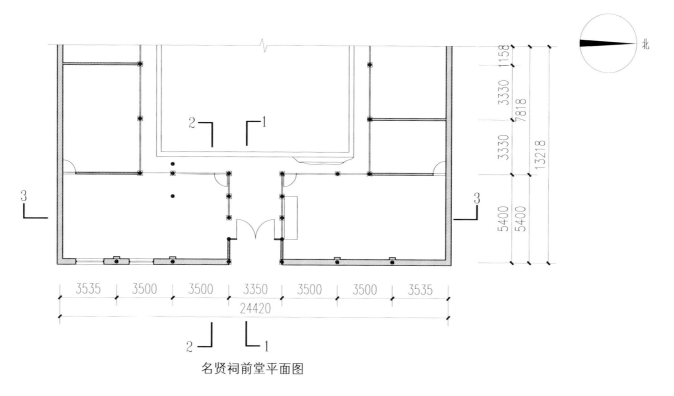

名贤祠前堂平面图

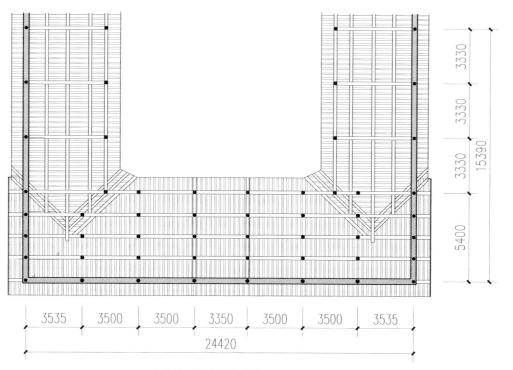

名贤祠前堂梁架仰视图

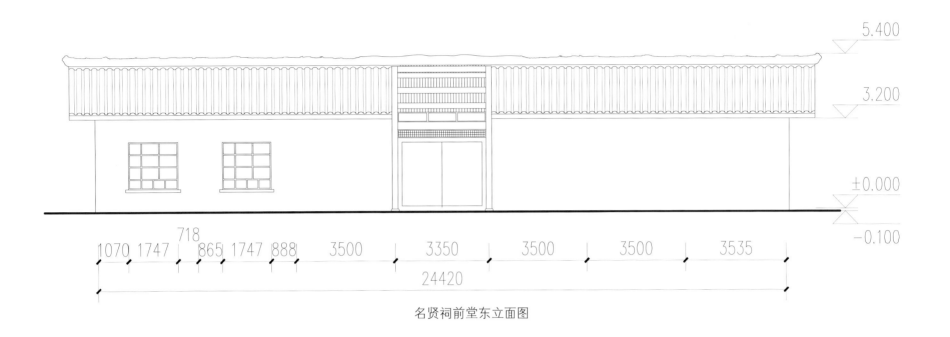

名贤祠前堂东立面图

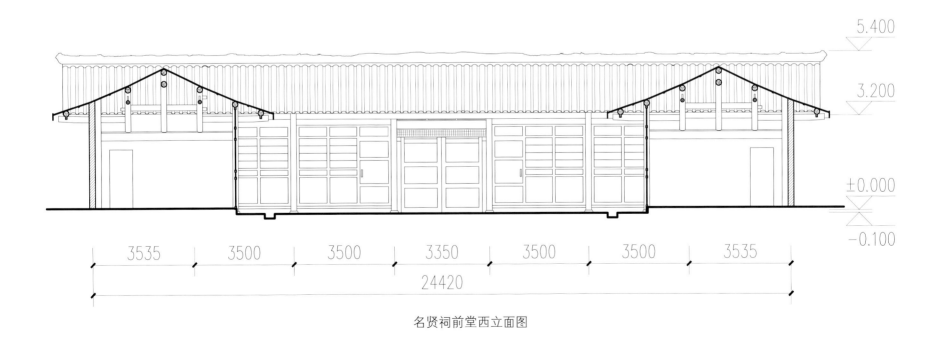

名贤祠前堂西立面图

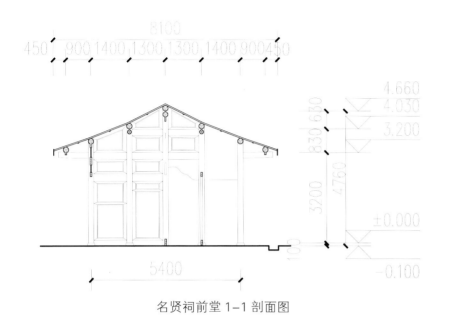

名贤祠前堂 1-1 剖面图

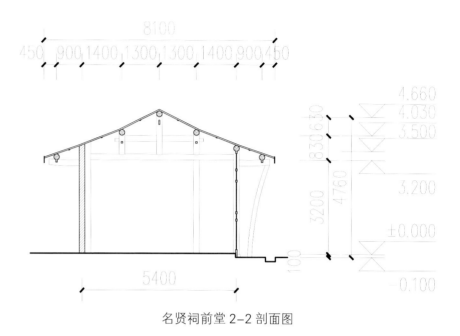

名贤祠前堂 2-2 剖面图

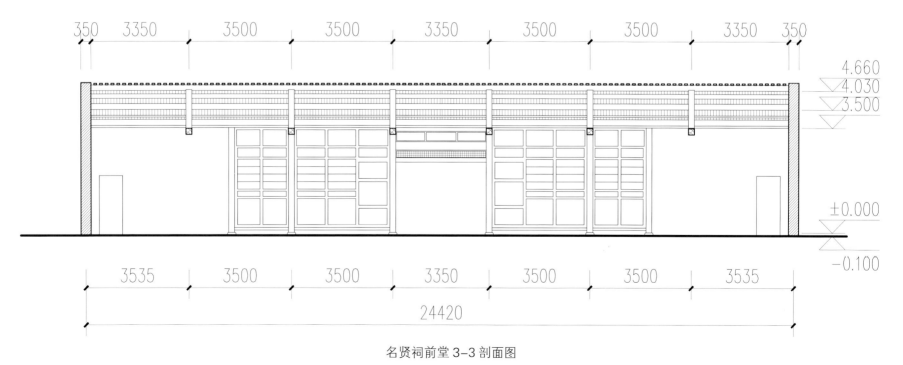

名贤祠前堂 3-3 剖面图

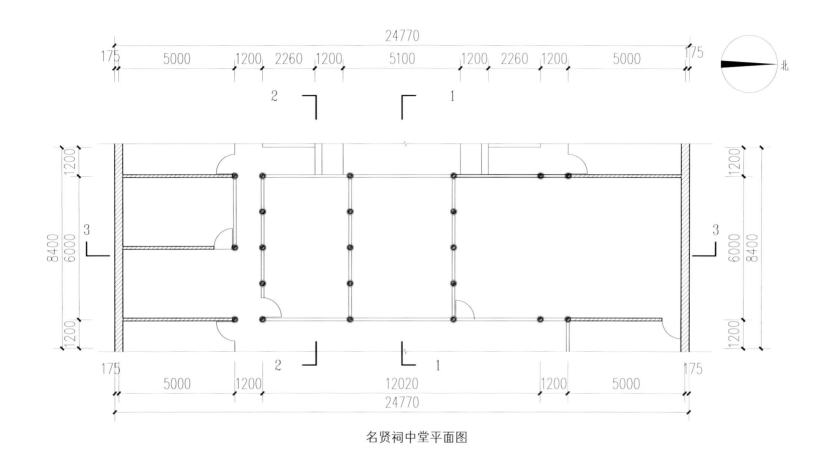

名贤祠中堂平面图

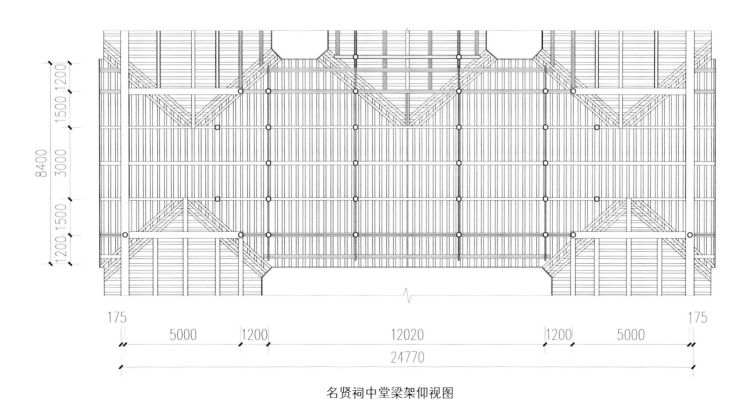

名贤祠中堂梁架仰视图

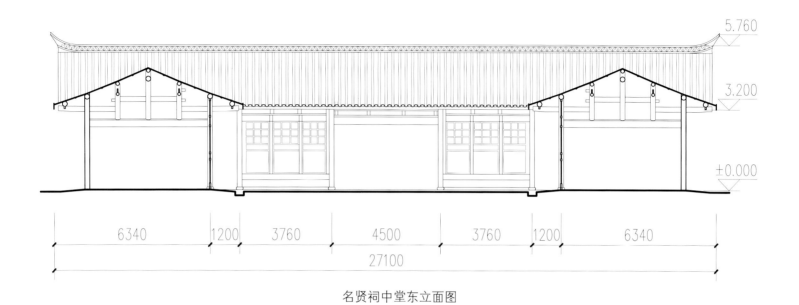

5.760

3.200

±0.000

| 6340 | 1200 | 3760 | 4500 | 3760 | 1200 | 6340 |

27100

名贤祠中堂东立面图

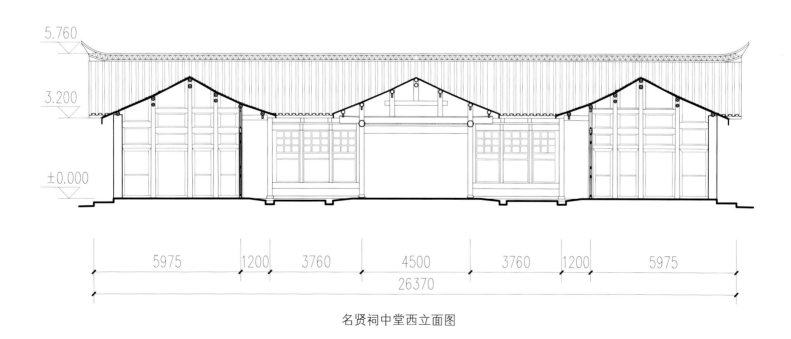

5.760

3.200

±0.000

| 5975 | 1200 | 3760 | 4500 | 3760 | 1200 | 5975 |

26370

名贤祠中堂西立面图

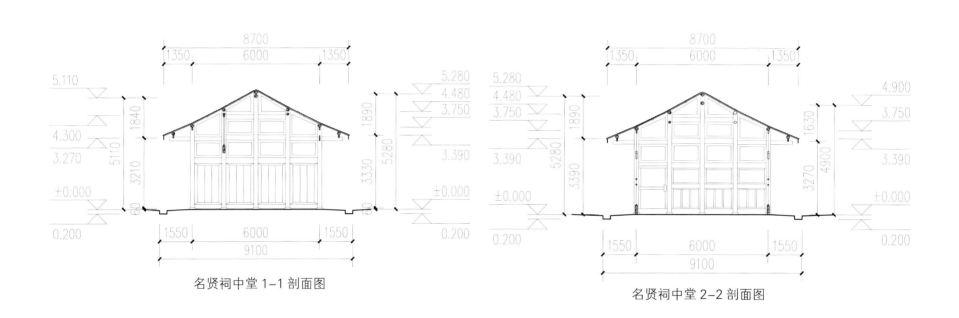

名贤祠中堂 1-1 剖面图

名贤祠中堂 2-2 剖面图

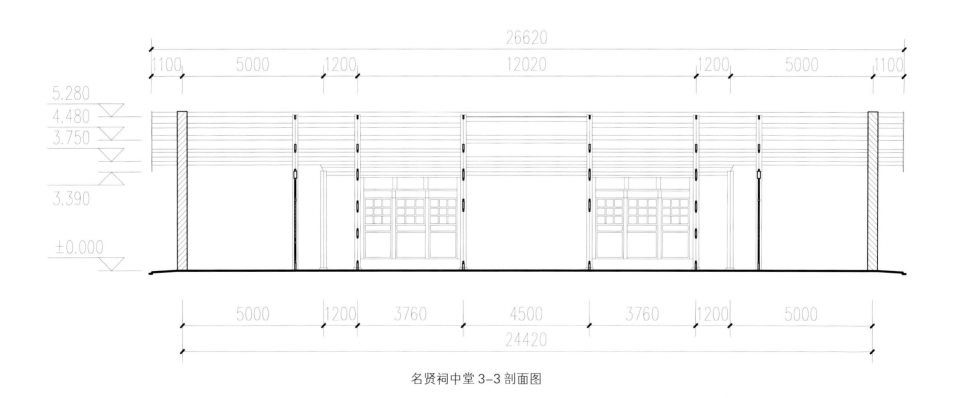

名贤祠中堂 3-3 剖面图

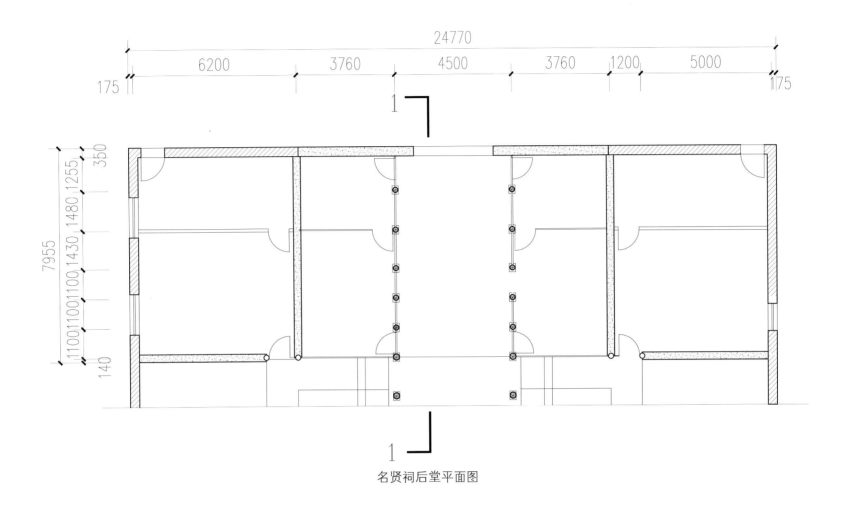

名贤祠后堂平面图

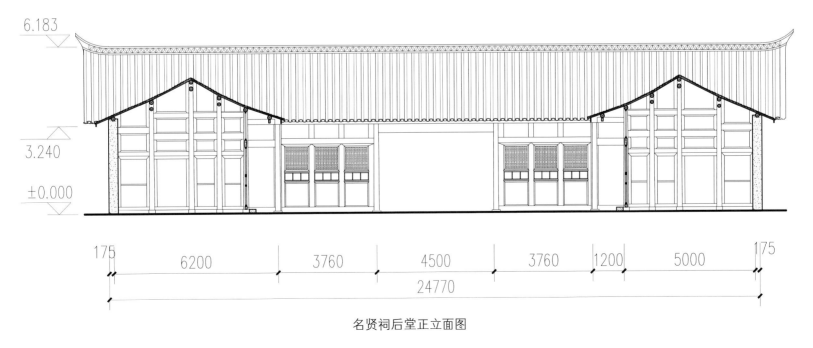

名贤祠后堂正立面图

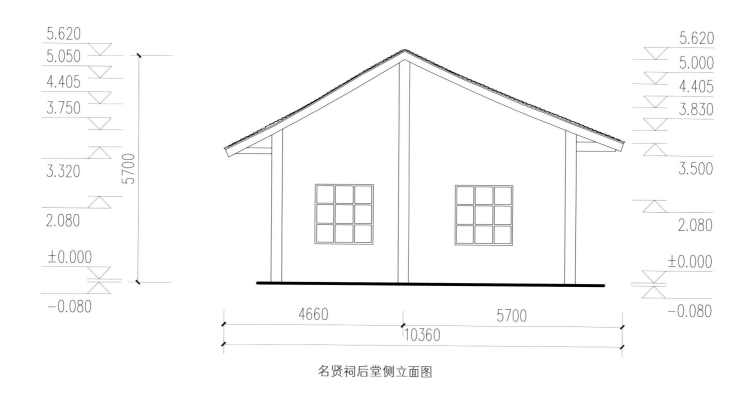

名贤祠后堂侧立面图

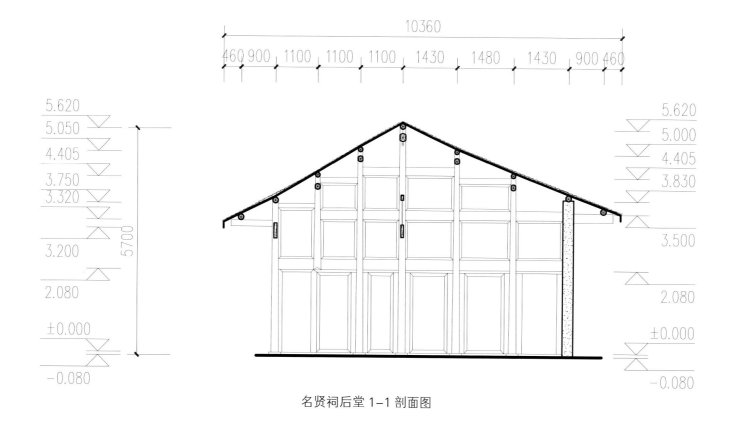

名贤祠后堂 1–1 剖面图

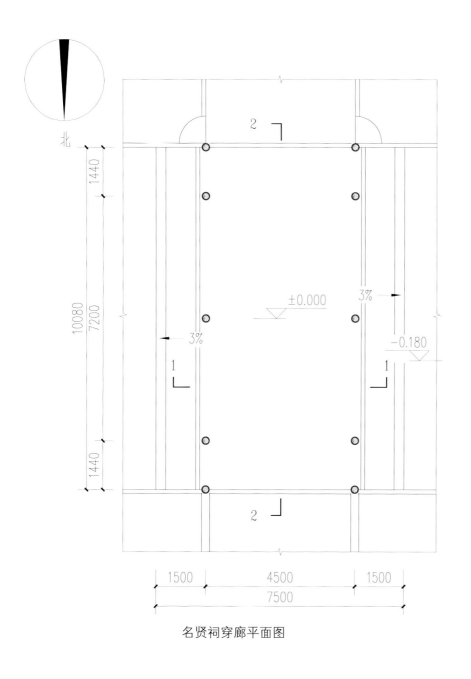

北

名贤祠穿廊平面图

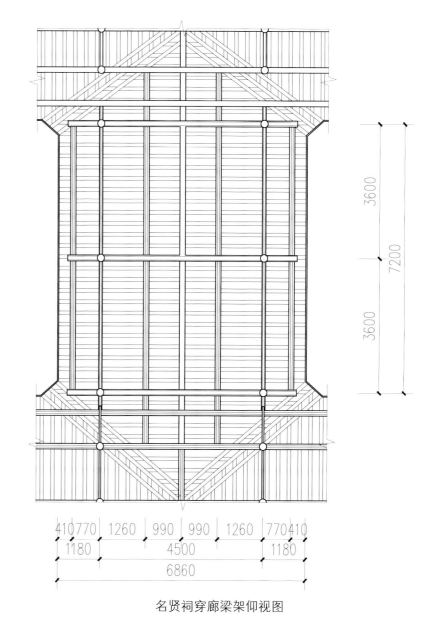

名贤祠穿廊梁架仰视图

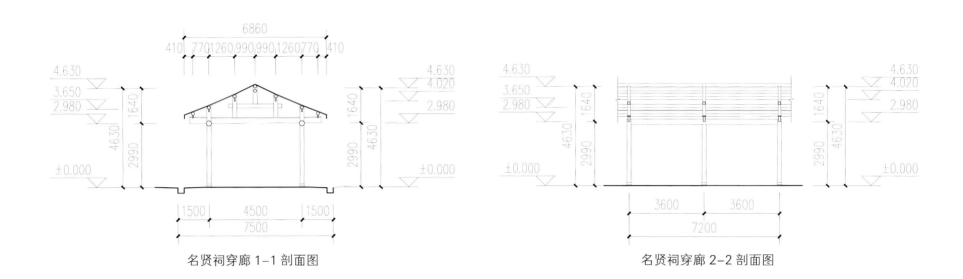

名贤祠穿廊 1-1 剖面图

名贤祠穿廊 2-2 剖面图

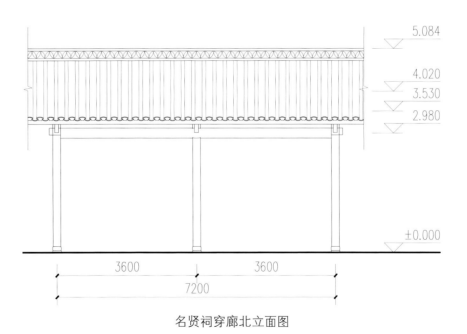

名贤祠穿廊北立面图

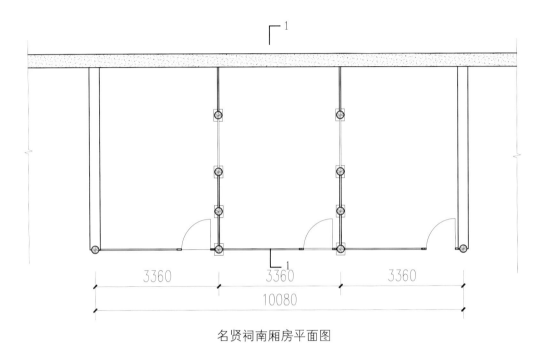

名贤祠南厢房平面图

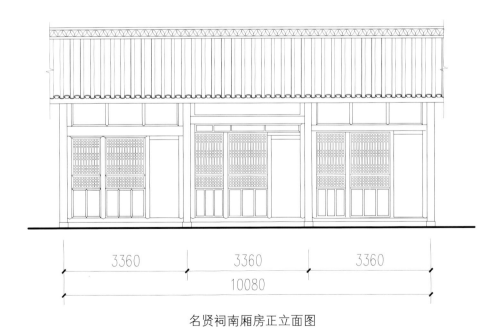

名贤祠南厢房正立面图

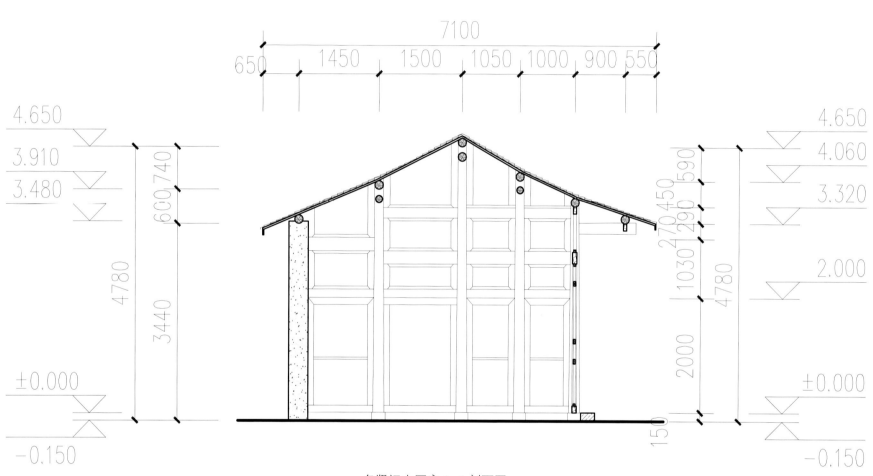

名贤祠南厢房 1-1 剖面图

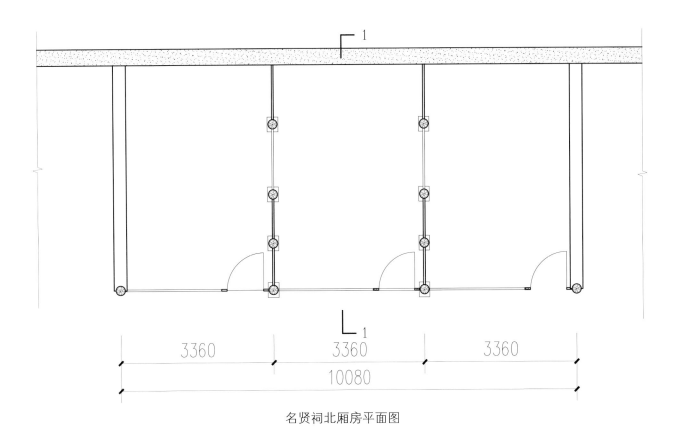

名贤祠北厢房平面图

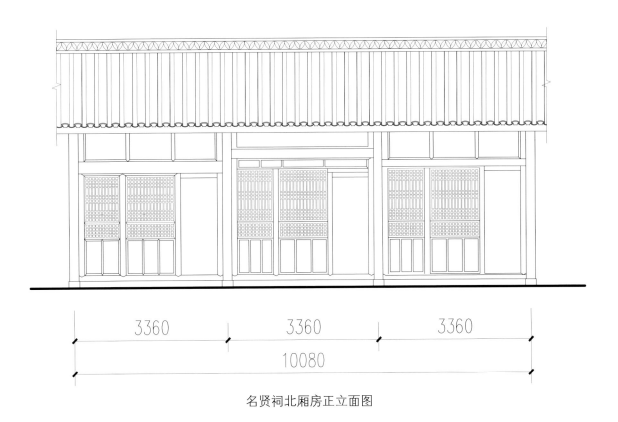

名贤祠北厢房正立面图

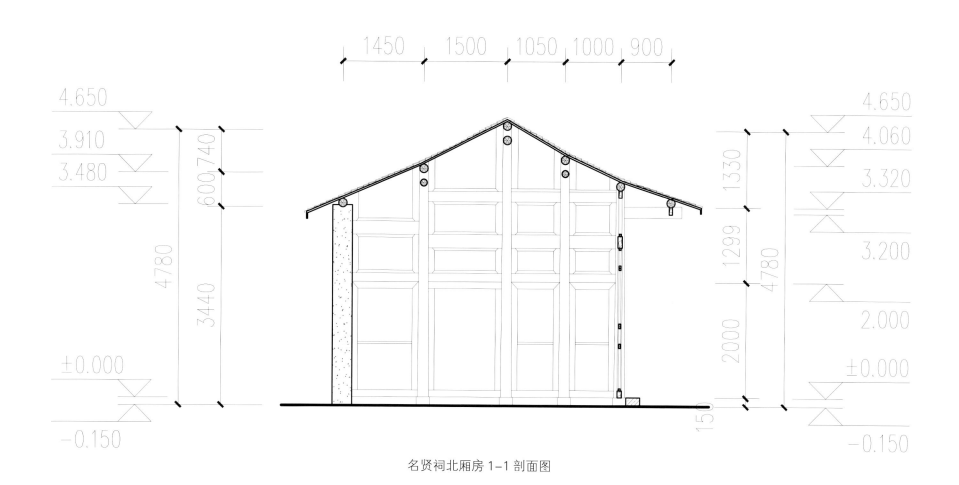

名贤祠北厢房 1-1 剖面图

文胜普照寺

文胜普照寺

　　文胜普照寺位于江油市东北 56 公里的文胜乡，明清时期属梓潼县。据寺内碑记，普照寺始建于明洪武年间，清乾隆五十六年（1791）培修，道光年间又数次重修。

　　寺院坐南朝北略偏西，现存山门、大雄宝殿和两厢房。山门为砖石砌筑的牌坊式门头，门上灰塑彩绘"普照寺"额牌，两边出八字墙。两侧厢房各三间，悬山顶，带前廊。

　　大雄宝殿建于明代，为三间七檩单檐悬山顶小式建筑，采用北方官式建筑风格的抬梁式结构。面阔 12.96 米，进深 12.68 米，高 9.98 米，明间宽 6.4 米，约为次间的两倍。前檐带前廊，深 2.05 米，廊柱出挑枋承檐，应是后期改造的结果。后檐则施抱头梁，没有出挑。后檐额枋下施雕刻精美、线条平缓的雀替，具有明显的明代风格。明间梁架用四柱，金柱上承五架梁，五架梁上施方形瓜柱，上承三架梁及脊瓜柱，瓜柱下均有角背。山面梁架则用五柱，前后金柱上各承双步梁，梁尾入中柱，梁上施瓜柱承单步梁，梁尾也入中柱。大雄宝殿所用梁枋基本都加工成规整的抹角矩形断面，与民间多用自然圆料有明显区别。屋面原为冷摊小青瓦，砖胎灰塑加镂空花瓦脊，正脊做双龙戏珠嵌瓷灰塑，两端做鳌鱼。修缮后改为筒瓦屋面和烧制脊，无螭吻、脊兽。

山门　　文胜普照寺

大雄宝殿（正面）

文胜普照寺大雄宝殿是四川明代建筑中较罕见的不用斗拱的小式悬山顶建筑，虽等级不高，但整体结构及细部加工都很规整，官式特征明显，是四川地区一处珍贵的明代建筑实例。2007 年被公布为省级文物保护单位。

大雄宝殿（背面）

两侧厢房与院落关系

大雄宝殿

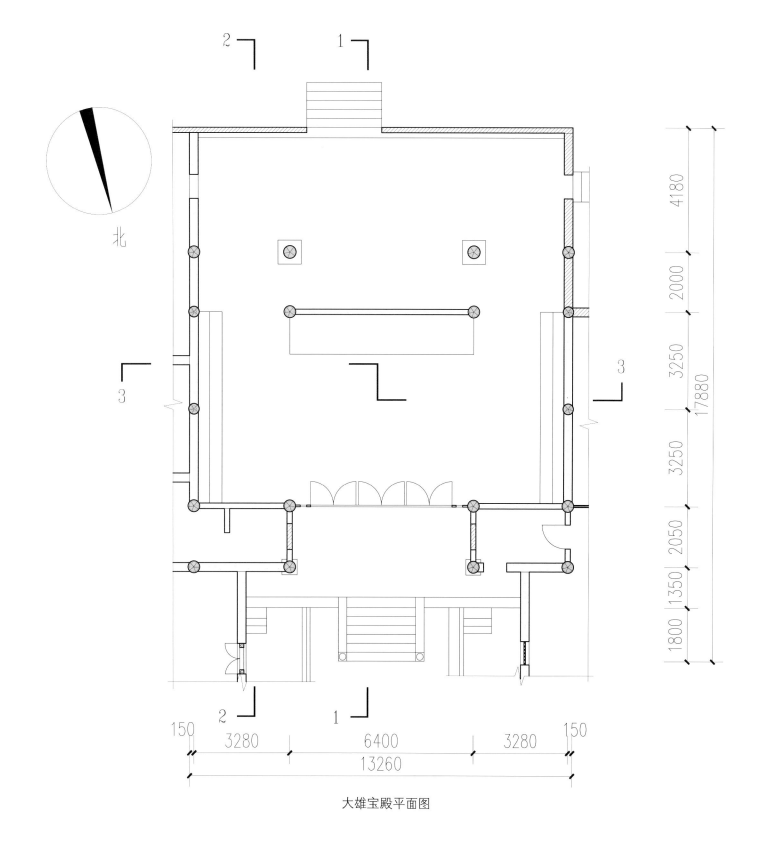

北

大雄宝殿平面图

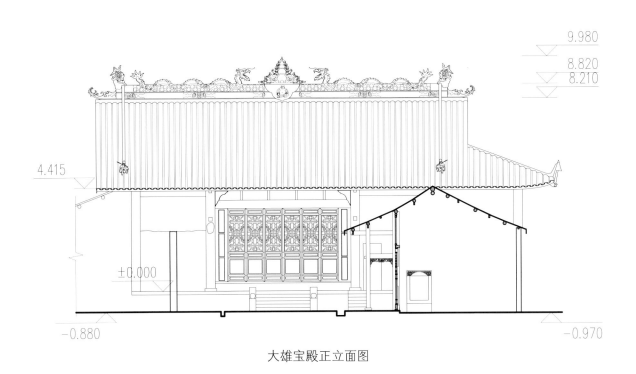

大雄宝殿正立面图

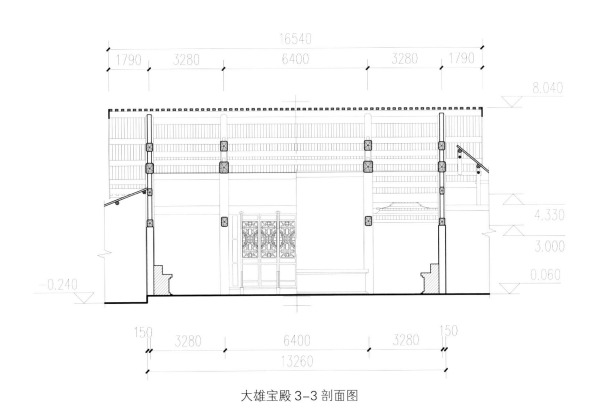

大雄宝殿 3-3 剖面图

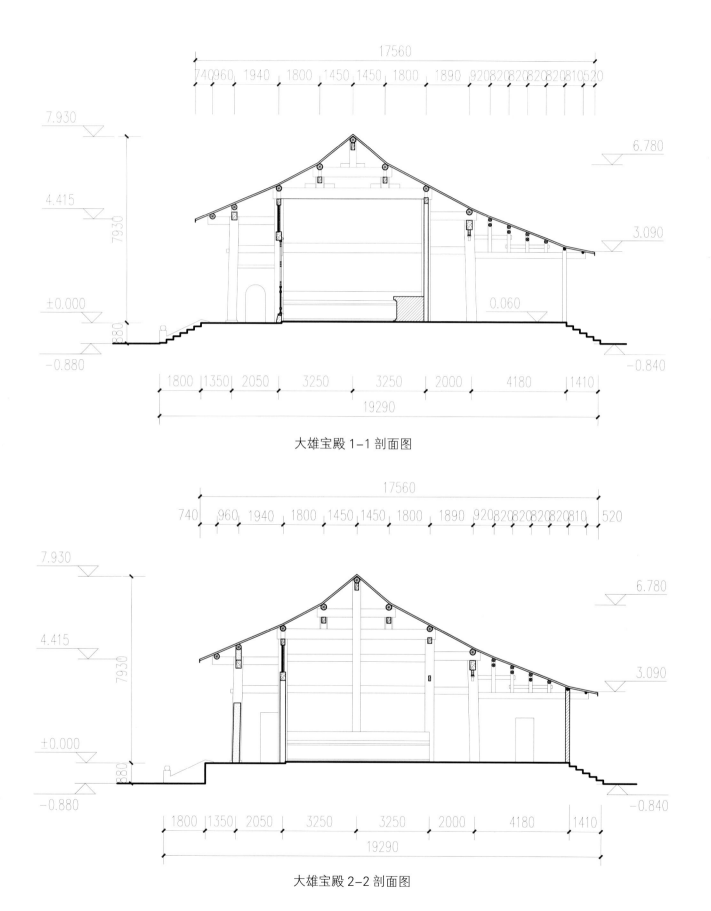

大雄宝殿 1-1 剖面图

大雄宝殿 2-2 剖面图

西厢房

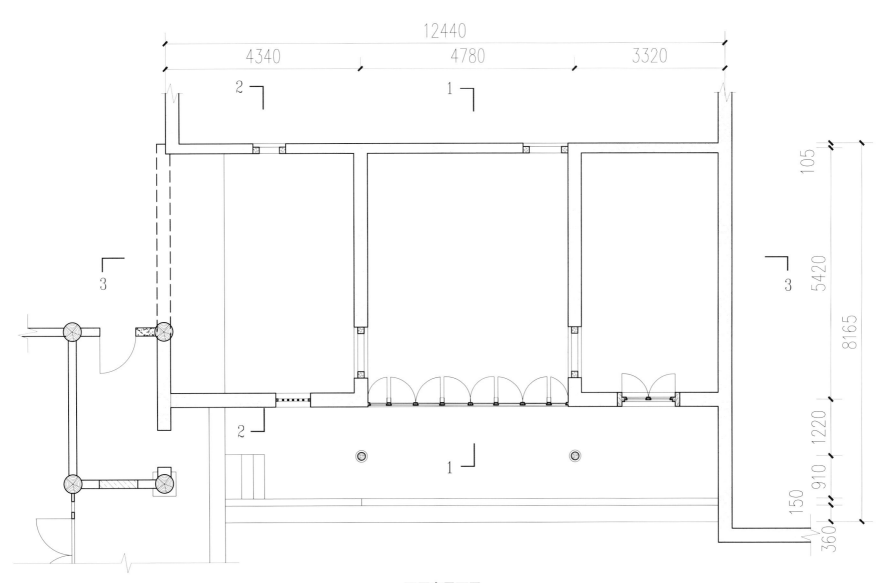

西厢房平面图

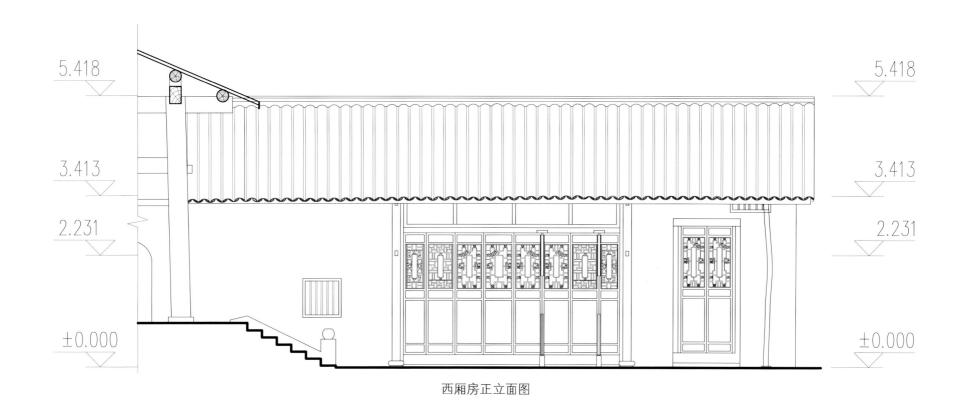

5.418

3.413

2.231

±0.000

5.418

3.413

2.231

±0.000

西厢房正立面图

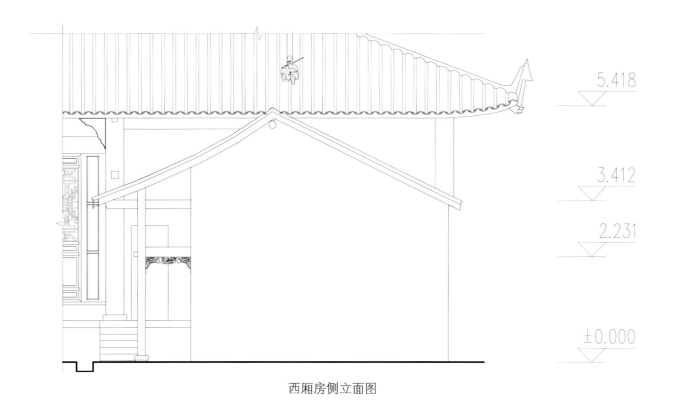

5.418

3.412

2.231

±0.000

西厢房侧立面图

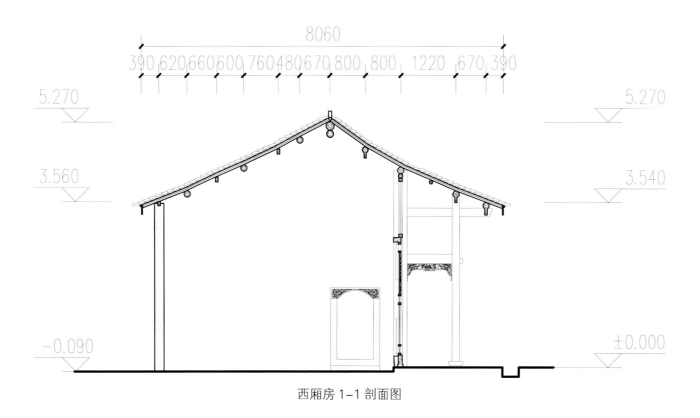

8060

390 620 660 600 760 480 670 800 800 1220 670 390

5.270   5.270

3.560   3.540

−0.090   ±0.000

西厢房 1-1 剖面图

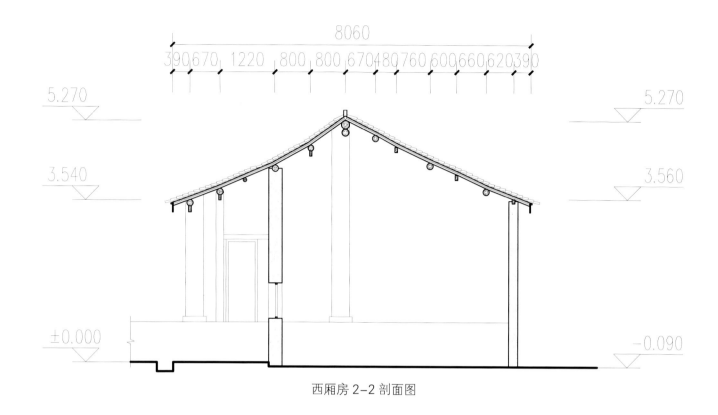

8060

390 670 1220 800 800 670 480 760 600 660 620 390

5.270

5.270

3.540

3.560

±0.000

−0.090

西厢房 2-2 剖面图

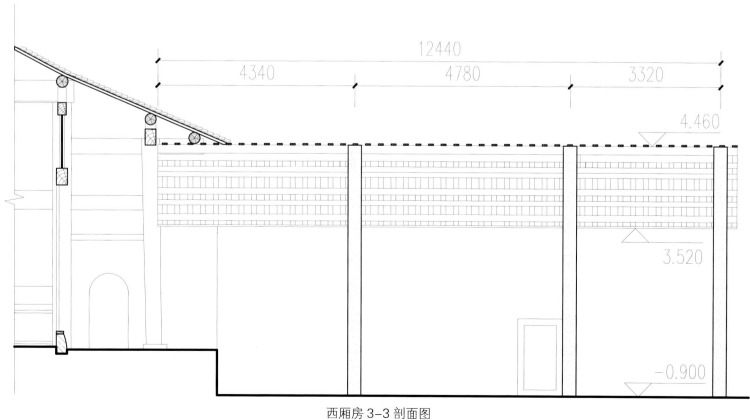

12440

4340 4780 3320

4.460

3.520

−0.900

西厢房 3-3 剖面图

河西普照寺

大雄宝殿

  河西普照寺位于江油市太平镇普照村，为了与江油市文胜乡的普照寺相区别，因其位于涪江以西，故称"河西普照寺"。据清代方志记载，河西普照寺始建于元至正年间，明天顺元年（1457）重修，清顺治元年（1644）僧照恺补修。

寺院坐西朝东，现中轴线上有山门、观音殿、大雄宝殿等建筑，其中仅大雄宝殿为古建筑，近年又在北侧另辟轴线新建了规模更大的观音殿和大雄宝殿。

大雄宝殿曾经被改造，将后金柱以后的部分全部拆除，并接建其他房屋，近年维修恢复了后檐构架，但已失原貌。现面阔三间，宽13.06米，其中明间宽7.26米，超过次间的两倍。进深九檩，深14.98米，单檐歇山顶。前檐带廊，外檐斗拱布置前繁后简。前檐柱上施一排五踩斗拱，山面在大斗上出挑枋承檐，后檐推测原与山面相同，但近年的修缮是模仿前檐样式复原的。前檐斗拱下原有平板枋，但仅保留了大斗下的一小段，其余都被后期锯断，平身科原有布置情况不明，现仅明间复原了两攒，斗拱的特点是正心拱用三层横拱，翘头施很短的厢拱，各拱长均较短，使斗拱整体比例窄而高。梁架采用抬梁式结构，前后双步梁对五架梁用四柱。在明间平身科分位上，设有两组叉手，叉手从上金枋搭至脊枋，上承上金檩和脊檩，起到将檩条荷载分担到金枋、脊枋的作用。其歇山两面收进两椽，椽尾钉在紧贴五架梁外侧的木条上，如此大的收山使立面上达到翼角更加舒展的效果。

后檐角科

大雄宝殿木构件上留有少量墨书题记，其中一根椽子下有"……年岁次癸酉八月一日丙申……"题记，查为明正德八年（1513）所题，应当是现存大雄宝殿的建造年代。河西普照寺大雄宝殿是绵阳市为数不多的年代较明确的明代中期建筑，带有明显的地方建筑特点。2007年被公布为省级文物保护单位。

大雄宝殿

大雄宝殿

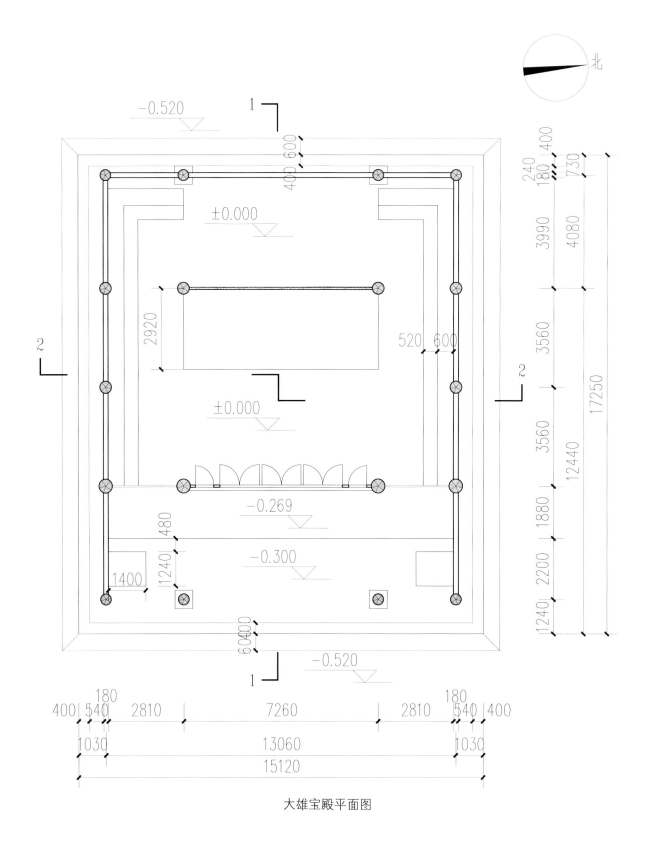

大雄宝殿平面图

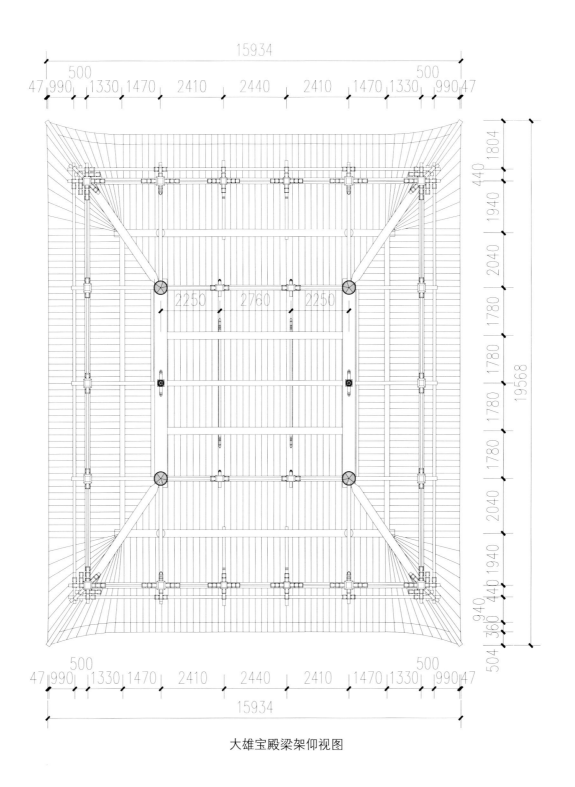

大雄宝殿梁架仰视图

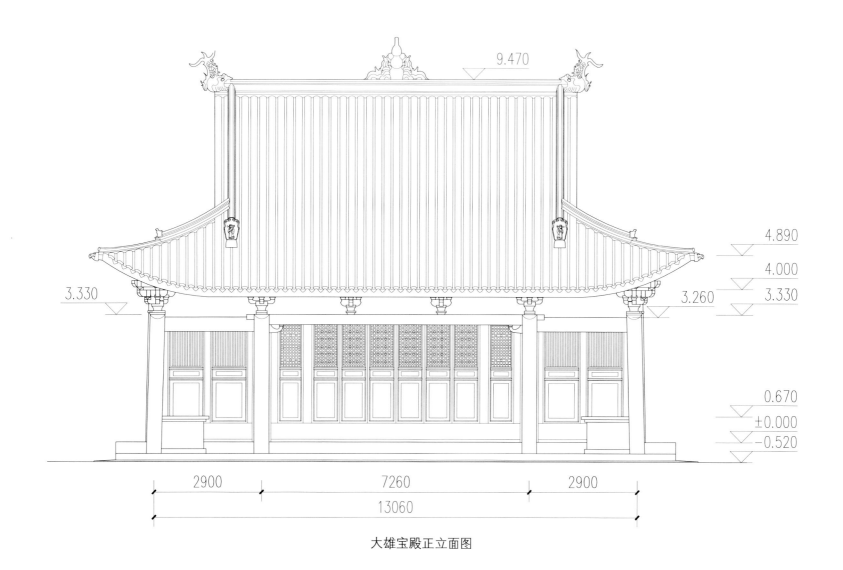

9.470

4.890

4.000

3.330

3.260

3.330

0.670

±0.000

−0.520

2900

7260

2900

13060

大雄宝殿正立面图

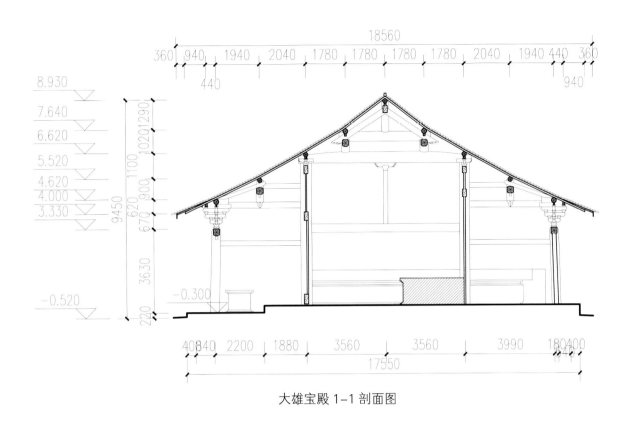

大雄宝殿 1-1 剖面图

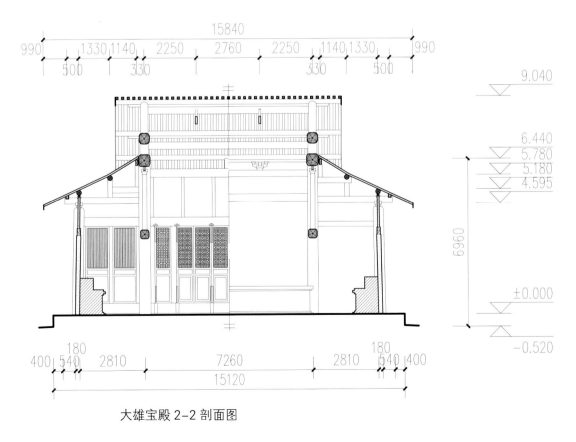

大雄宝殿 2-2 剖面图

青林口古建筑群

青林口古建筑群

　　青林口位于江油市东北 50 公里的二郎庙镇青林村，地处潼江上游的江油、梓潼、剑阁三地交界处，古时属梓潼县，是川西北地区一处具有代表性的传统场镇。场镇始于元末明初，沿潼江支流大庄子沟两岸布置，由南岸东西向街道和北岸南北向街道组成丁字街格局，阴平古道和金牛古道在此交会，西通江油，东通剑阁、阆中，是商旅交通要道，2013 年列入第二批中国传统村落名录。场镇上有红军桥、广东会馆、火神庙等古建筑，见证了古镇的繁荣与变迁。

　　红军桥原名合益桥，南北跨溪而架，创建于清乾隆五十六年（1791），初为木桥，嘉庆五年（1800）毁于白莲教起义战火。嘉庆十三年至十四年（1808—1809）重建为石拱桥，后在桥上增建木廊屋。1935年红军途经青林口，在这里建立了苏维埃政权，在桥上留下了众多红军标语石刻。部队转移后，一位留下养伤的女战士在桥上牺牲。为纪念这段历史，合益桥1956年被更名为红军桥。红军桥为三孔石拱桥，长24.93米，宽7.24米，桥面至桥墩高约7米，桥面随3个拱券高度的不同，中间高、两端低，两侧立石栏杆，并立有红军标语石刻四件。桥上建木廊屋五间，中间三间略高，两端两间略低。廊屋长18.99米，宽5.69米，高8.97米，两端为牌坊式桥头，廊身为四柱五瓜的穿斗式梁架，中间一间做二层歇山顶阁楼，与两端的牌坊顶形成高低错落、极具韵味的轮廓线。

红军桥

广东会馆倒座戏台

广东会馆位于大庄子沟北岸，紧邻红军桥桥头。青林口原有七省客商兴建的四所会馆，现仅存广东、福建两省合建的这一处，又称"闽粤会馆"。广东会馆建于清同治年间，坐东北朝西南，现仅存门楼。门楼面阔五间，宽14.94米，悬山顶，前出三间批檐，后出三间歇山顶倒座戏台，一层明间为门道，稍间设楼梯通向二层戏台。戏台宽8.64米，深8米，中部用八字围屏隔成前后台，檐下饰以木雕撑弓、挂落，翼角高翘，装饰精美。

戏台屋檐翼脚

火神庙位于大庄子沟南岸街道西段，始建于明正德年间，现存建筑为清代重建，包括街南侧的荧煋宫、火神殿、玉皇殿和街北侧的文昌宫，两侧过街楼跨街将南北建筑相连，形成街道穿过院落，院落围着街道的独特布局。荧煋宫面阔三间，进深七檩，单檐悬山顶，采用抬担与穿斗式混合梁架。两侧耳房为火神殿和玉皇殿。文昌宫为高约15米的三层楼阁，一层面阔五间，悬山顶；二层面阔三间，歇山顶；三层面阔一间，歇山顶。过街楼跨街而立，一层开门洞以通行人，门内立有清代修建文昌宫的碑记，碑上刻有红军标语。

文昌宫

荧煋宫

街道

青林口古建筑群建筑类型多样，各具特色，随地形弯曲的街道、沿街的传统民居、高耸的庙宇楼阁与周边的自然风光共同描绘出一幅步移景异的古镇画卷。2007 年被公布为省级文物保护单位，2013 年被公布为全国重点文物保护单位。

青林口高抬戏

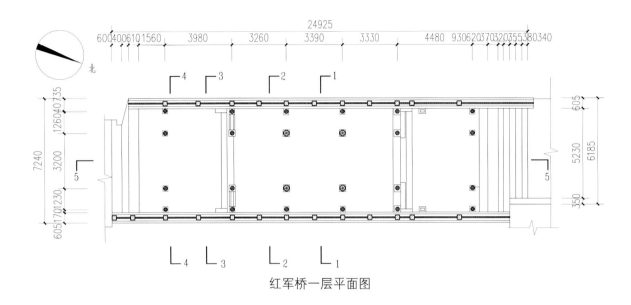

红军桥

红军桥一层平面图

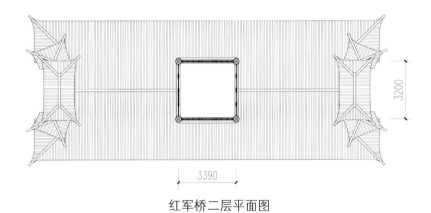

红军桥二层平面图

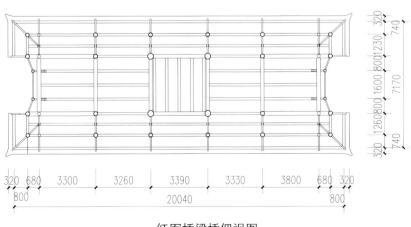

红军桥梁桥仰视图

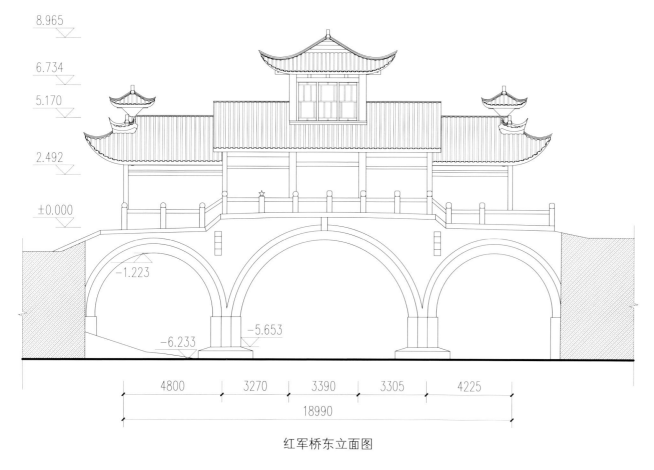

红军桥东立面图

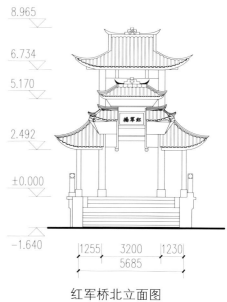

红军桥北立面图

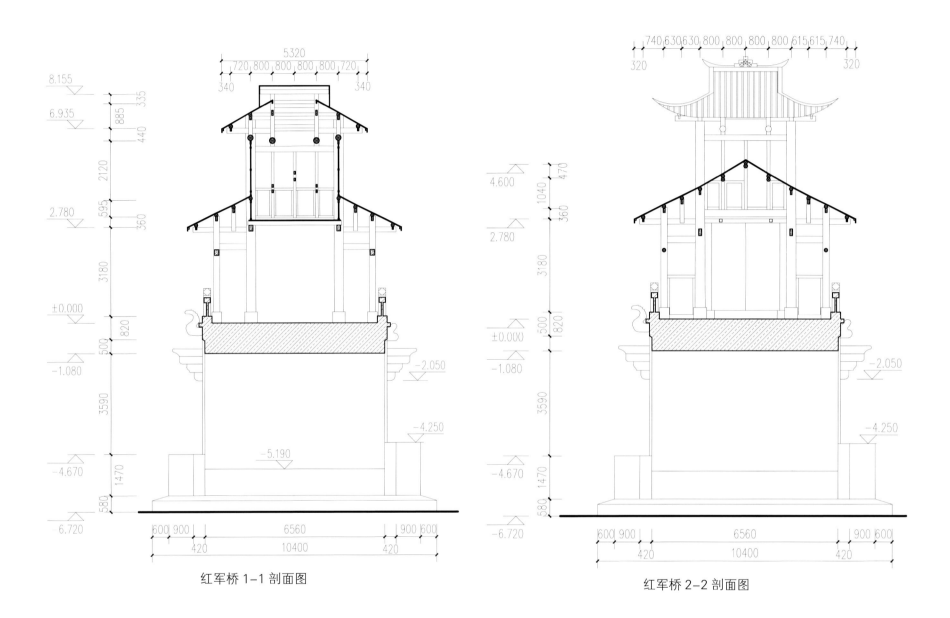

红军桥 1-1 剖面图

红军桥 2-2 剖面图

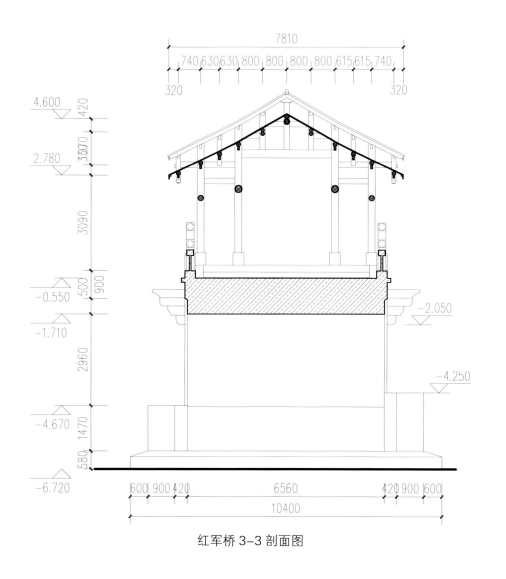

红军桥 3-3 剖面图

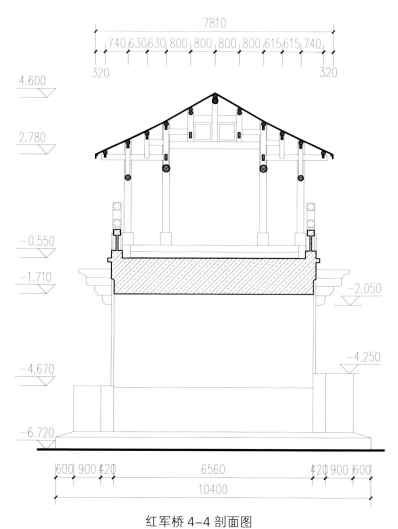

红军桥 4-4 剖面图

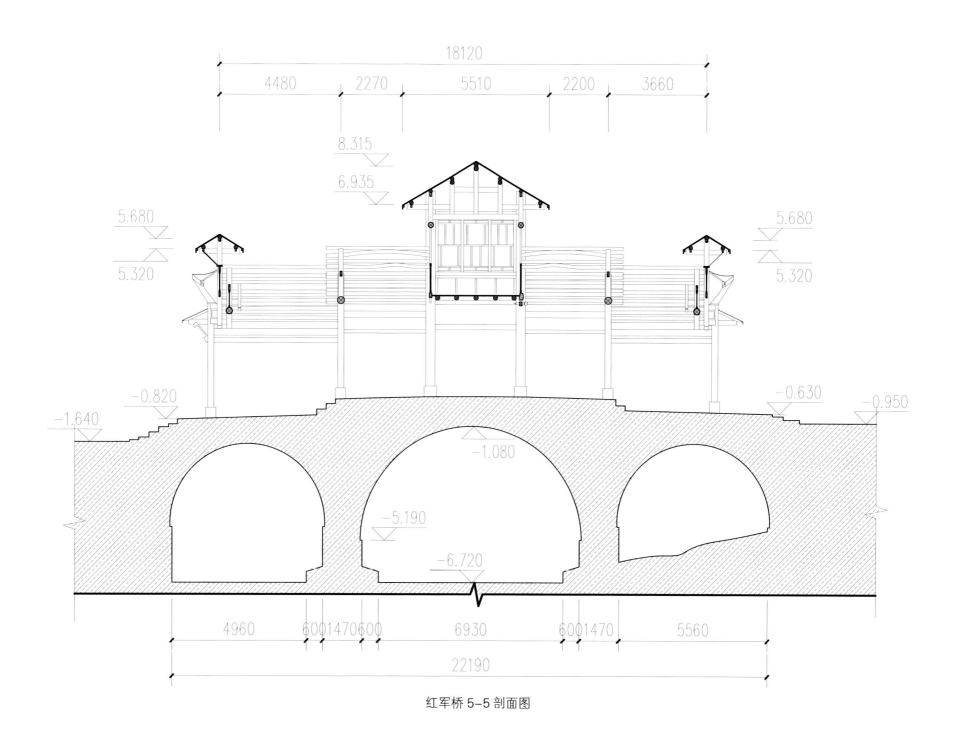

红军桥 5-5 剖面图

广东会馆

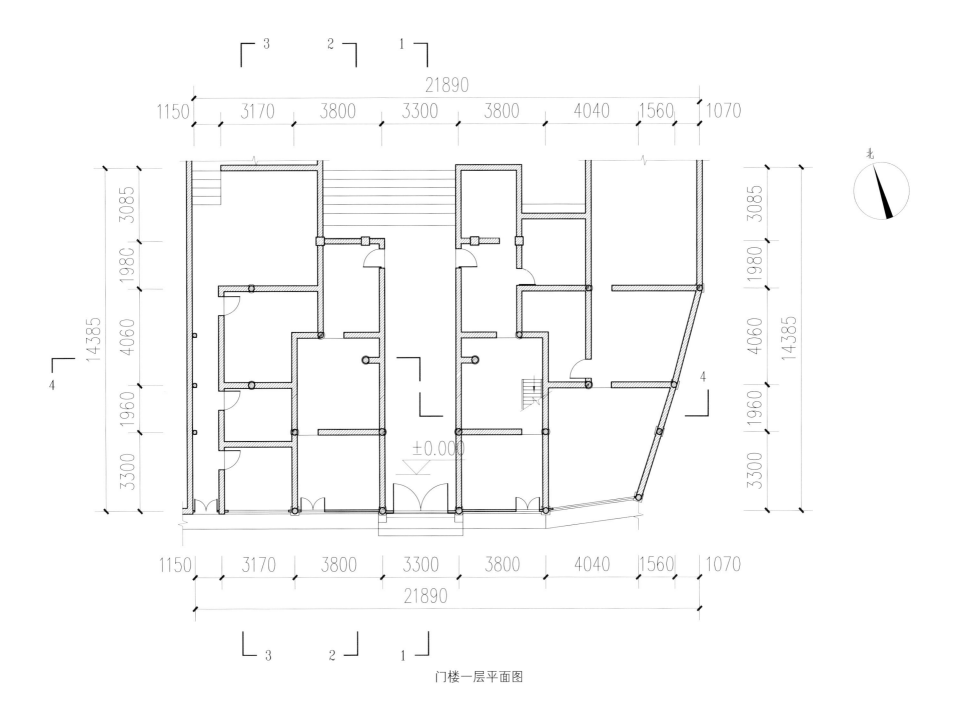

门楼一层平面图

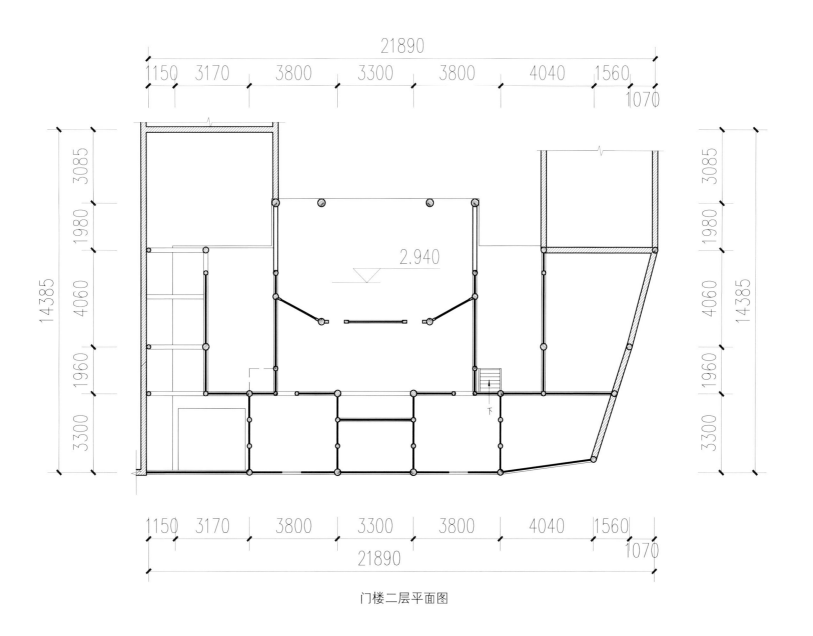

门楼二层平面图

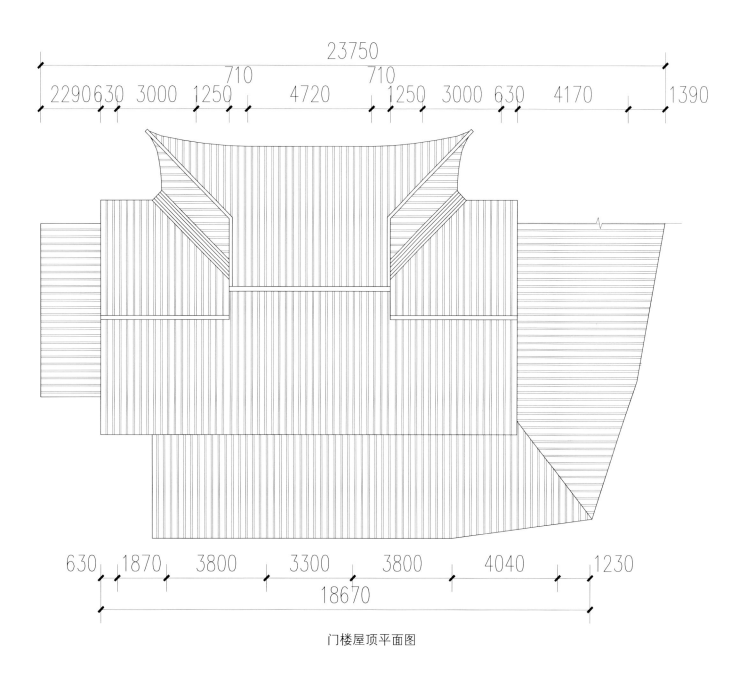

23750

710　　　710

2290　630　3000　1250　　4720　　1250　3000　630　　4170　　1390

630　1870　3800　3300　3800　4040　1230

18670

门楼屋顶平面图

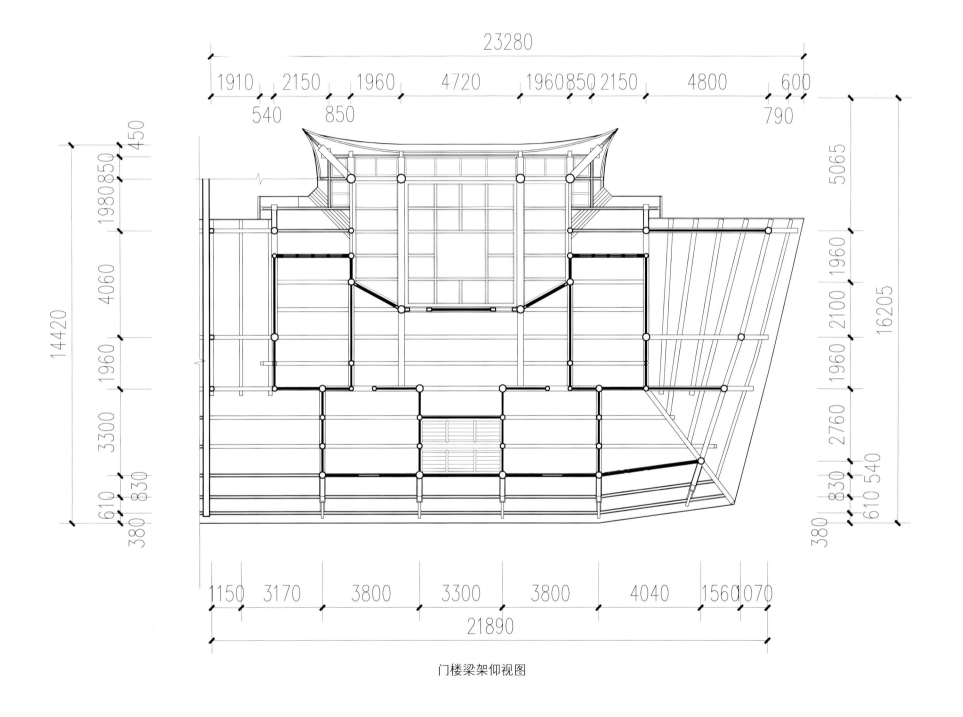

门楼梁架仰视图

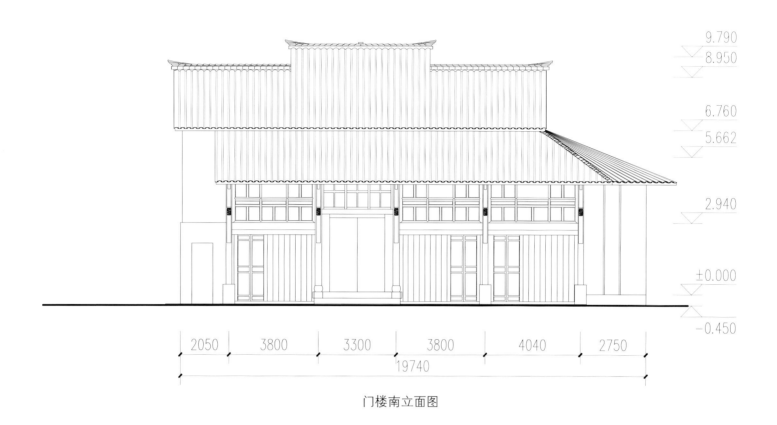

9.790
8.950
6.760
5.662
2.940
±0.000
−0.450

2050 | 3800 | 3300 | 3800 | 4040 | 2750
19740

门楼南立面图

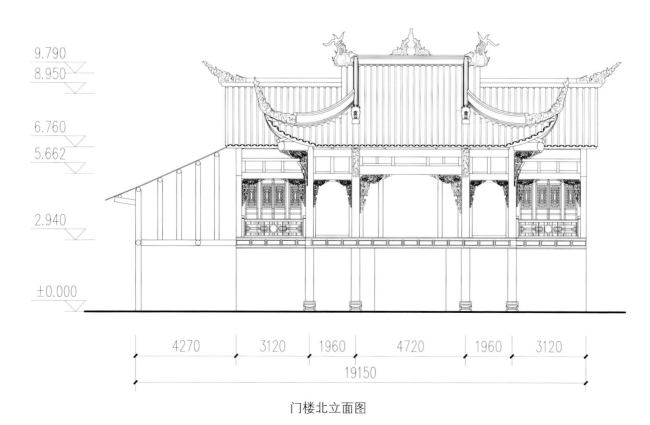

9.790
8.950
6.760
5.662
2.940
±0.000

4270 | 3120 | 1960 | 4720 | 1960 | 3120
19150

门楼北立面图

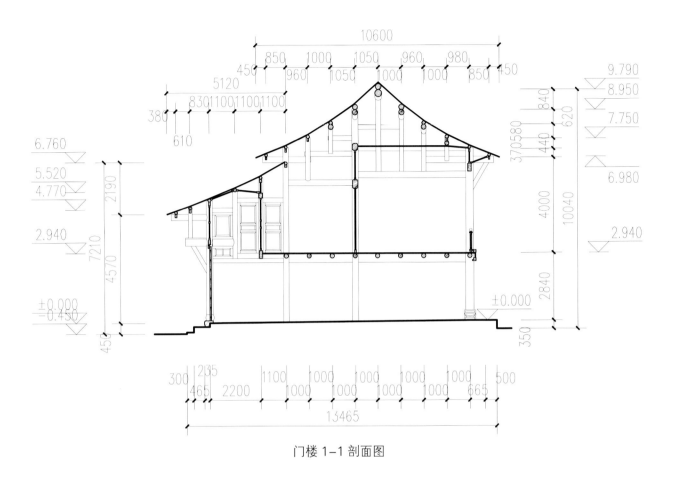

门楼 1-1 剖面图

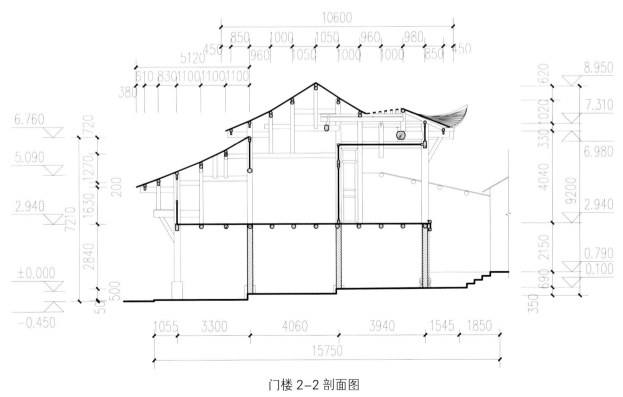

门楼 2-2 剖面图

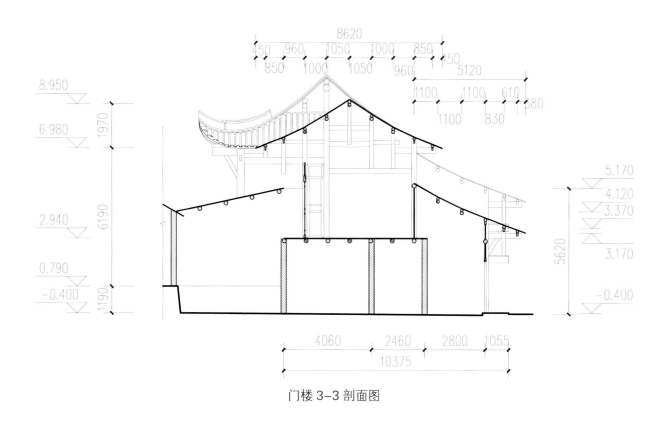

门楼 3-3 剖面图

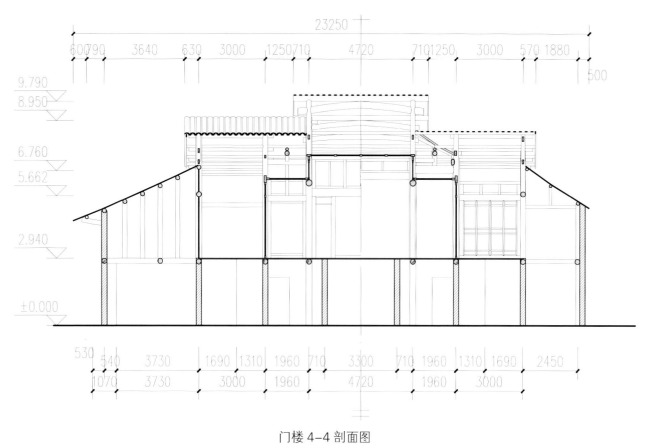

门楼 4-4 剖面图

火神庙

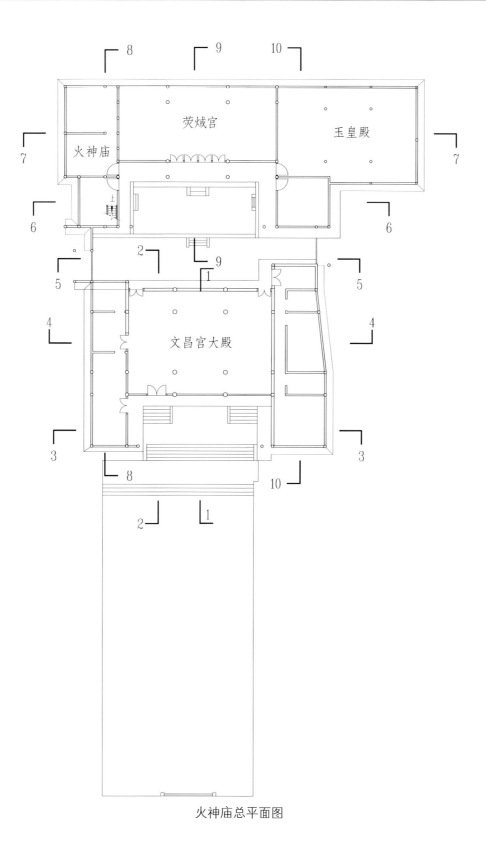

火神庙总平面图

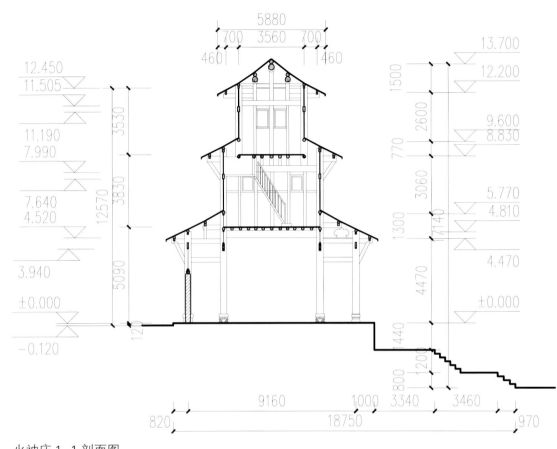

火神庙 1-1 剖面图

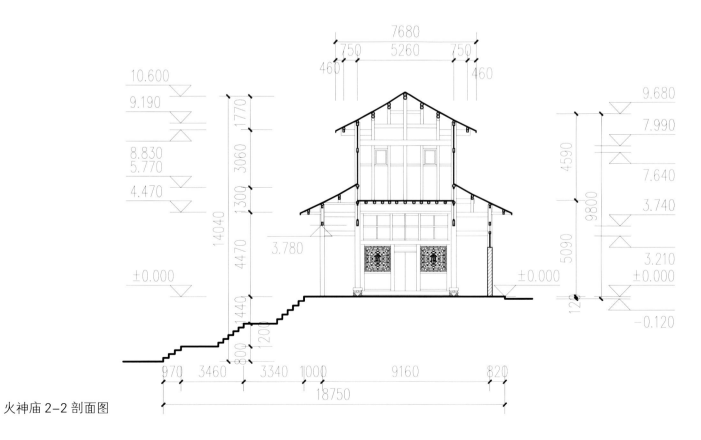

火神庙 2-2 剖面图

青林口古建筑群
MIANYANG
SHENGJI WENWU BAOHU DANWEI
MUJIEGOU JIANZHU
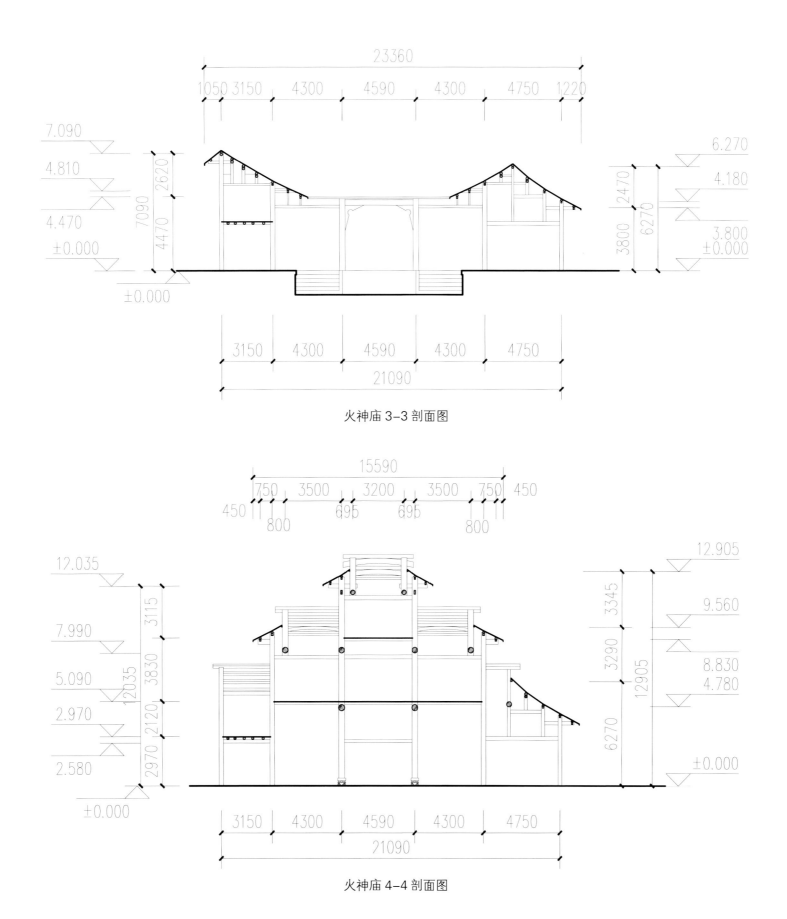

火神庙 3-3 剖面图

火神庙 4-4 剖面图

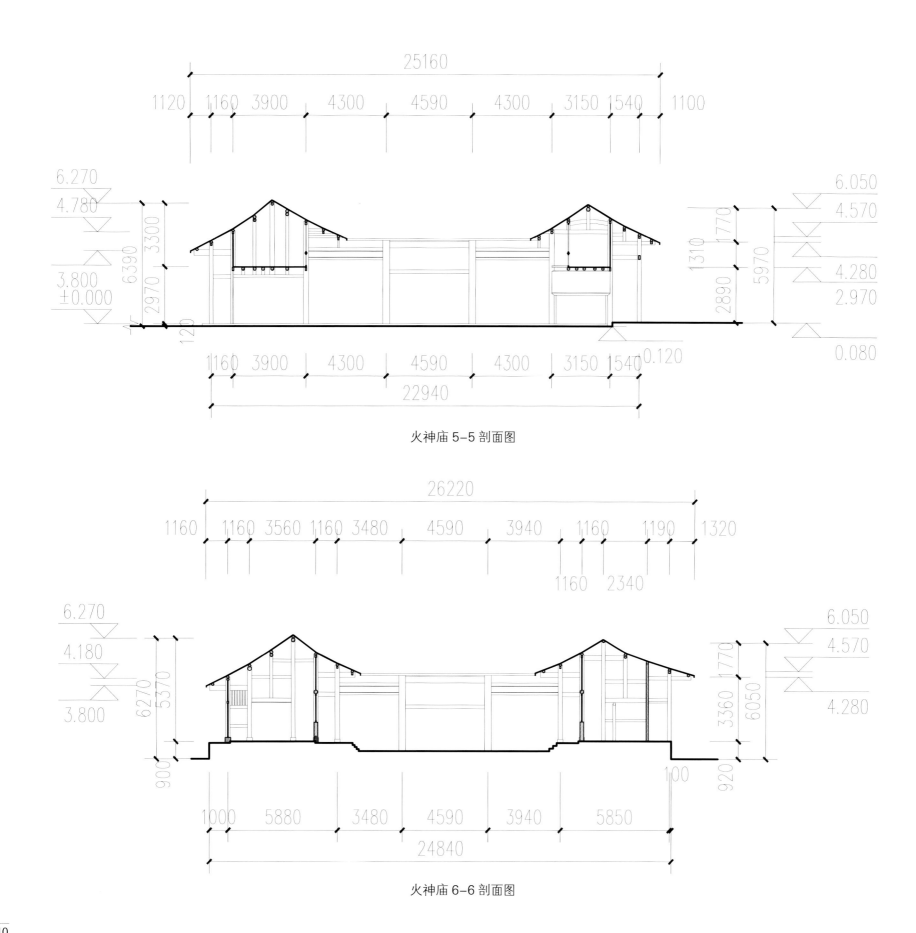

火神庙 5-5 剖面图

火神庙 6-6 剖面图

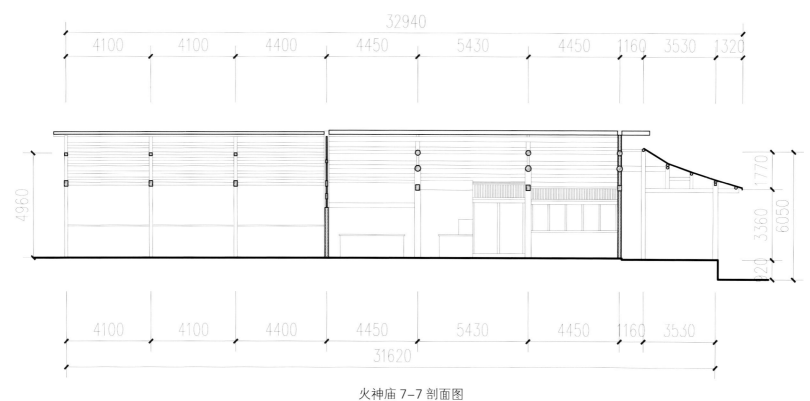

火神庙 7-7 剖面图

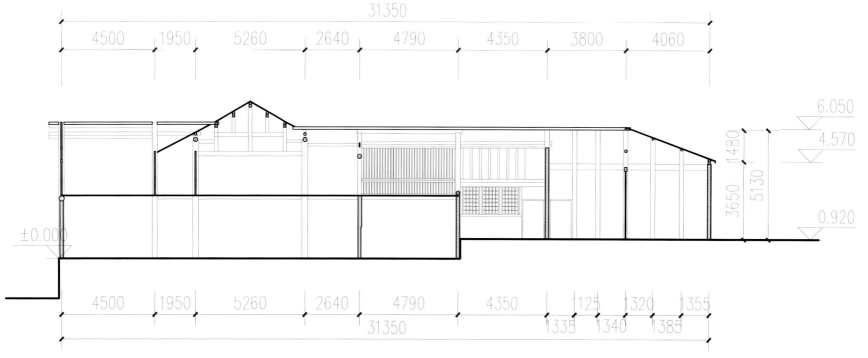

火神庙 8-8 剖面图

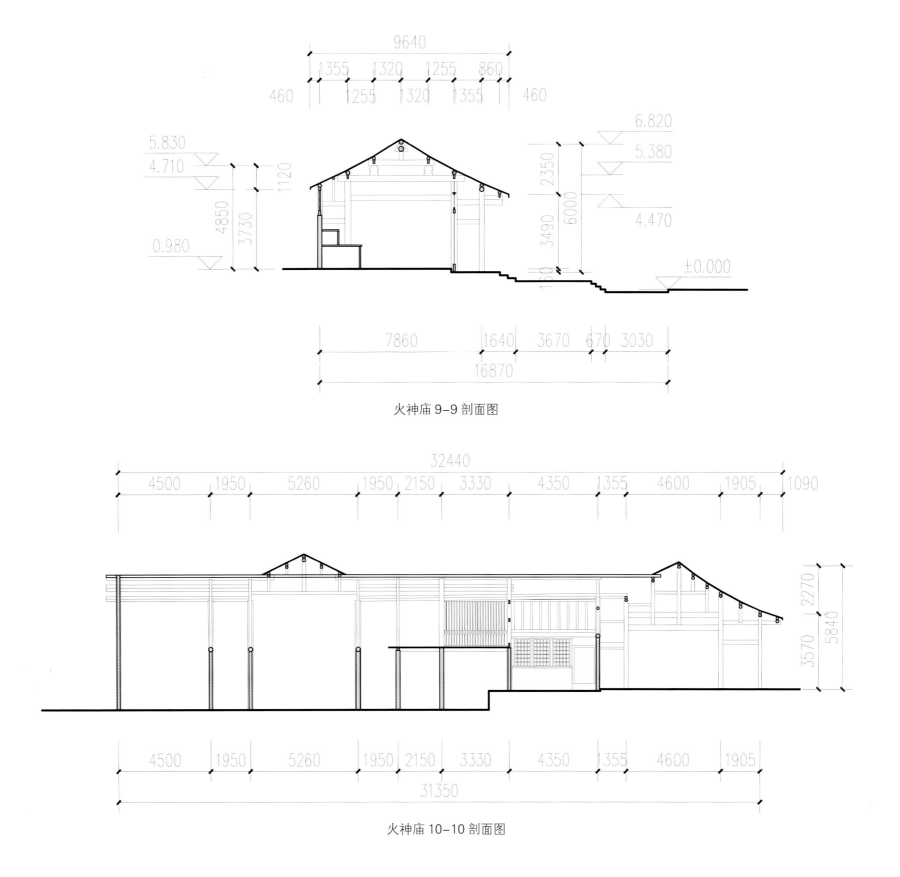

火神庙 9-9 剖面图

火神庙 10-10 剖面图

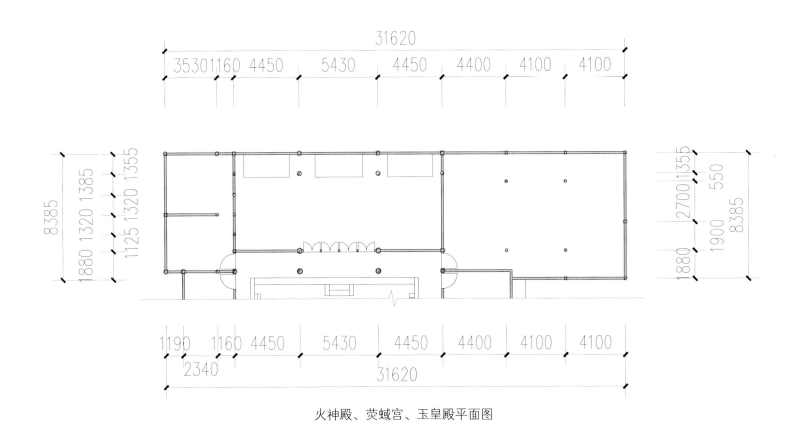

火神殿、荧蜮宫、玉皇殿平面图

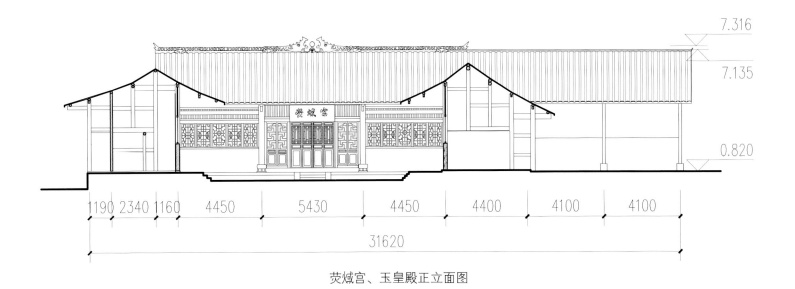

荧炽宫、玉皇殿正立面图

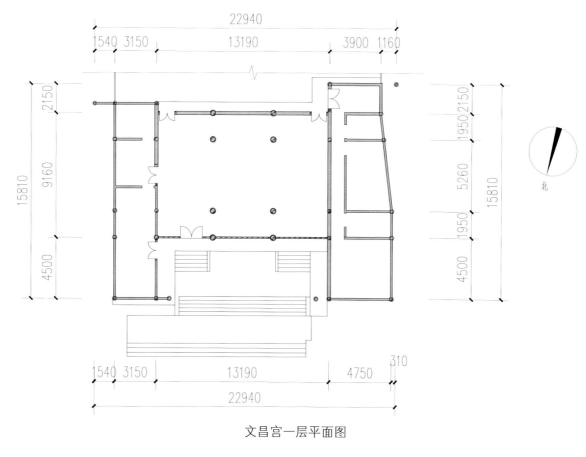

文昌宫一层平面图

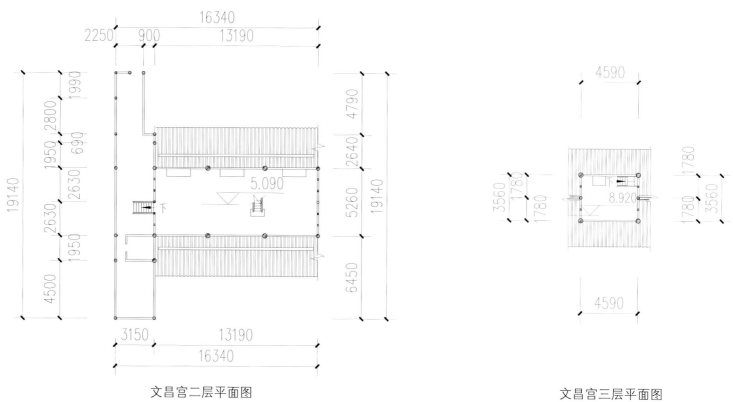

文昌宫二层平面图　　　　　　　　　　文昌宫三层平面图

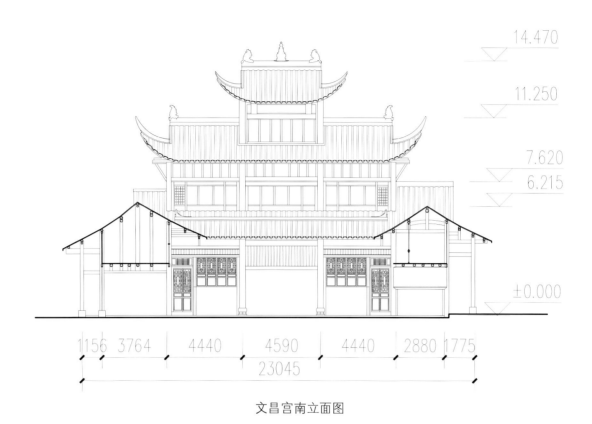

14.470

11.250

7.620
6.215

±0.000

| 1156 | 3764 | 4440 | 4590 | 4440 | 2880 | 1775 |

23045

文昌宫南立面图

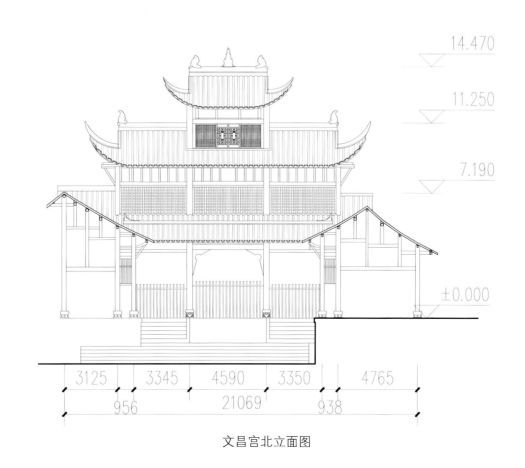

14.470

11.250

7.190

±0.000

| 3125 | 3345 | 4590 | 3350 | 4765 |

956   21069   938

文昌宫北立面图

6.542

−1.440
−2.640

−3.440

1325　5150　1385　4350　3330　2090 1950　5260　1950　4800

31590

过街楼、文昌宫耳房东立面图

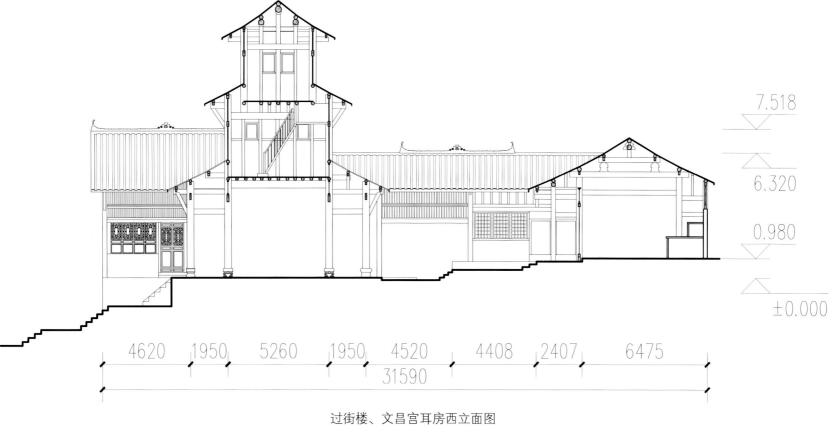

7.518

6.320

0.980

±0.000

4620　1950　5260　1950　4520　4408　2407　6475

31590

过街楼、文昌宫耳房西立面图

潼川古城墙及东、南城门

潼川古城墙及南城门

潼川古城墙位于绵阳市三台县城潼川镇。潼川镇是明清时期潼川府治所在，位于涪江和凯江交汇地带。现存石砌城墙修筑于清乾隆三十二年至三十五年（1767—1770），由知县徐世楹在明代嘉靖城墙的基础上培修而成。城墙高一丈四尺（约4.5米），厚六尺，周约4.2千米。城门城台高约5.5米，城楼四座，城门为券洞，东曰凤山，南曰印台，西曰龙顶，北曰涪江。咸丰元年，知府杨玉堂在西门旧址复建，称来仪门，俗称新西门，光绪十年重开，故在清代晚期共有城门五座。中华人民共和国成立以后，随着三台县城城市化进程的发展，至20世纪90年代中期，潼川古城墙西门至北门、东门段，东门至北门段，以及新、旧西门和北门先后被拆除，如今仅存东门、南门，东门至南门段以及南门至西门段部分古城墙。南门谯楼及门洞和东门门洞以及东门至南门段古城墙保存较好，2011年依照南门谯楼形制复建东门谯楼。城墙采用长1.2米，高、宽0.3～0.35米的条石垒砌，现存总长超过2千米。

东门及谯楼

南门及谯楼

南门谯楼坐北向南，占地面积 78 平方米，通高 15.56 米，木结构重檐歇山顶建筑。面阔三间带回廊，通面阔 11.85 米。进深四柱七檩带前后廊，采用抬担式梁架，通进深 6.93 米。山面采用穿斗式梁架，七柱七檩带前后廊。谯楼室内分为上下两层，二楼楼板由一排架在柱子之间的木楼牵支撑，一层内部西南角有楼梯可通往二层。门窗均为木制，为 2012 年修缮时新换；素筒瓦屋面，正脊为游龙图案，两端有鸱吻一对。

潼川古城墙及东、南城门，建筑雄伟壮丽，是四川省内唯一保存的采用条石砌筑城墙的古城墙建筑，具有较高的历史价值。1993 年被公布为县级文物保护单位，1996 年被公布为省级文物保护单位，2013 年被公布为全国重点文物保护单位。

远看南门谯楼

南门

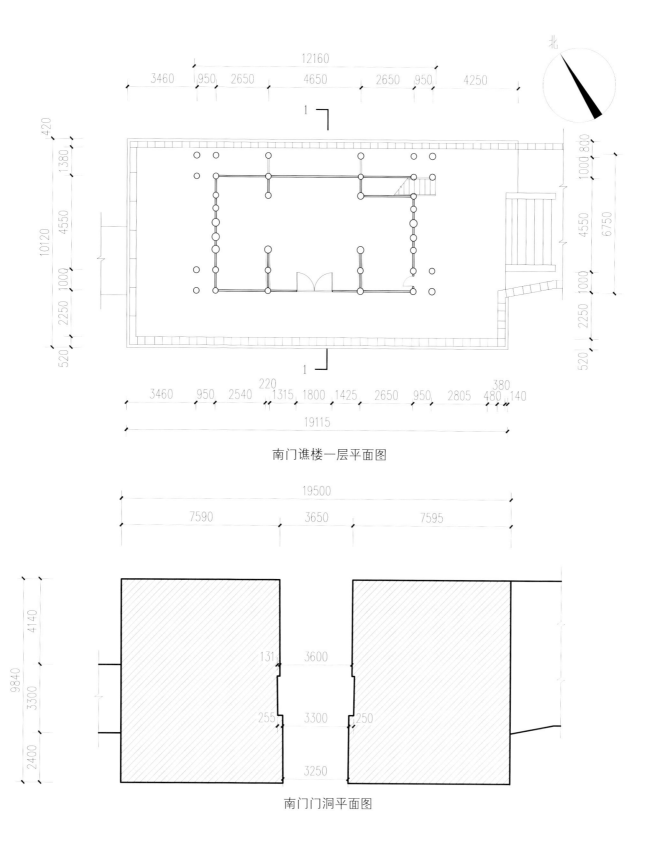

南门谯楼一层平面图

南门门洞平面图

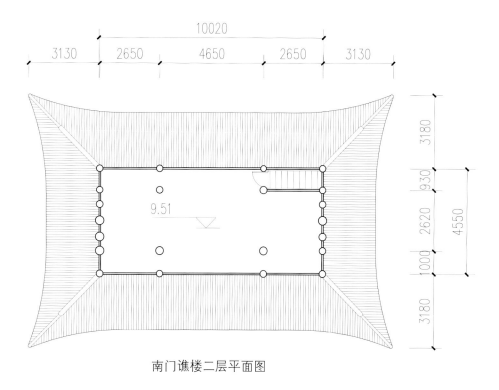

南门谯楼二层平面图

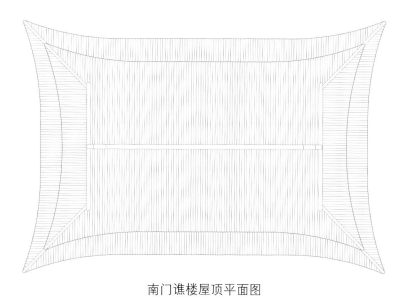

南门谯楼屋顶平面图

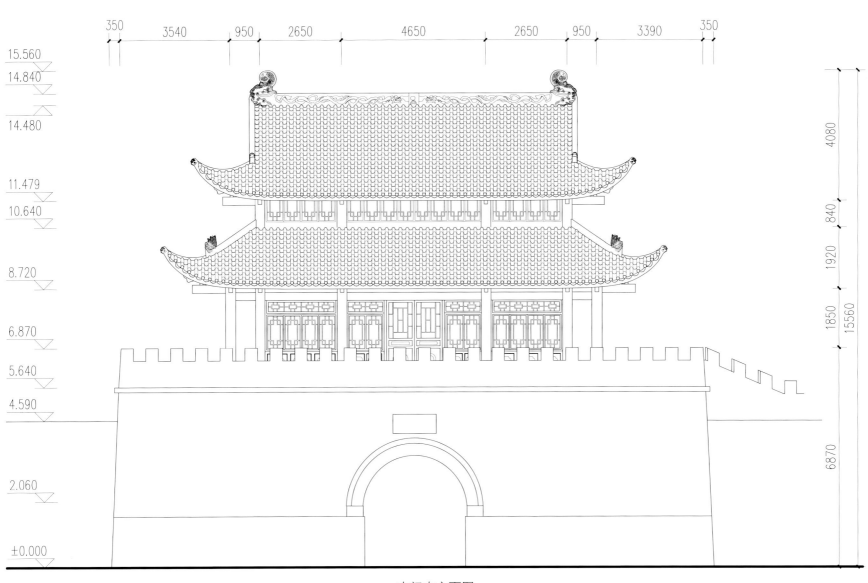

南门南立面图

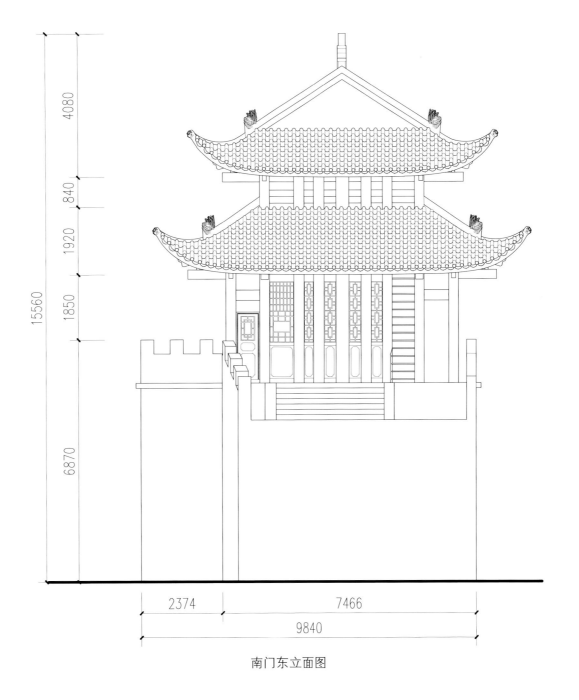

南门东立面图

琴泉寺

琴泉寺

　　琴泉寺位于四川三台县潼川镇北泉路左侧的长平山腰。始建于北周时期，初名安昌寺，唐初更名慧义寺（又名惠义寺），南宋易名护圣寺，因寺后山泉滴声似琴，明朝已称琴泉寺。现存建筑为清代和民国所建，主体建筑由并排双四合院相连而成，朝向坐西向东。左四合院有前殿、正殿和左右偏殿，右四合院有偏殿和厢房。建筑面积1602平方米，占地面积约4000平方米。

前殿

　　寺周古树参天，前殿前垂带踏道两旁两棵银杏围抱近 3 米，远望若巨伞两柄。从寺院远看四周，层峦叠嶂，北塔东塔相对。下顾城廓，涪江、凯江汇流环饶。琴泉寺依山傍水，风景独好。现存建筑虽时代较晚，但仍然保留了寺院原有的平面布局。

前殿，重建于清同治十二年（1873），木结构，单檐悬山顶，梁架为穿斗和抬担式混用，九檩用四柱，面阔五间 18.84 米，通进深 7.09 米。

正殿，又名观音殿。木结构，单檐悬山顶，十一檩用六柱。面阔三间 14.32 米，通进深 11.74 米，建筑面积 168.4 平方米。台基高 0.8 米，阶梯踏步四级。檐柱高 3.6 米，柱径 0.28 米，脊檩高 6 米。

山门

元《赵府君墓碑》亭

宋刻《颜氏干禄字书碑》亭

慈云洞

在正殿后是甘露洞，洞内便是"琴泉"山泉池。泉水经年不断，夏季如注甘凉，冬季涓涓温甜。洞两旁岩壁残留有摩崖题刻和碑刻，还有称为"罗汉洞""兜率天"的东汉崖墓。

寺下山崖多摩崖造像，现存已知的有 10 龛 700 余尊。千佛岩右侧有"赵岩洞"二室。原为东汉崖墓，相传是唐代隐士赵蕤隐居著书处。上山路旁岩壁上有民国二十年（1931）吴佩孚题的"琴泉胜境"四字。1 米见方，楷书，半碑半帖，古朴、端庄。寺内有一尊清代铁铸仿唐观音坐像，高 1 米，戴花冠，饰璎珞，结跏趺坐于莲台上。还存有一通宋刻《摸鱼儿》词石刻碑、宋刻《颜氏干禄字书碑》、元《赵府君墓碑》和明天顺四年（1460）云台观所铸的大铜钟和铁铸灯台、花瓶等文物。

琴泉寺历史悠久，位于现三台县城之中，是三台县境内著名的寺庙之一，自古以来多有文人墨客来此吟诗游览，留下了大量的诗文和碑刻，是县境内一处非常重要的文物古迹。1996 年被公布为省级文物保护单位。

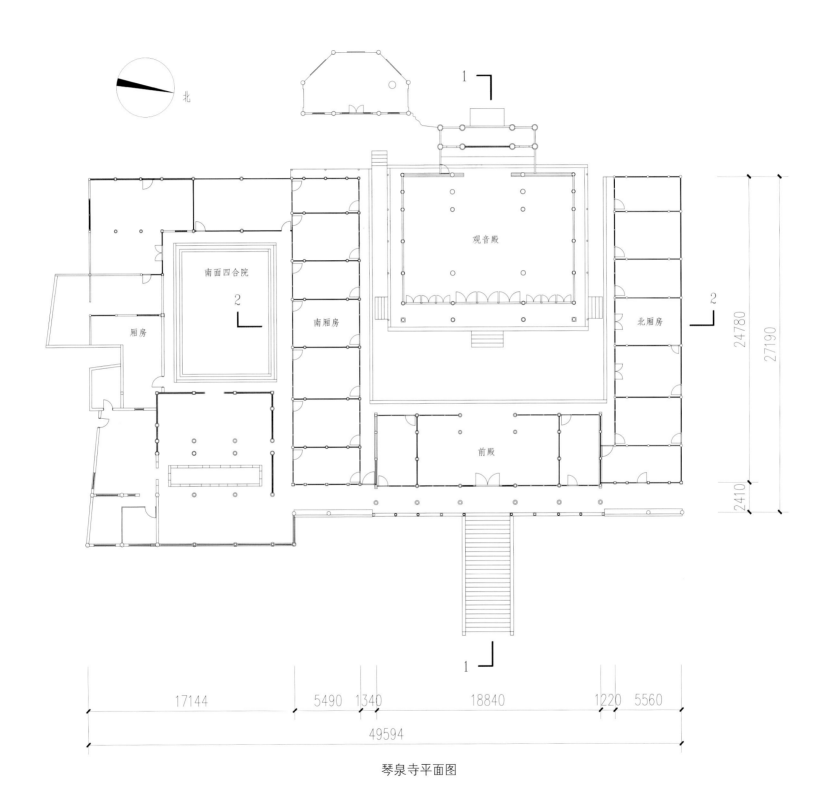

北

观音殿

南面四合院

厢房

南厢房

北厢房

前殿

琴泉寺平面图

17144　5490　1340　18840　1220　5560

49594

24780

27190

2410

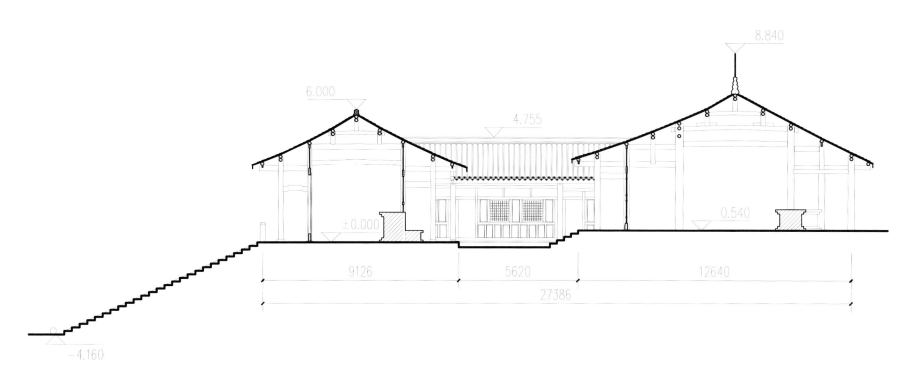

琴泉寺 1-1 剖面图

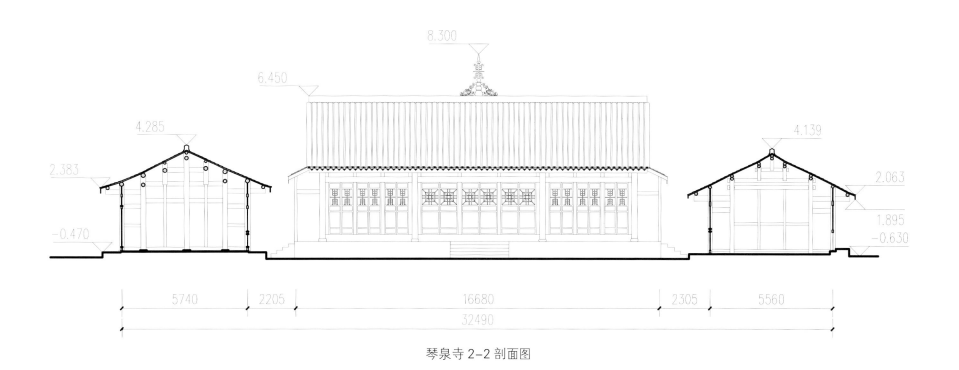

琴泉寺 2-2 剖面图

前殿

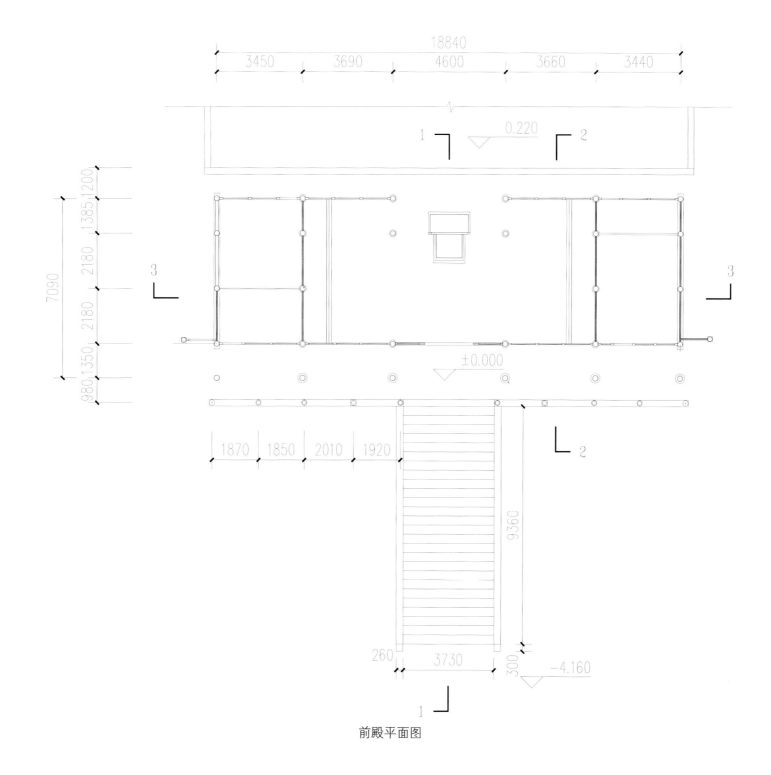

前殿平面图

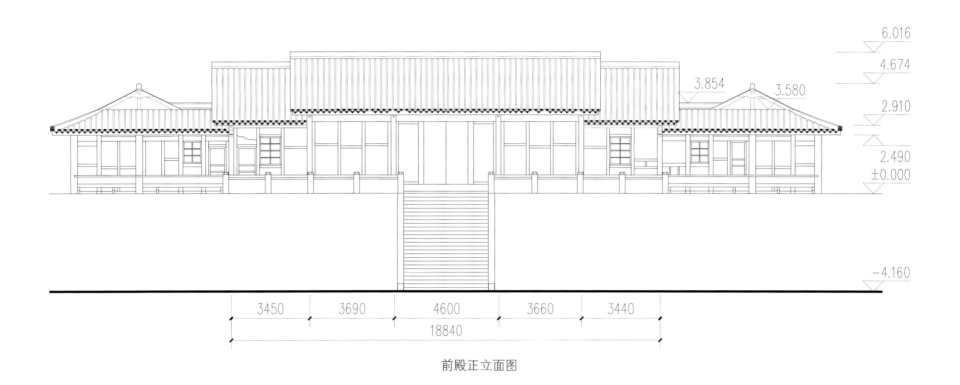

6.016
4.674
3.854
3.580
2.910
2.490
±0.000
−4.160

| 3450 | 3690 | 4600 | 3660 | 3440 |

18840

前殿正立面图

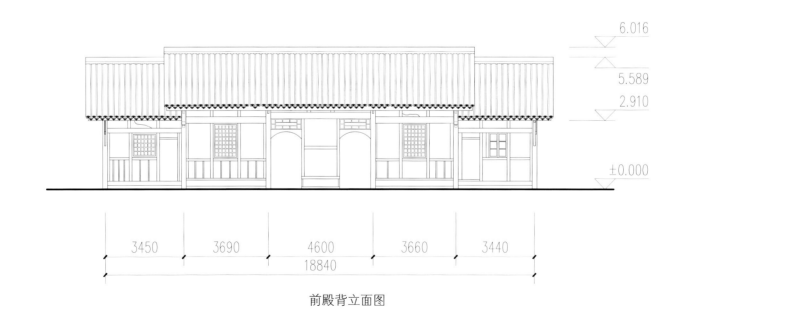

6.016
5.589
2.910
±0.000

| 3450 | 3690 | 4600 | 3660 | 3440 |

18840

前殿背立面图

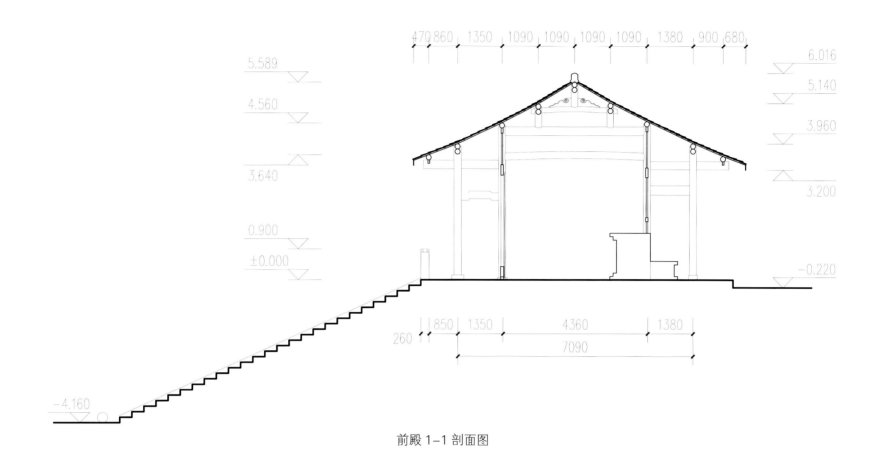

前殿 1-1 剖面图

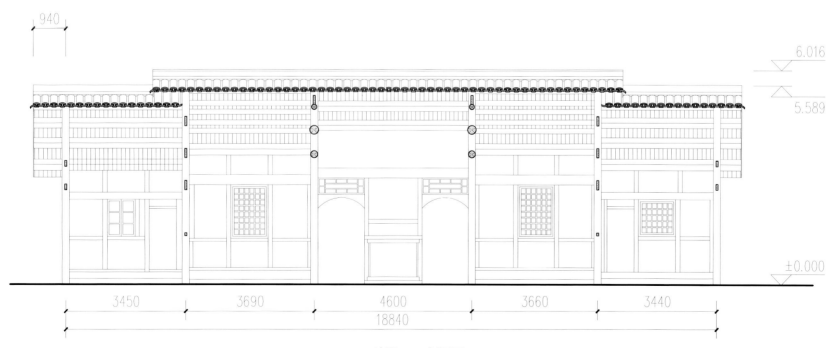

前殿 3-3 剖面图

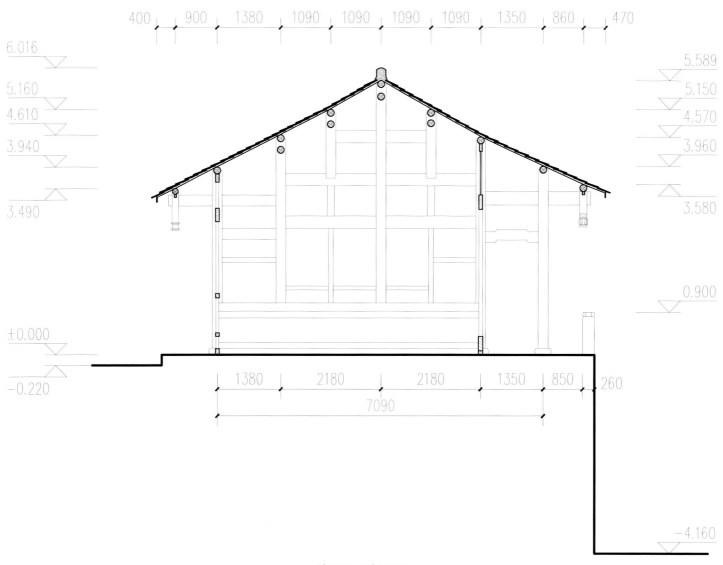

400 | 900 | 1380 | 1090 | 1090 | 1090 | 1090 | 1350 | 860 | 470

6.016

5.160

4.610

3.940

3.490

±0.000

−0.220

5.589

5.150

4.570

3.960

3.580

0.900

−4.160

1380 | 2180 | 2180 | 1350 | 850 | 260

7090

前殿 2-2 剖面图

观音殿

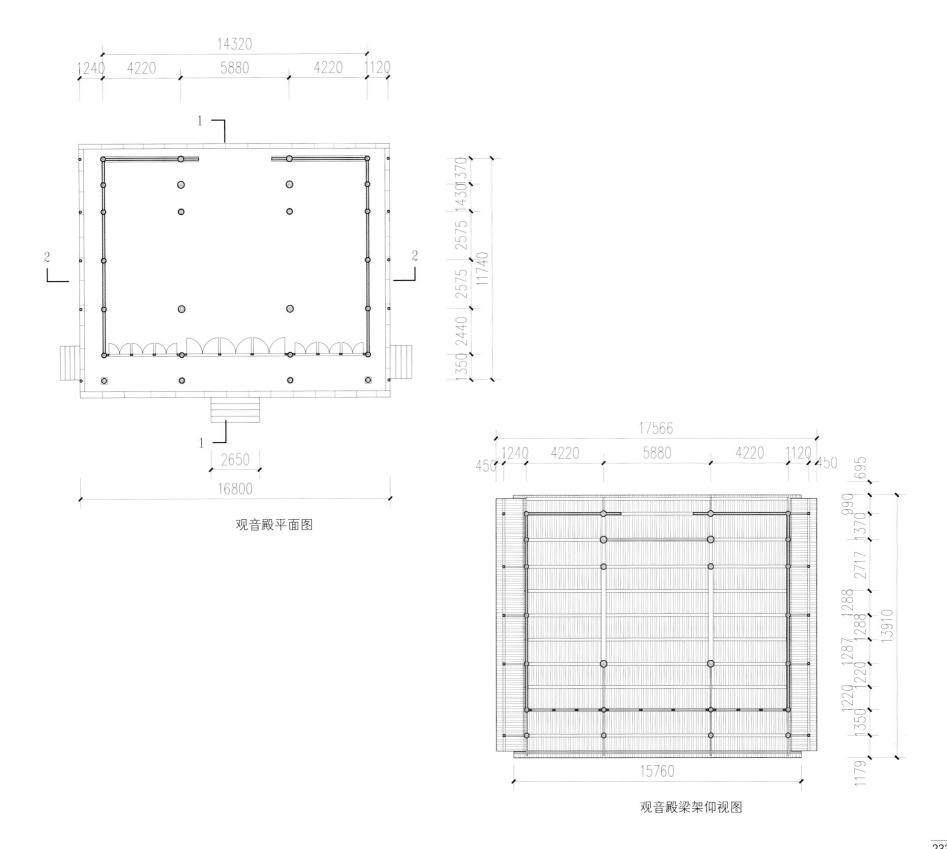

观音殿平面图

观音殿梁架仰视图

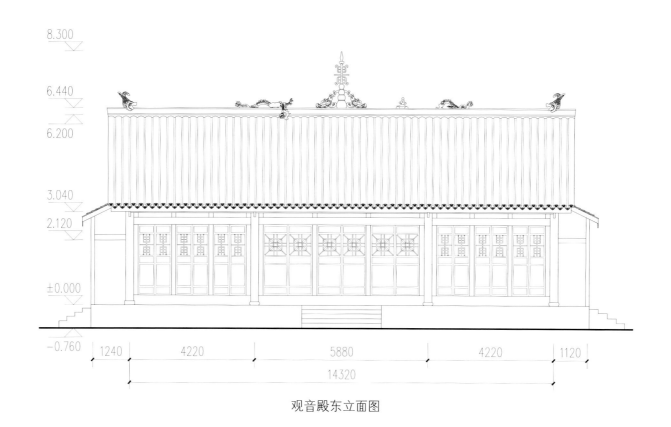

观音殿东立面图

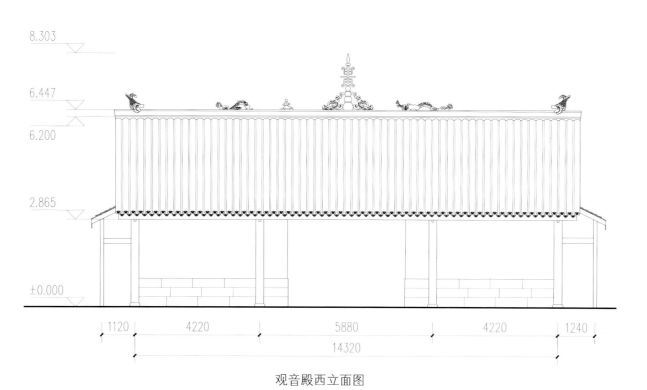

观音殿西立面图

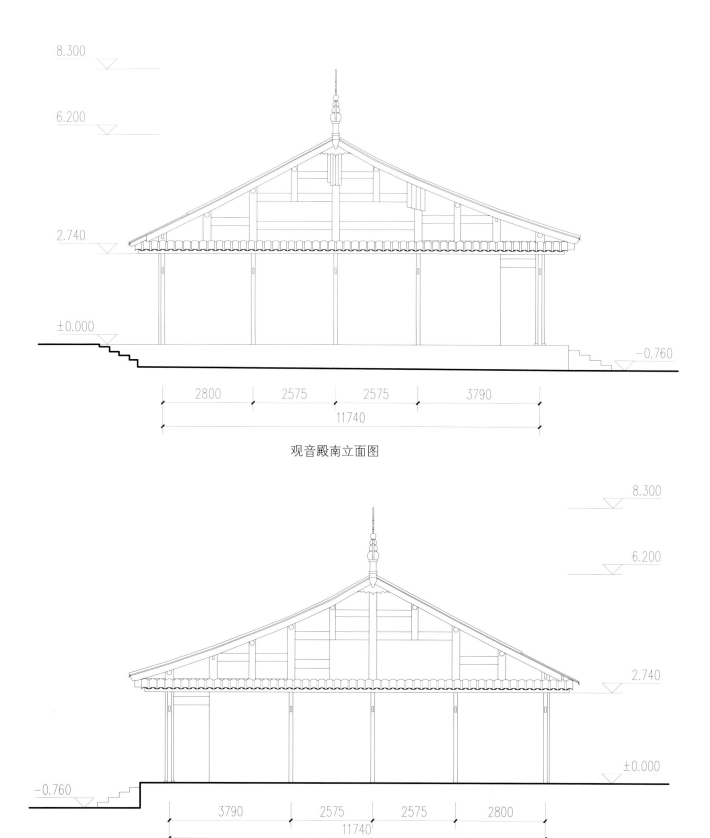

观音殿南立面图

观音殿北立面图

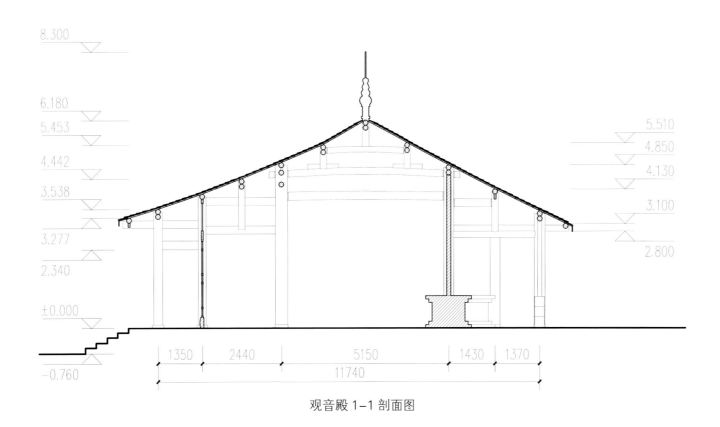

观音殿 1-1 剖面图

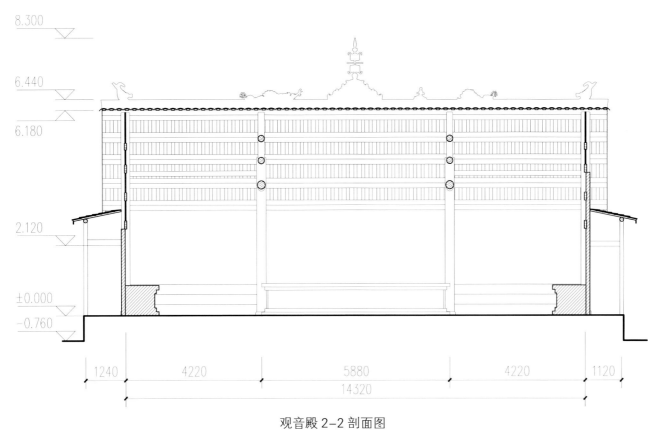

观音殿 2-2 剖面图

南面四合院

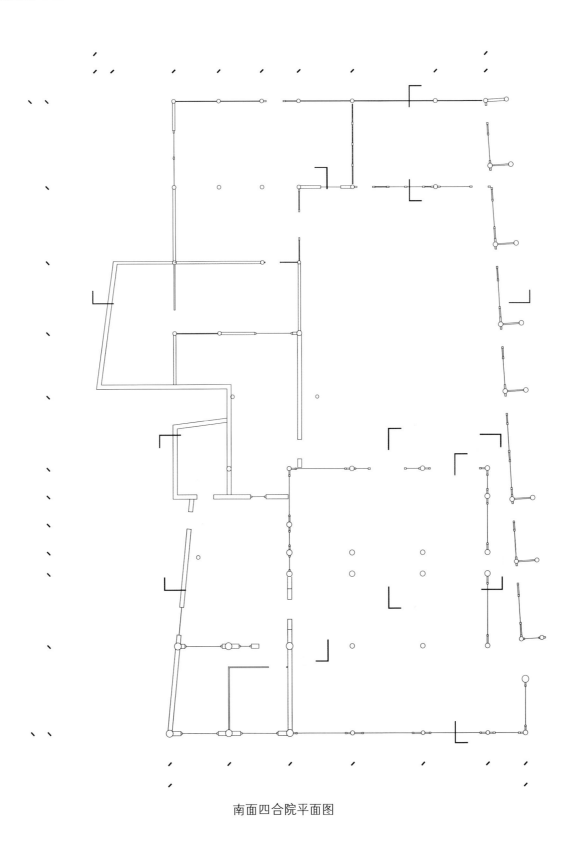

南面四合院平面图

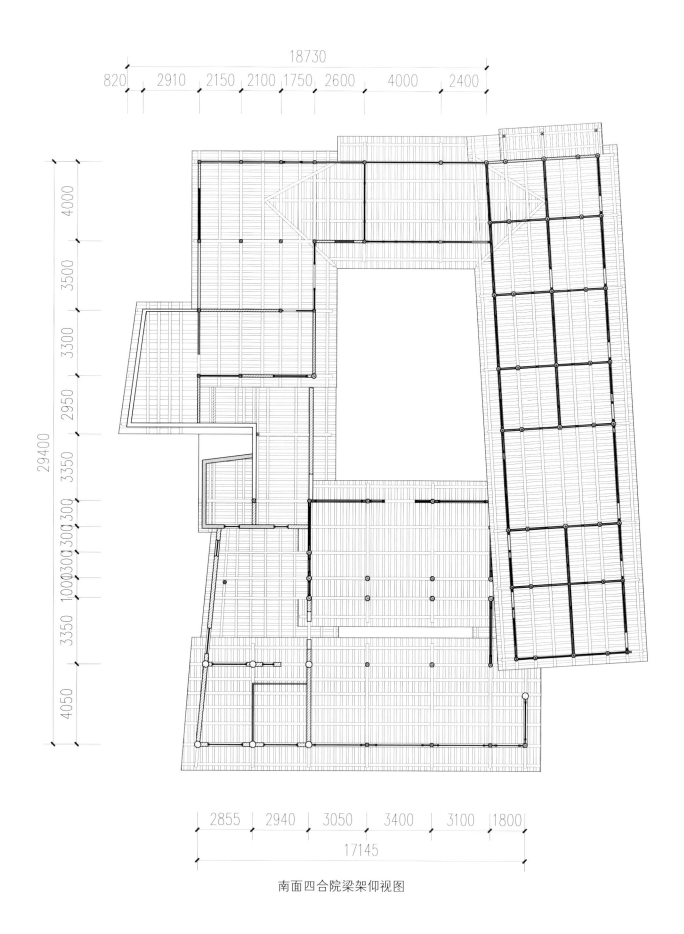

18730

| 820 | 2910 | 2150 | 2100 | 1750 | 2600 | 4000 | 2400 |

4000
3500
3300
2950
3350
300 300
1000 300
3350
4050

29400

| 2855 | 2940 | 3050 | 3400 | 3100 | 1800 |

17145

南面四合院梁架仰视图

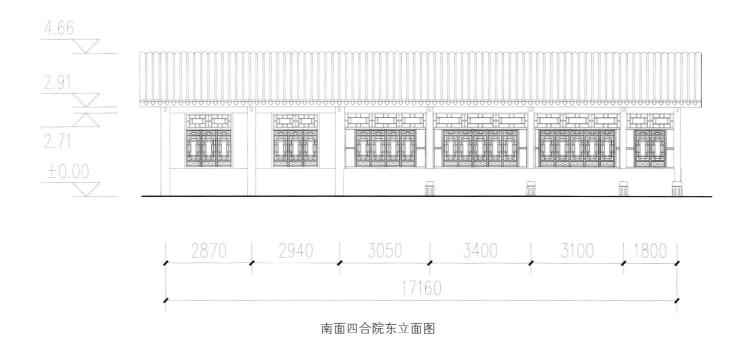

4.66

2.91

2.71

±0.00

| 2870 | 2940 | 3050 | 3400 | 3100 | 1800 |

17160

南面四合院东立面图

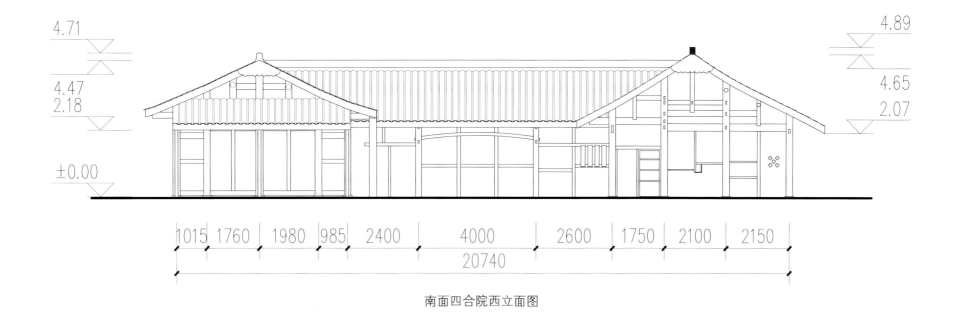

4.71

4.47
2.18

±0.00

4.89

4.65

2.07

| 1015 | 1760 | 1980 | 985 | 2400 | 4000 | 2600 | 1750 | 2100 | 2150 |

20740

南面四合院西立面图

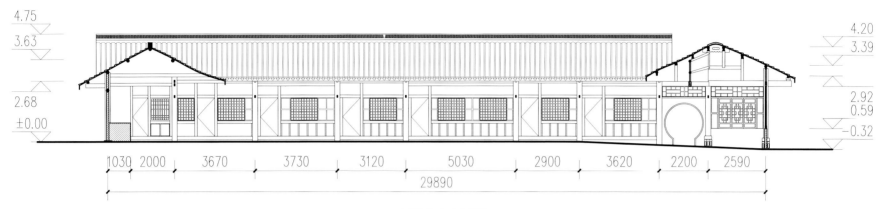

南厢房南立面图

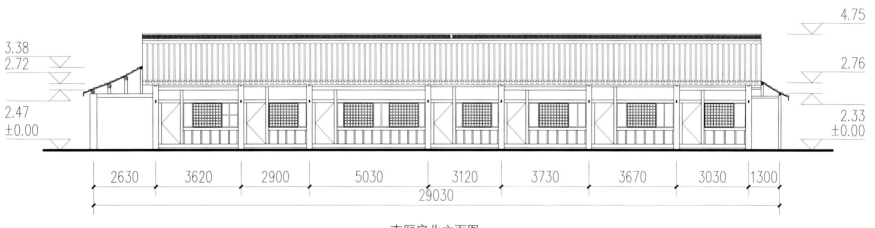

南厢房北立面图

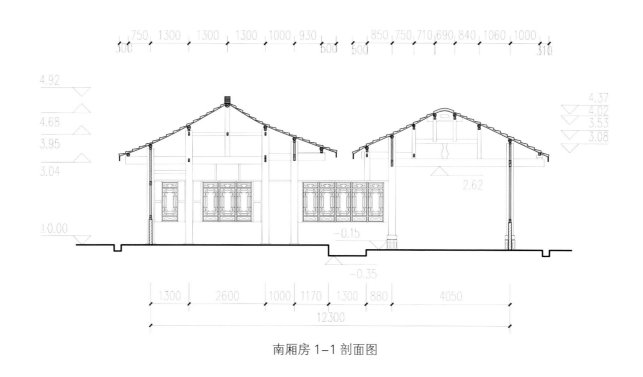

南厢房 1-1 剖面图

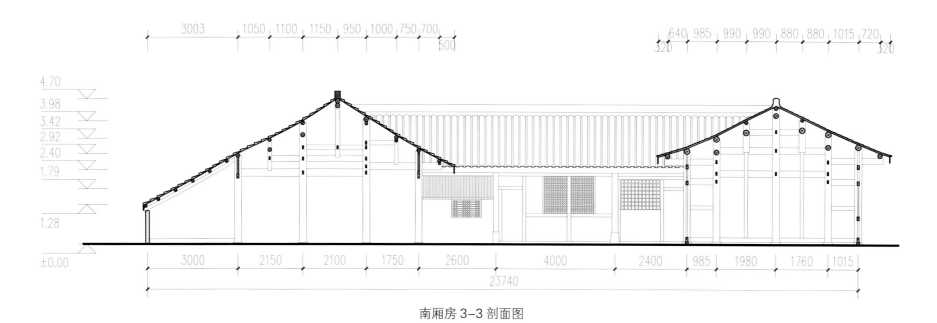

南厢房 3-3 剖面图

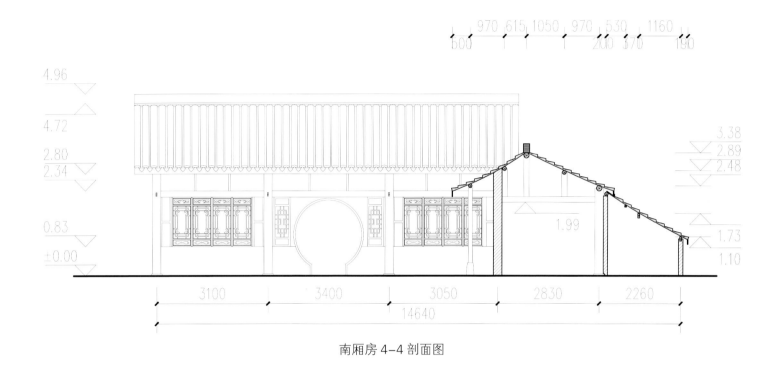

南厢房 4-4 剖面图

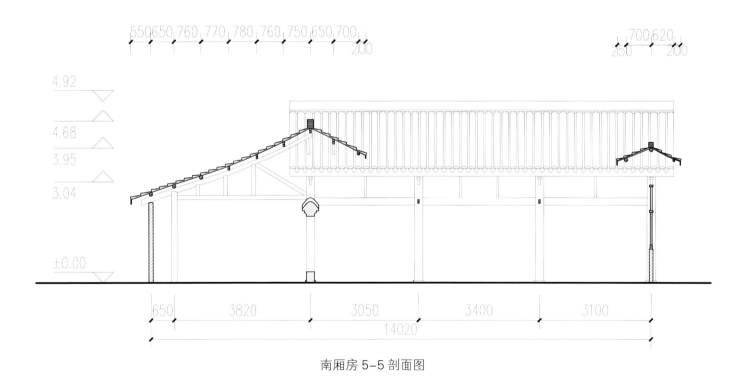

南厢房 5-5 剖面图

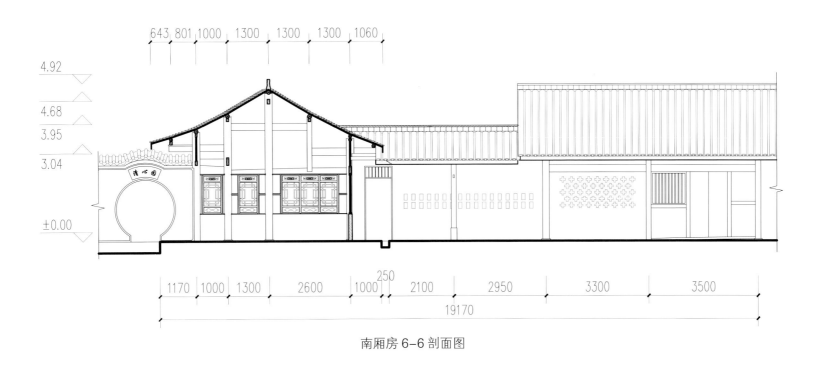

南厢房 6-6 剖面图

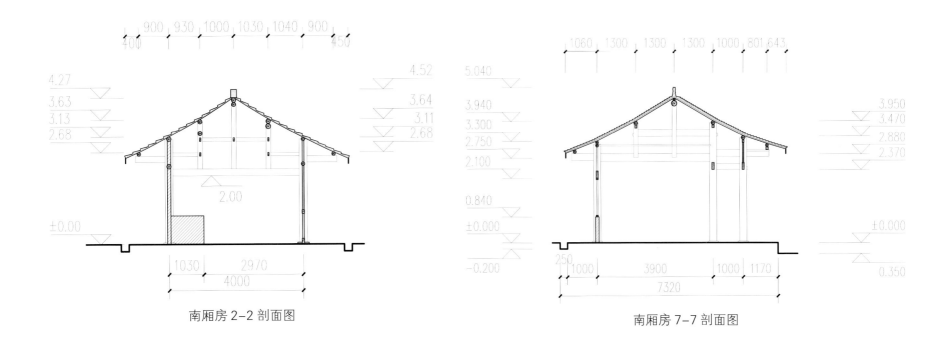

南厢房 2-2 剖面图

南厢房 7-7 剖面图

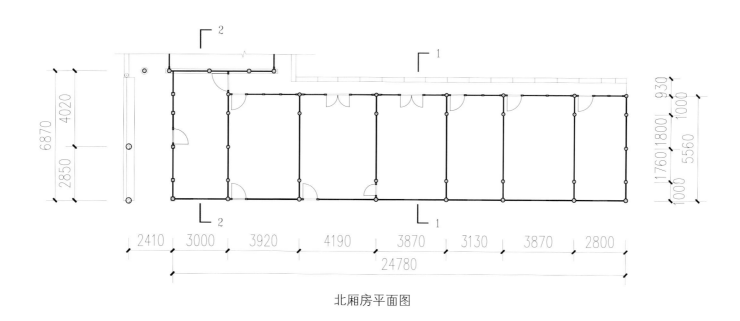

北厢房平面图

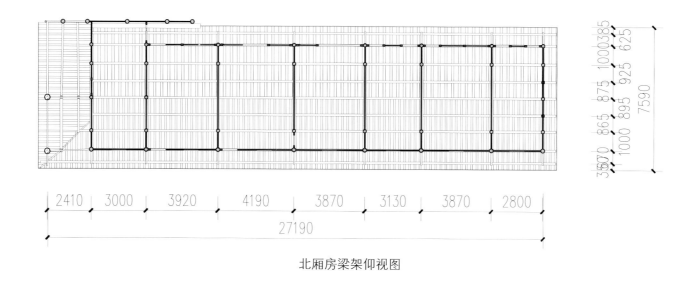

北厢房梁架仰视图

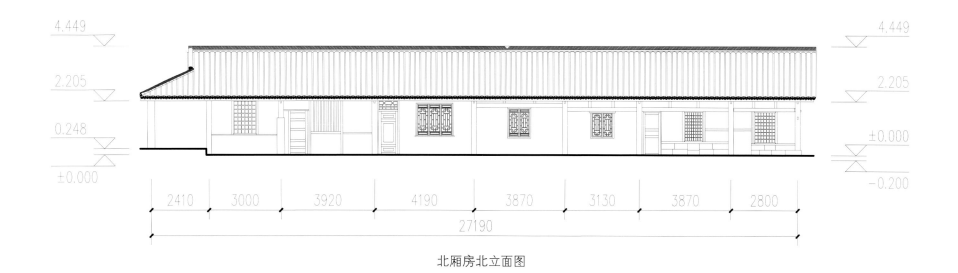

4.449

2.205

0.248

±0.000

2410　3000　3920　4190　3870　3130　3870　2800

27190

北厢房北立面图

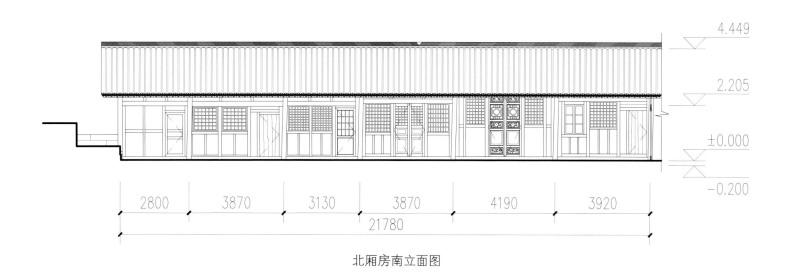

4.449

2.205

±0.000

−0.200

2800　3870　3130　3870　4190　3920

21780

北厢房南立面图

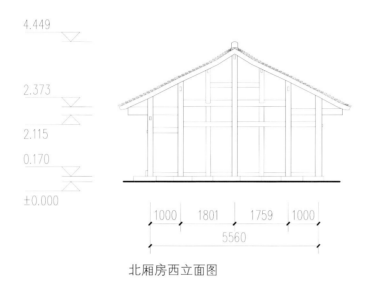

北厢房西立面图

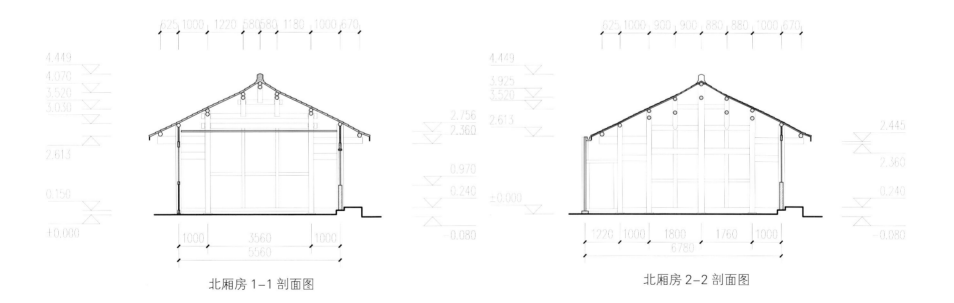

北厢房 1-1 剖面图

北厢房 2-2 剖面图

蓝池庙

　　蓝池庙，坐落于三台县塔山镇南池村，距塔山镇10公里，距三台县城30公里。明弘治二年（1489）蓝池庙重建岱岳殿。明万历年间，蓝池庙前增修石牌坊，邑侯王价题书"东皇驻跸""校录人天"二匾。清雍正十年（1732）重修宝殿。清乾隆甲子年（1744），潼川知府柴鹤山携府学教授邓作弼莅庙进香，分别题赠"岱宗岳府""桂子天香"二匾。清道光七年（1827）重修拜殿和上、下两厢。蓝池庙素有"梓州酆都"雅号。以农历七月初一至七月十五的中元会（即盂兰盆会）为特色的庙会活动源远流长，长盛不衰。

　　蓝池庙现存建筑面积1800多平方米，占地6000多平方米。其中明代建筑岱岳殿、清代建筑拜殿保存最为完整，东、西厢房在20世纪60年代到80年代曾作为当地村小，其建筑主体保持了原样，部分墙体进行了改建，近年复建山门。建筑群坐北向南，在整体布局上保持了原样，山门、拜殿、岱岳殿、观音殿沿中轴线排列，由南而北，逐级抬升，两组厢房分布于中轴线的两侧，尽情彰显岱岳殿之威严。

　　山门（即乐楼）为木结构，重檐歇山顶，面阔三间11.05米，进深9.5米，底层面积109.5平方米。乐楼台口左右两侧，存古柏二株，其中一株需五人牵手方可合抱，民间称其为梓州古柏之王。

　　东厢房，坐东向西，建筑面积共213.9平方米。穿斗木结构，通面阔32.14米，深6.74米，廊深1.75米，单檐悬山顶小青瓦覆面。

　　西厢房，坐西向东，建筑面积共255.58平方米。穿斗木结构，通面阔33.06米，深6.78米，廊深1.72米，单檐悬山顶小青瓦覆面。两厢房重建于清道光七年（1827）。下西厢为冥府十殿，上西厢为斋堂。上东厢和下东厢初为僧寮和经堂，后全部改为村小校舍，从1957年一直使用至2003年。

蓝池庙

拜殿

拜殿，因供奉道教护法神灵官神像，故又名灵官殿。重建于清道光七年（1827），位于正殿前檐，与正殿相连。坐北向南，建筑面积149.6平方米。条石围砌台基高1.66米，前檐下施踏步七级，穿斗与抬担混用木构架建筑，单檐悬山顶，面阔五间18.6米，进深三间7.04米，脊檩距地6.5米。前上金檩底皮有"皇清道光七年岁次丁亥月建癸卯二十九日"墨书题记。拜殿脊檩上造卷棚，卷棚顶和正殿上檐檐口之间还增修了一坡屋顶，将拜殿原有的后檐遮挡住，以处理走水和扩大正殿的视觉，使两殿成为一个整体。这种因地制宜的构筑方法，颇具匠心。

岱岳殿角科

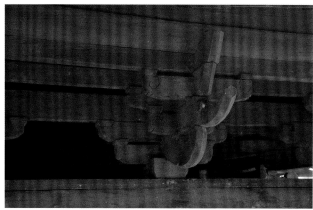

岱岳殿平身科

正殿即岱岳殿，因所奉主神为东岳大帝，又名东岳殿。岱岳殿坐北向南，建筑面积167.05平方米。素面台基高1.15米，前有踏步五级，抬梁式木结构，重檐歇山顶，面阔三间13.2米，通进深12.1米，重檐七檩用四柱，上檐童柱不落地，架在下檐双步梁之上。灰筒瓦覆面，戗、垂脊饰仙人走兽，檐头饰瓦当滴水，通高11.9米。脊檩底皮有"大明弘治二年岁次己酉秋八月吉日"墨书题记，前承椽枋底皮有清雍正重修题记。下檐柱和角柱一圈均用平板枋和大小额枋，大额枋至角柱均出头霸王拳。下檐斗拱28攒，上檐斗拱20攒，均为五踩重昂，平身科在明间用2攒，次间用1攒，柱头科出45度斜拱和斜昂。斗拱构成与明代官式建筑斗拱类似，但斗底无凹进曲线，外拽昂形平出上卷，刻线如象鼻，十八斗上置厢拱，相交出蚂蚱头，上接挑檐枋。里拽重翘，第一翘上出重拱，第二翘出一对三幅云，翘上蚂蚱头，平身科蚂蚱后尾带龙尾雕饰。整个岱岳殿保存完整，建筑气势宏伟，构造华丽工整，是三台县境内一处珍贵的明代中期纪年建筑。2007年被公布为省级文物保护单位。

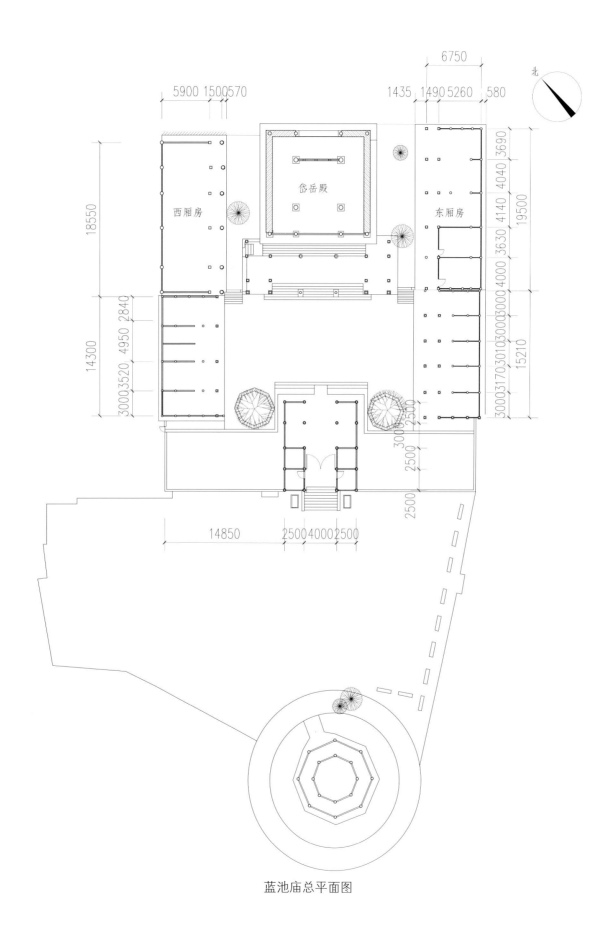

岱岳殿

西厢房

东厢房

北

蓝池庙总平面图

东厢房／西厢房

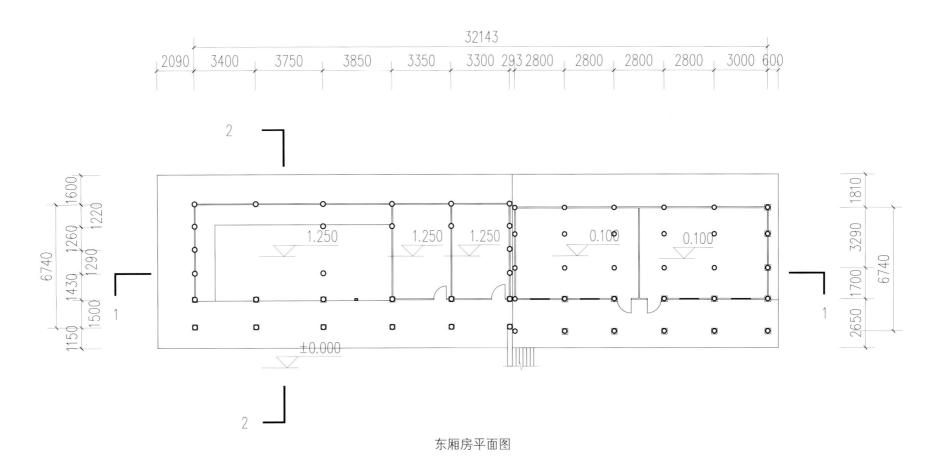

东厢房平面图

东厢房正立面图

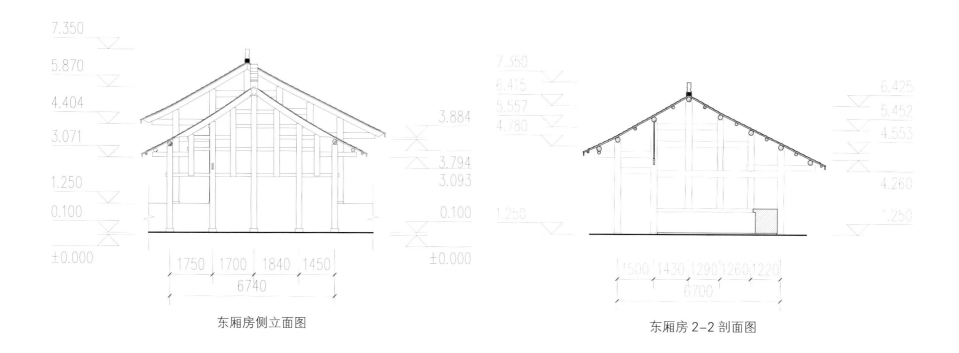

7.350

5.870

4.404

3.071

1.250

0.100

±0.000

3.884

3.794
3.093

0.100

±0.000

1750 | 1700 | 1840 | 1450
6740

东厢房侧立面图

7.350
6.415
5.557
4.780

1.250

6.425
5.452

4.553

4.260

1.250

1500 | 1430 | 1290 | 1260 | 1220
6700

东厢房 2-2 剖面图

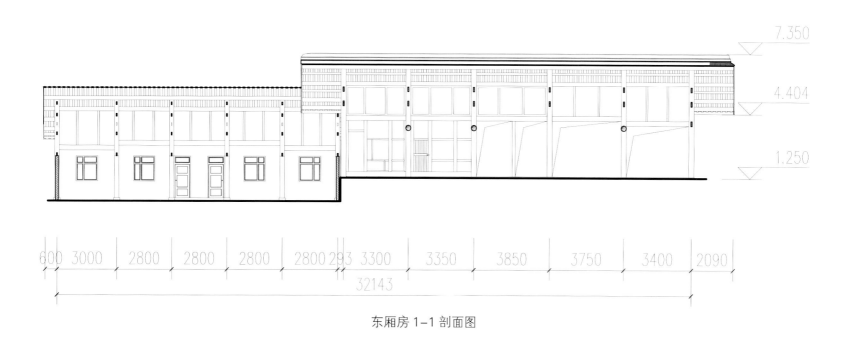

7.350

4.404

1.250

600 | 3000 | 2800 | 2800 | 2800 | 2800 | 293 | 3300 | 3350 | 3850 | 3750 | 3400 | 2090
32143

东厢房 1-1 剖面图

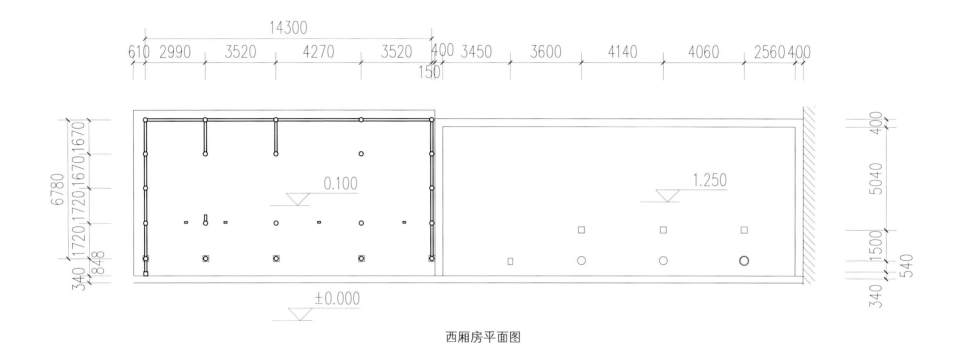

14300

610 2990 3520 4270 3520 400 3450 3600 4140 4060 2560 400

150

6780

1670 1670 1720 1720 1670

0.100

1.250

340 848 1720

±0.000

400 5040 1500 540 340

西厢房平面图

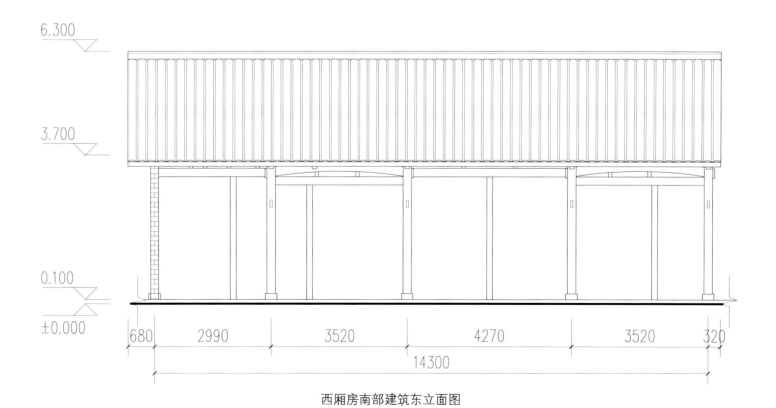

6.300

3.700

0.100

±0.000

680 2990 3520 4270 3520 320

14300

西厢房南部建筑东立面图

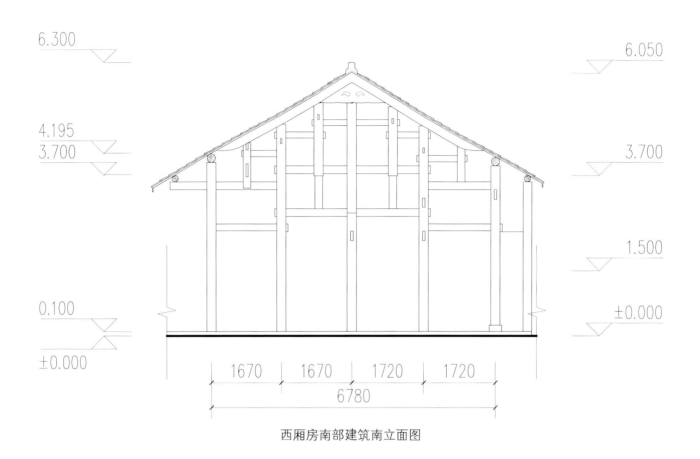

6.300

4.195
3.700

0.100

±0.000

6.050

3.700

1.500

±0.000

| 1670 | 1670 | 1720 | 1720 |

6780

西厢房南部建筑南立面图

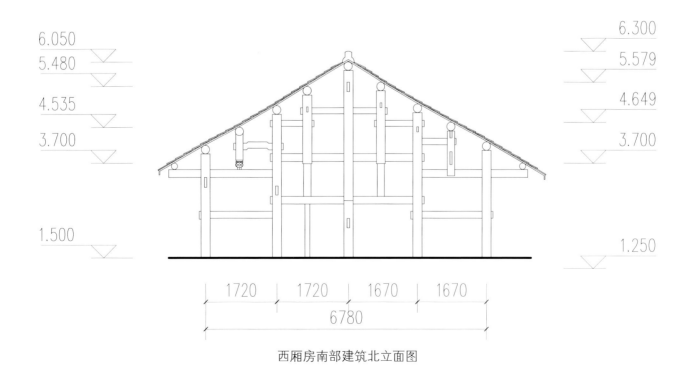

6.050
5.480

4.535

3.700

1.500

6.300
5.579

4.649

3.700

1.250

| 1720 | 1720 | 1670 | 1670 |

6780

西厢房南部建筑北立面图

岱岳殿

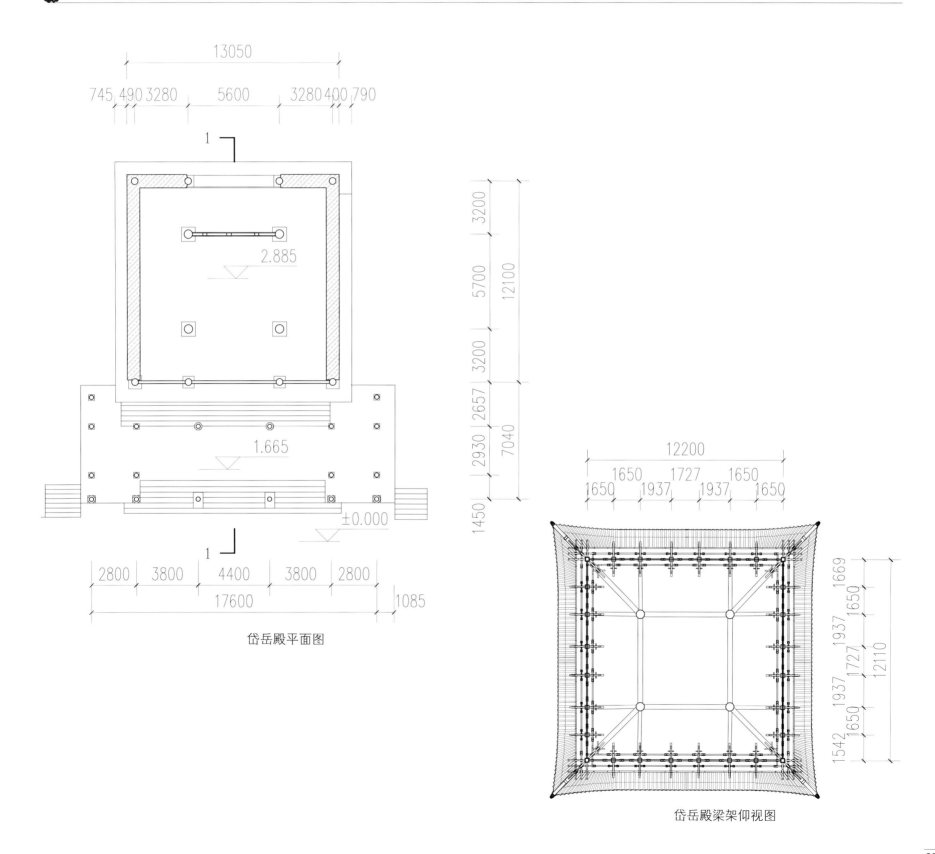

岱岳殿平面图

岱岳殿梁架仰视图

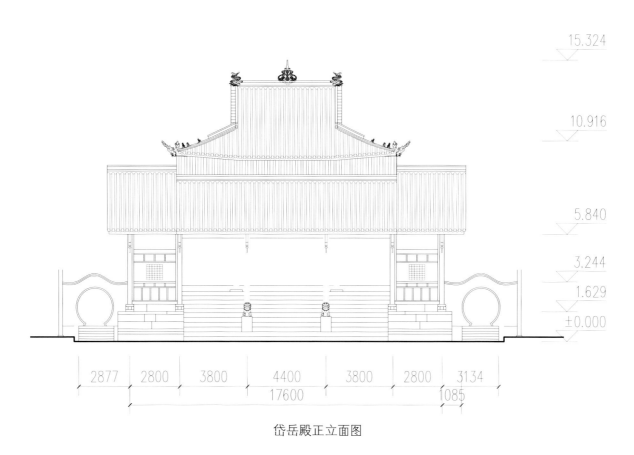

15.324

10.916

5.840

3.244

1.629

±0.000

| 2877 | 2800 | 3800 | 4400 | 3800 | 2800 | 3134 |

17600

1085

岱岳殿正立面图

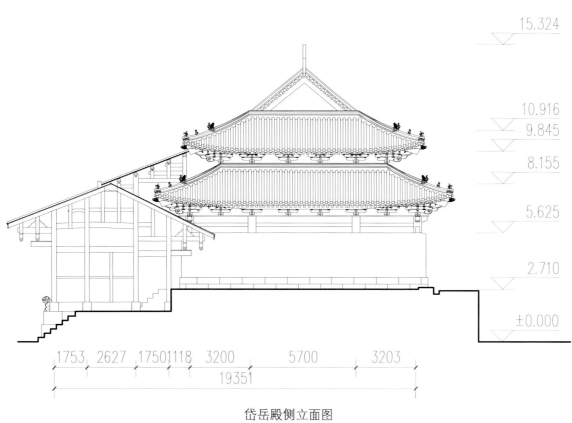

15.324

10.916

9.845

8.155

5.625

2.710

±0.000

| 1753 | 2627 | 1750 | 1118 | 3200 | 5700 | 3203 |

19351

岱岳殿侧立面图

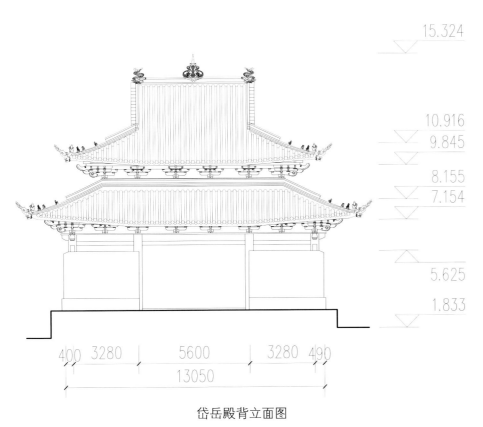

15.324

10.916
9.845

8.155
7.154

5.625

1.833

400 3280 5600 3280 490
13050

岱岳殿背立面图

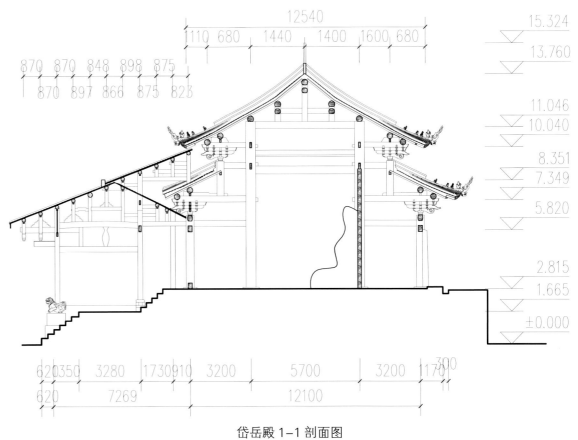

12540
1110 680 1440 1400 1600 680

870 870 848 898 875
870 897 866 875 823

15.324

13.760

11.046
10.040

8.351
7.349

5.820

2.815
1.665

±0.000

620 350 3280 1730 910 3200 5700 3200 1170 300
620 7269 12100

岱岳殿 1-1 剖面图

玉皇庙

玉皇庙

玉皇庙位于三台县建平镇玉皇街 1 号，紧邻三（台）中（江）公路，现存建筑为清代或中华民国时期所建，单体建筑均有确切纪年。

寺庙由戏楼、观戏楼、天王殿、中院配楼、玉皇殿、观音殿、后院配殿等组成，总建筑面积约 18000 平方米，占地面积 4120 平方米。建筑群坐北向南，方向略偏东北，从整体平面布局上看该建筑群沿轴线分布有三进院落，中轴线上的建筑由南至北依次为戏楼（带山门）、天王殿、玉皇殿及观音殿。

戏楼（带山门）建于民国三十年（1941），通面阔三间 7.65 米，通进深 8.05 米，通高 8.74 米。依山势而抬升，一层平面高于周边民宅建筑基础及道路 5.9 米，南面为山门，北面为戏台，平面呈品字形，为穿斗式单檐歇山建筑，小青瓦屋面。正脊为灰塑砖砌，局部施彩，正脊上有游龙宝瓶脊饰。一楼内空 1.89 米，二楼北面设戏台，高 6.48 米，前后檐出挑枋，挑枋与柱间施扁平撑拱，柱间施雀替。明、次间穿梁底皮墨书"中华民国辛巳年"。左右配楼（东北面为化妆楼）通面阔三间 6.95 米，通进深一间 3.35 米，通高 6.32 米，单檐木构建筑，小青瓦屋面。

观戏楼，建于民国三十三年（1944），平面与戏台成直角，通面阔六间 20.5 米，通进深 4.2 米，通高 6.87 米。穿斗式木结构建筑，单檐悬山顶，小青瓦屋面，正脊镂空砖雕砌成。建筑分为上下两层，一楼内空高 2.18 米，二楼内空高 4.14 米。中檩墨书"中华民国岁次甲申年建修"，梁下墨书题记"士绅廖扬六、廖晓明……""保长张礎（础）、廖王森……"等当地乡绅民众二十余人姓名。

戏楼

天王殿，建于民国三十一年（1942），为穿斗式单檐悬山建筑，小青瓦屋面。通面阔三间 12.92 米，通进深 5.32 米，通高 8.95 米。依山势抬升，台高 2.57 米中间有踏步。正脊为镂空砖雕砌成，上有灰塑脊饰。梁架七檩用三柱，殿内分上下两层，一楼内高 2.4 米，二楼高 5.96 米。明间中檩墨书纪年"中华民国三十一年壬午古历孟冬日廿六日建修"。

中院配楼，平面呈 L 字形，一端与后院配殿山墙相接，一端与天王殿山墙相接，为一土木结构阁楼式建筑。穿斗式木结构梁架，单檐五檩悬山顶，小青瓦屋面，夯土墙围护。一楼高 2.3 米，二楼内空高 3.4 米，通进深 3.0 米，通高 6.29 米。

玉皇殿，通面阔三间 11.88 米，通进深 7.22 米，通高 7.05 米，台高 2.2 米，台基中部施垂带踏跺与天井相通。单檐歇山顶，明间抬担式梁架，小青瓦屋面，正脊为砖雕砌成，有宝瓶、走兽、螭吻等脊饰。明、次间分别有一段高 1.08 米的四边形、六边形实心石柱，其上再承金柱。

观音殿建于清光绪十九年（1893），通面阔三间 9.69 米，通进深 5.13 米，通高 5.06 米，台高 1.56 米，明间有踏步。梁架为穿斗式木结构建筑，单檐九檩歇山顶，小青瓦屋面，正脊为镂空砖雕砌成，上有灰塑脊饰。中檩墨书题记，明间对开双门，板壁、编壁混用墙体。整个建筑与玉皇殿、后院配殿呈回廊式布局，形成一处相对独立的院落。

后院配殿与玉皇殿位于同一台基上，通面阔三间 12.7 米，一间进深 3.1 米，通高 5.26 米，单檐五檩悬山顶，小青瓦屋面，板壁、编壁混用墙体。

从建筑特色上看，玉皇庙倚山就势而建，渐次升高，整体台基依山势递增，"道法自然"的理念在各单体建筑逐层的抬升和巧妙的配置中得到了充分展示。建筑群整体协调、美观，集传统的川西民居建筑和寺庙建筑的特点于一体，是本区域内寺庙建筑的精品。2012 年被公布为省级文物保护单位。

天王殿

玉皇殿

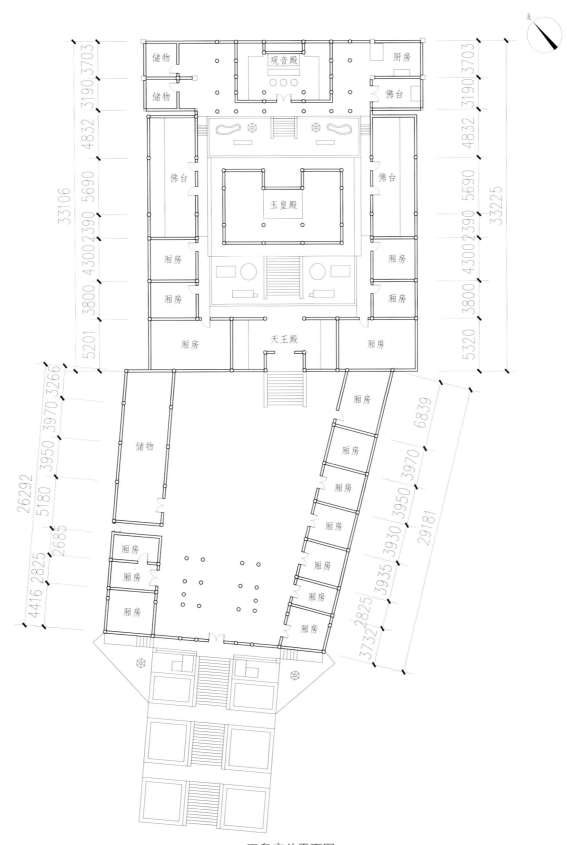

北

储物

观音殿

厨房

佛台

储物

佛台

佛台

玉皇殿

厢房

厢房

厢房

厢房

厢房

天王殿

厢房

厢房

厢房

储物

厢房

厢房

厢房

厢房

厢房

厢房

厢房

玉皇庙总平面图

山门

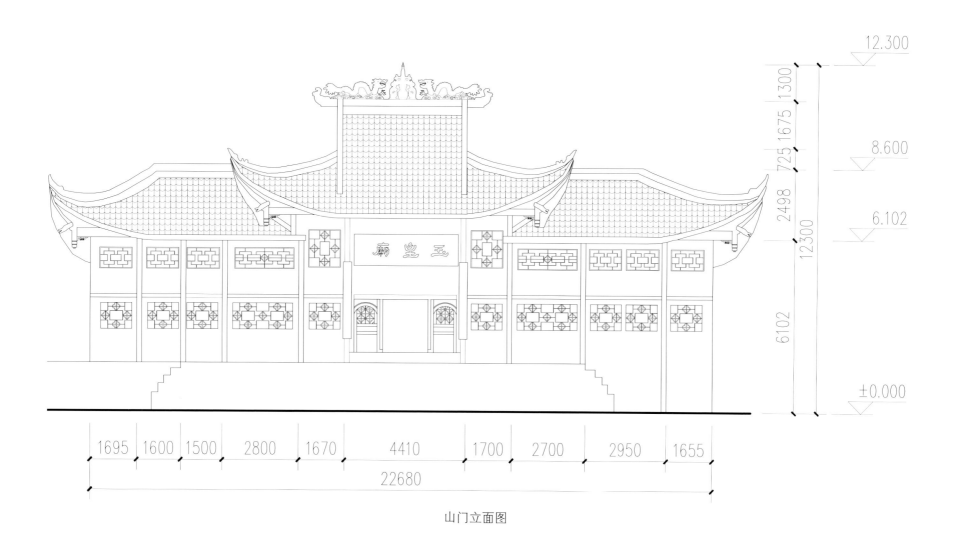

山门立面图

戏楼

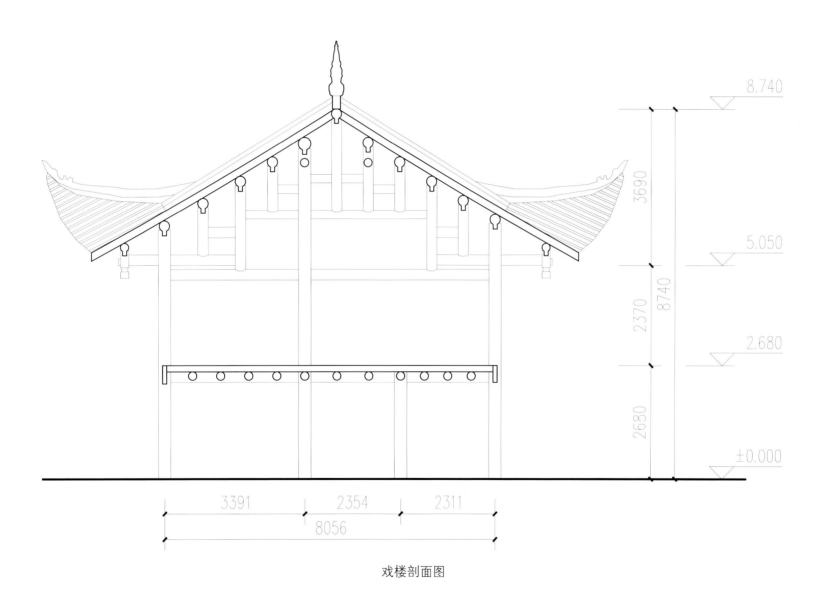

戏楼剖面图

天王殿

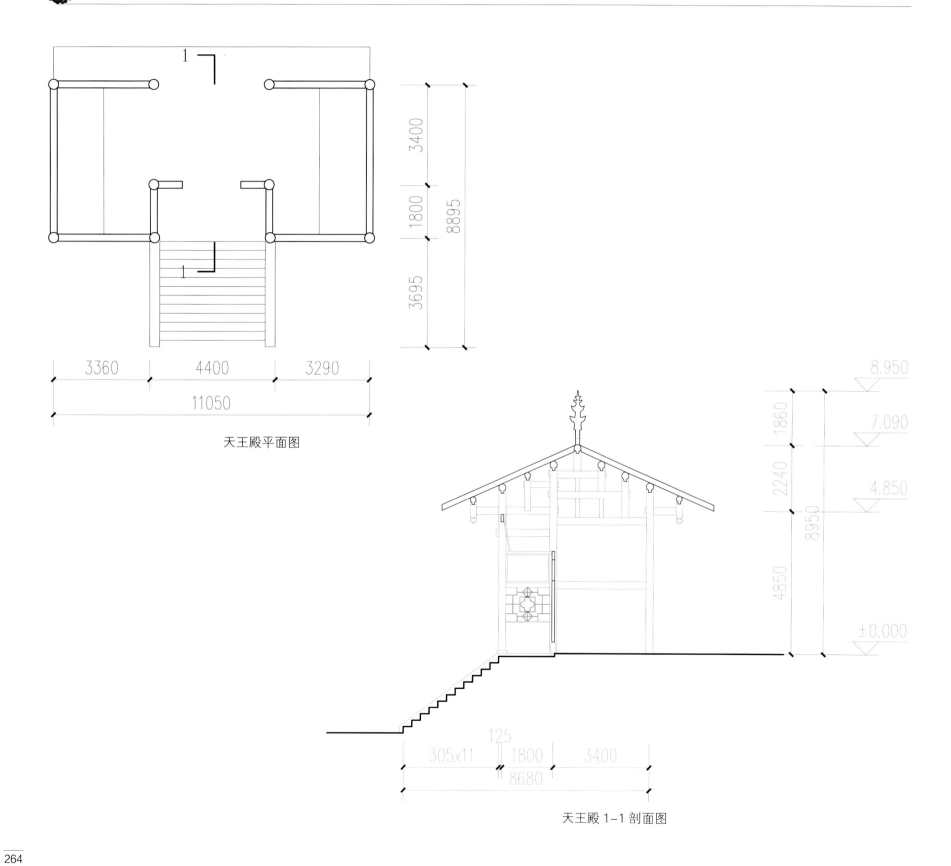

天王殿平面图

天王殿 1-1 剖面图

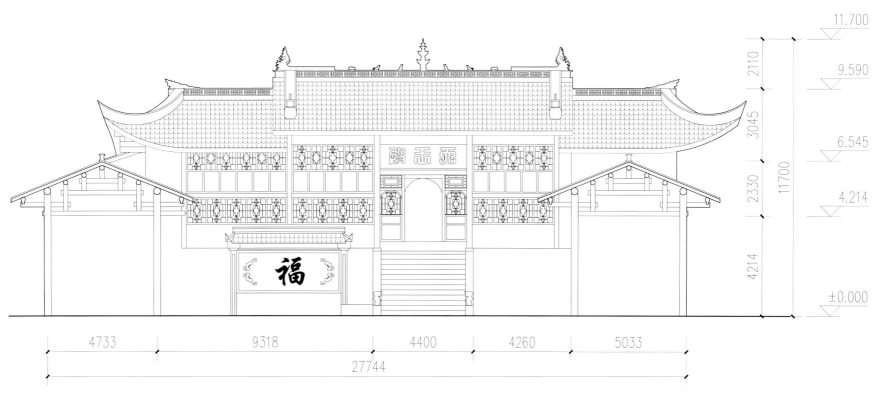

天王殿正立面图

玉皇殿

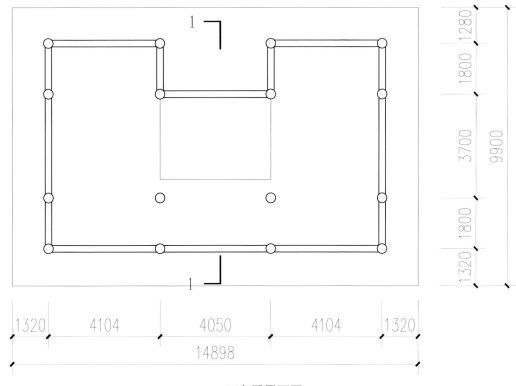

玉皇殿平面图

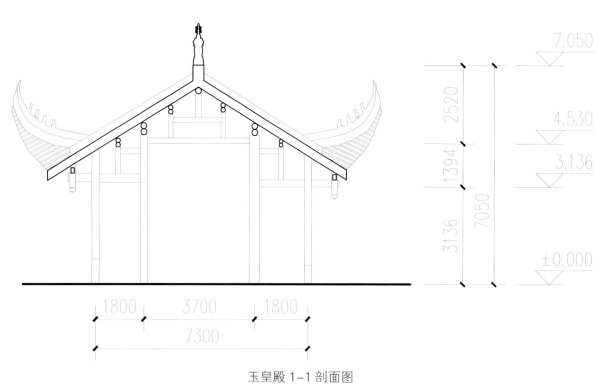

玉皇殿 1-1 剖面图

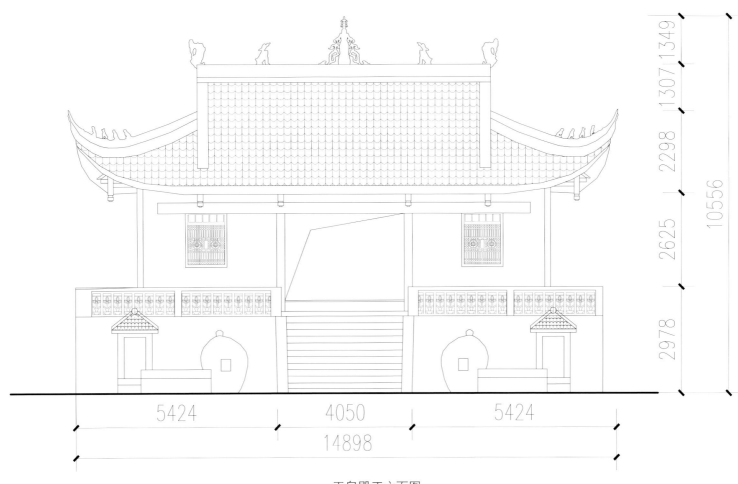

玉皇殿正立面图

观音殿

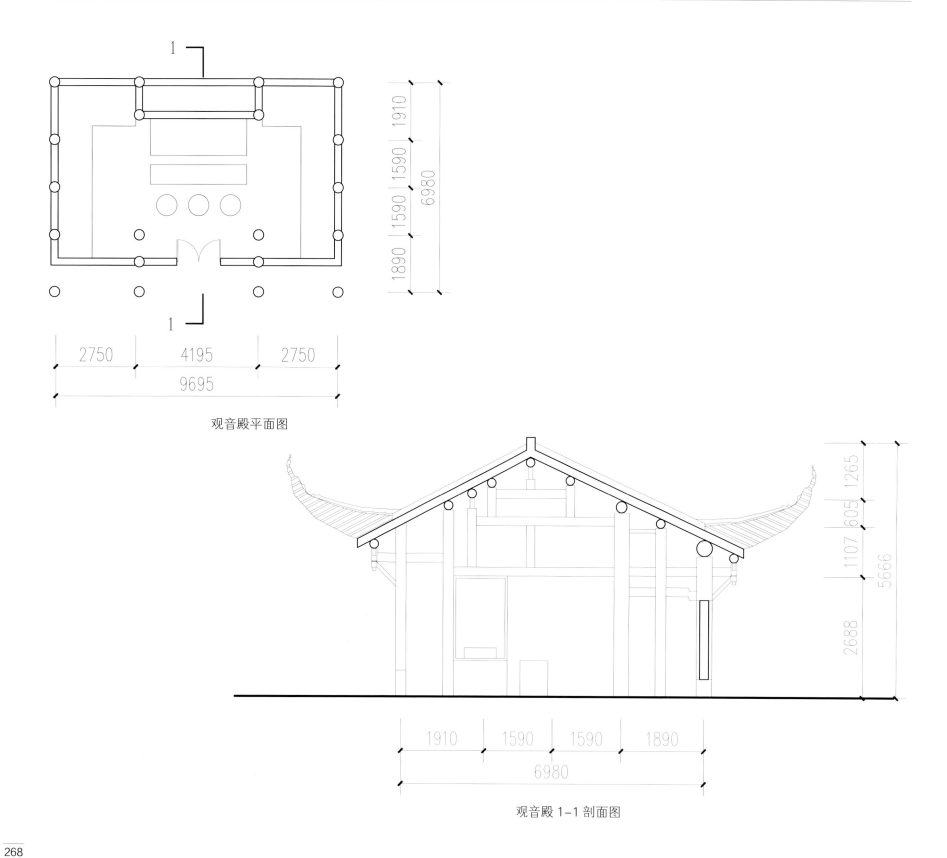

观音殿平面图

观音殿 1-1 剖面图

观音殿正立面图

刘营广东会馆

刘营广东会馆位于绵阳市三台县刘营镇正街 79 号，坐西向东，由清代外来广东籍客家人捐资修建。平面呈长方形，由门楼、戏楼、南北厢房、正殿、回廊、后殿组成前、后两进院落，主要建筑居中轴线上，次要建筑两侧对称分布，建筑面积 1140 余平方米，占地面积约 2300 平方米。广东会馆为当时广东籍客家人聚居中心，是迄今川西北地区保存最好的广东会馆建筑。

门楼，20 世纪 80 年代增建，是会馆的主入口。面阔一间 4.67 米，高 7.8 米。砖石结构，中开门洞，门楣上浮雕双龙夺宝，主楼中部从右至左横塑"广东馆"三字，两次楼间塑弥勒像。两侧护墙呈八字形，墙心"寿"字装饰，墙脊塑两狮遥相呼应，整个门楼广施彩绘。

戏楼，位于门楼西侧，与门楼之间由一通道相连，戏台东侧为一面砖石结构的砖墙，中开三拱券门洞，与门楼相通，中门宽 1.85 米，高 3.09 米，两侧耳门分别宽 0.83 米，高 2.16 米。戏台面阔三间 8.07 米，深 8.07 米，穿斗式单檐九檩歇山顶，灰筒瓦屋面，高 10.01 米，为清咸

门楼

丰八年（1858）修建。正脊砖雕砌成，两侧五爪游龙相向，脊饰三级宝瓶，脊头饰鱼龙吻，围脊灰塑花草装饰。垂脊、戗脊镂空"钱币"砖砌，垂脊脊头彩绘花草，檐口饰"寿""花瓣"瓦当，滴水多为叶瓣纹。中檩底皮墨书"皇清咸丰八年岁次戊午□……"

南北厢房，面阔五间 20.79 米，进深 2.74 米，高 5.47 米，穿斗式梁架，单檐小青瓦屋面，后檐用砖墙封护，出短（假）檐施瓦当滴水护墙。每间减去中间两柱，形成相

正殿

对宽敞的空间以满足铺设楼面，设制成上下两层，上为包厢，下为茶座，宽阔的前院为散座，观众无论处在哪种坐席，都可以观看演出。穿枋上加一挑枋，出挑前檐屋面，挑檐枋与廊（檐）柱间施雕刻的扁平撑拱。正脊为镂空砖雕砌成，一端与戏楼耳房山墙相接，形成高拱曲起的风火墙，一端与正殿的配房相接。

正殿，面阔三间 11.6 米，深 4.95 米，檐高 4.36 米。正殿及后殿台基随地势而升高，台基高 2.6 米，现有踏道 12 级与前院相通。单檐抬担式卷棚顶建筑，灰筒瓦屋面，檐口兽头瓦当装饰。挑枋出挑前后屋檐，前后立面隔扇装修。左右侧设置护墙与南北配房山墙相接，墙头为悬山顶小青瓦屋面，檐口兽头瓦当装饰，中开拱券门洞，宽 1.1 米，拱矢高 2.61 米，与南北厢房及后殿相通。

后殿，面阔五间 17.72 米，深 6.75 米，檐高 3.77 米。抬担和穿斗式混合式梁架，单檐歇山顶建筑，小青瓦屋面。前檐出檐深远形成前廊，深 1.7 米。檐柱下分置石狮及金蟾础，狮础高 0.76 米，宽 0.5 米。正脊为镂空砖雕砌成，其表现内容两侧为"蝙蝠"，中为"鱼化龙"相向宝顶，宝顶不存，脊头为鱼龙吻（仅存底座），四垂脊皆为镂空砖雕砌成，脊头有彩绘装饰。左右厢房对称布局，穿斗式梁架，单檐悬山顶小青瓦屋面，面阔两间 7.08 米，深 3.26 米。与正殿、后殿相连，形成回廊式布局的后院。

广东会馆又名"南华宫"，因广东、广西地处华南，移民到达外地后，为了牢记自己宗族的故乡，取名"南华"，表达了客家人对自己故乡的眷恋之情。清初，伴随着长达百年的"湖广填四川"浪潮，广东有几十万人举家进入四川，因此在清代的四川地区曾经遍布广东会馆。但随着历史的发展和时代的变迁，能完整保存下来的会馆却少之又少。对研究川西北地区客家文化的传播与发展而言，刘营广东会馆是不可或缺的实物资料，显得弥足珍贵。2012 年被公布为省级文物保护单位。

戏楼及厢房

正殿、后殿及南北厢房

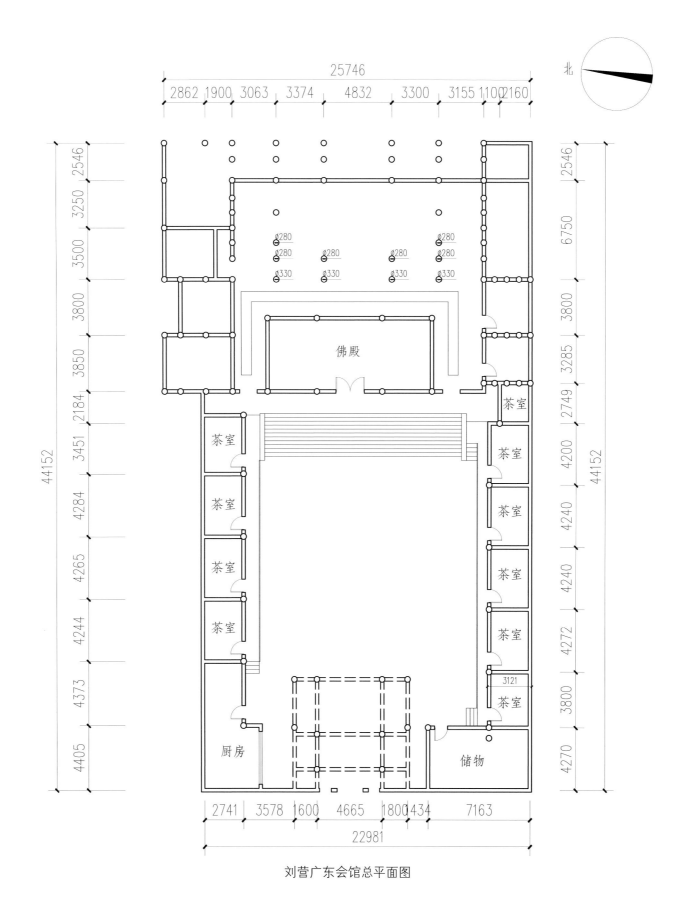

25746
2862 1900 3063 3374 4832 3300 3155 1102160

北

2546
3250
3500
3800
3850
2184
3451
4284
4265
4244
4373
4405

44152

佛殿

茶室

茶室

茶室

茶室

茶室

厨房

2546
6750
3800
3285
2749
4200
4240
4240
4272
3800
4270

44152

茶室

茶室

茶室

茶室

茶室

3121
茶室

储物

2741 3578 1600 4665 1800 434 7163
22981

刘营广东会馆总平面图

戏楼

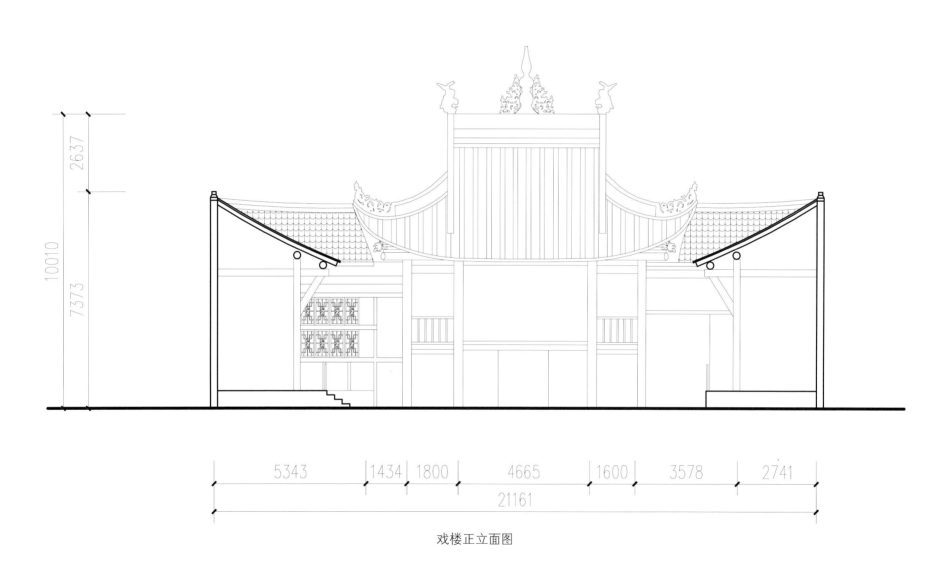

戏楼正立面图

正殿／后殿

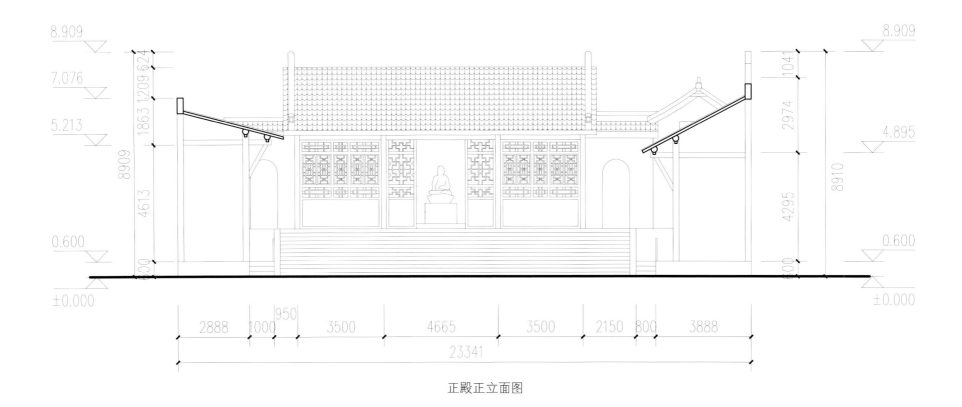

正殿正立面图

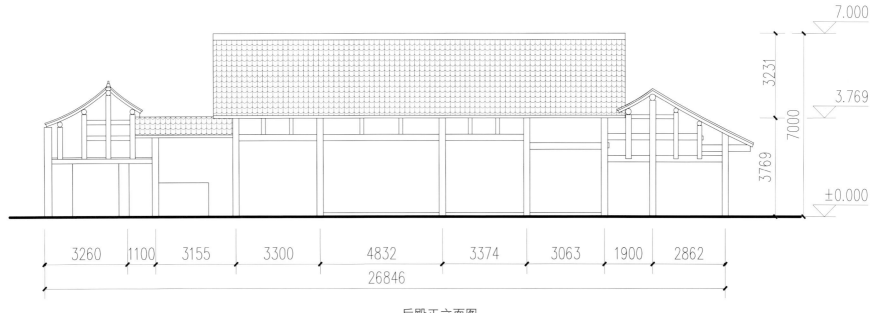

后殿正立面图

尊胜寺

尊胜寺

山门

远景

　　尊胜寺位于三台县北 20 公里的争胜乡太古坝，寺院坐西北朝东南，占地 3400 余平方米，中轴线上有关圣殿、大雄宝殿、藏经阁三重殿宇。其中大雄宝殿建于明代早期，清康熙年间住持瑞岩远赴江南拜访潼川籍两江总督王新命，获得其施舍的大量佛经，遂兴建藏经阁。清乾隆五年（1740）住持慧参重建关圣殿，后历经培修保存至今。尊胜寺新建的院门上悬有一块乾隆六年（1741）的匾额，额题"梓水名山"，上款"敬献经城寺藏经楼"，可见尊胜寺又称"经城寺"，今又有讹为"金城寺"者。

关圣殿

  进入院门后为关圣殿，又称伽蓝殿，殿中供奉关羽，因中国佛教有关帝信仰，将关羽奉为守护寺院的伽蓝神，殿因而得名。据梁上题记，此殿重建于清乾隆五年（1740），当时名为"夫子殿"。关圣殿面阔七间，宽21.18米，进深九檩，深10.73米，单檐歇山顶，但中间三间屋面较两边略高。明间采用抬担式梁架，单挑承檐，用六柱。次间采用七柱二瓜穿斗式梁架，单挑吊墩承檐。梢间采用抬担与穿斗式混合梁架，双挑坐墩承檐，用四柱。

大雄宝殿

　　大雄宝殿位于寺院正中，原有明永乐十三年（1415）题记，现已不存。现存题记中有"潼川州知州赵显宗"之名。赵显宗任职期间深受百姓爱戴，本应于宣德四年（1429）任满升迁，因百姓挽留，朝廷特许其加俸留任。宣德四年距永乐十三年不过十余年，此殿建于明初是可以确定的。大雄宝殿面阔三间，宽14.3米，进深九檩，深14.62米，单檐歇山顶。檐下施五铺作斗拱一周，其中前檐至山面第二根柱上施普拍枋，普拍枋上施重昂斗拱。其余斗拱则只出两跳华拱，阑额上施蜀柱承补间铺作。补间铺作后尾做挑斡，挑至下平槫下。殿内采用分心用五柱的抬梁式梁架，中柱直抵平梁下，金柱上施斗拱承托乳栿的梁头，前后檐乳栿上又施蜀柱承箚牵，平梁上脊蜀柱前后施叉手。其歇山顶收山一椽，在丁栿上立蜀柱支撑山面梁架。与同时期其他建筑相比，尊胜寺大雄宝殿的屋面极为陡峻，脊步举高与架深的比值达1.03。

藏经阁

　　寺院最后的藏经阁为重檐歇山顶的两层楼阁，据题记建于清康熙二十八年（1689），寺僧为梁平双桂堂破山海明和尚法嗣。藏经阁下檐高度明显过高，因此在两侧和后檐加建有批檐。藏经阁底层面阔五间，宽 16.66 米，进深十一檩，深 15.05 米，带前廊。二层面阔五间，宽 13.65 米，进深九檩，深 9.25 米，抬担式结构。楼内原藏有两江总督王新命施舍的佛经，现大部分藏于四川省图书馆，少量存于三台县图书馆。

　　尊胜寺大雄宝殿是四川地区少有的年代明确的明代早期建筑，其补间铺作下用蜀柱、昂嘴的形制等特点保留了一些较早的做法，建筑做工考究，是一处十分珍贵的木构建筑遗存。清代修建的殿宇反映了当地清代早期的建筑特点，建筑题记丰富，是记录当地历史的宝贵资料。2007 年被公布为省级文物保护单位，2013 年被公布为全国重点文物保护单位。

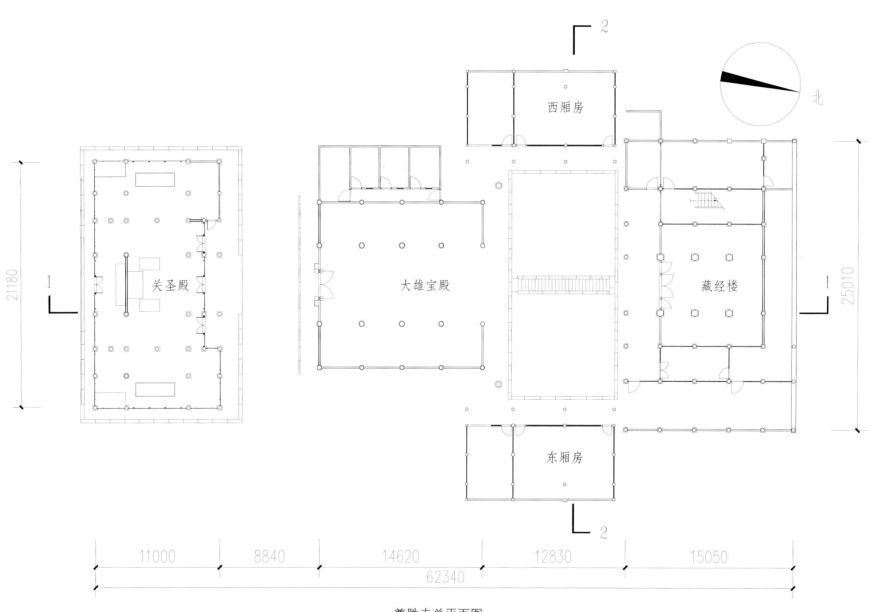

北

关圣殿

大雄宝殿

西厢房

东厢房

藏经楼

21180

25010

11000

8840

14620

12830

15050

62340

尊胜寺总平面图

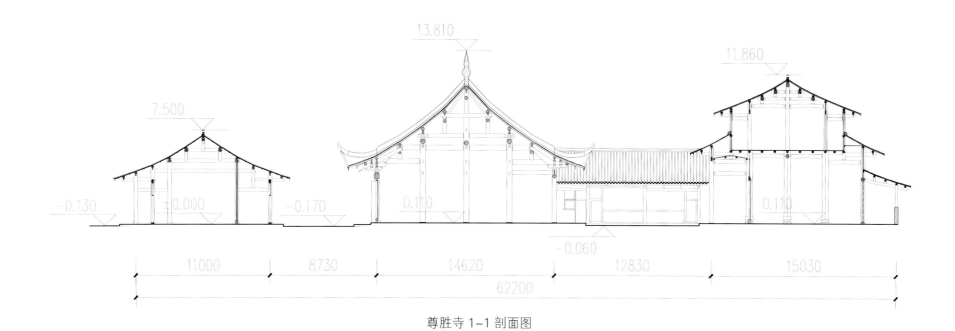

尊胜寺 1-1 剖面图

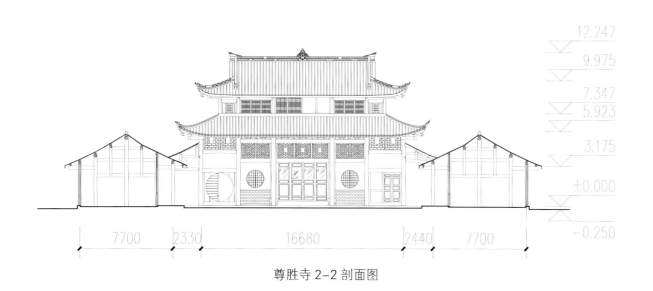

尊胜寺 2-2 剖面图

省级文物保护单位木结构建筑

关圣殿

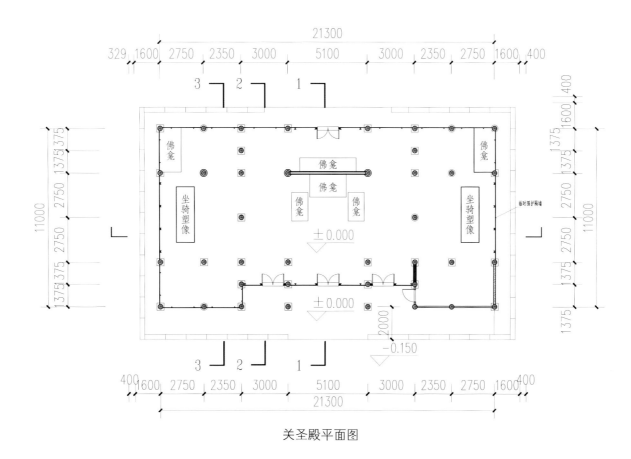

关圣殿平面图

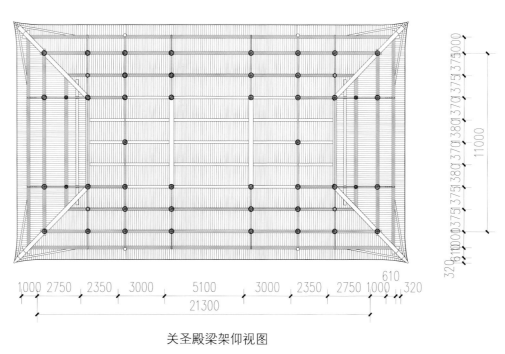

关圣殿梁架仰视图

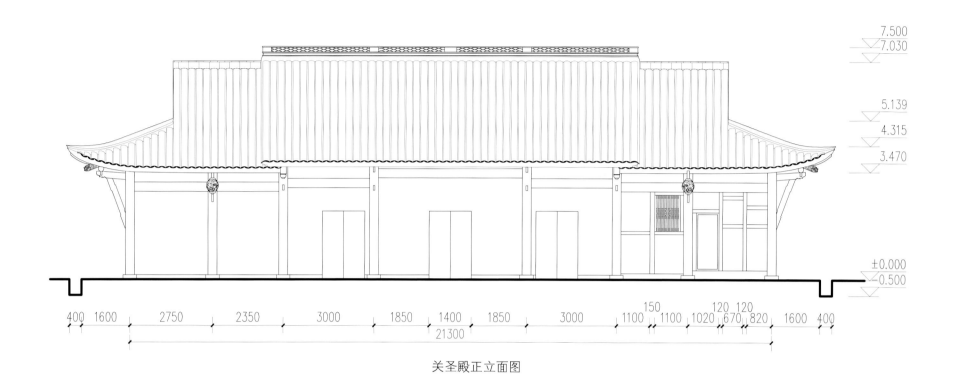

7.500
7.030

5.139

4.315

3.470

±0.000
0.500

400 1600 2750 2350 3000 1850 1400 1850 3000 1100 150 1100 1020 120 120 1600 400
670 820
21300

关圣殿正立面图

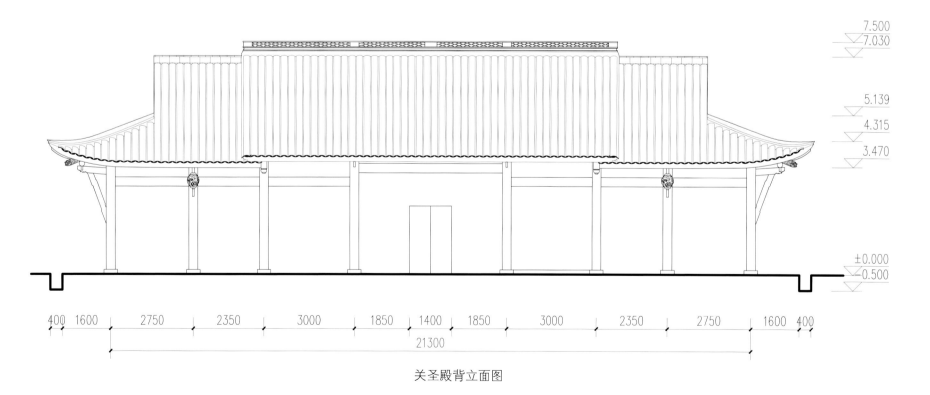

7.500
7.030

5.139

4.315

3.470

±0.000
0.500

400 1600 2750 2350 3000 1850 1400 1850 3000 2350 2750 1600 400
21300

关圣殿背立面图

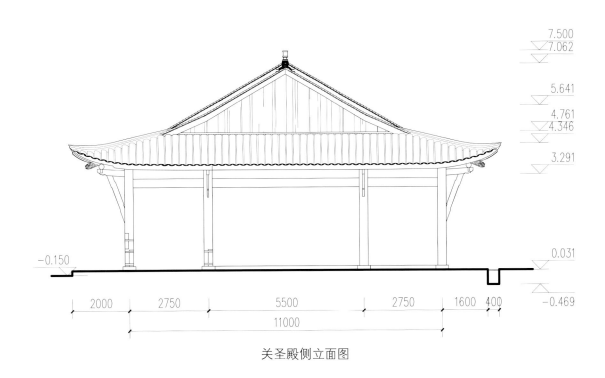

关圣殿侧立面图

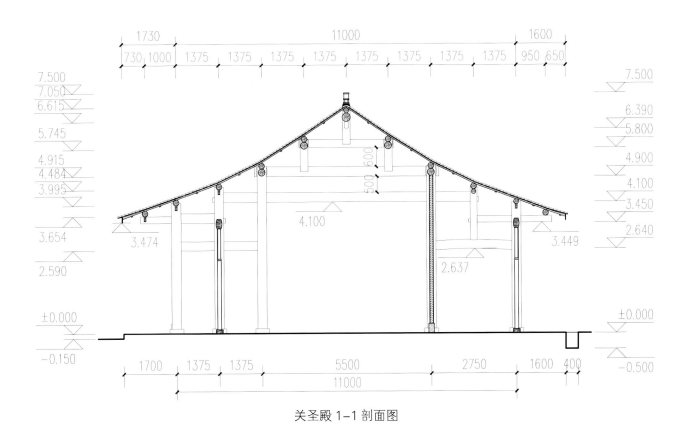

关圣殿 1-1 剖面图

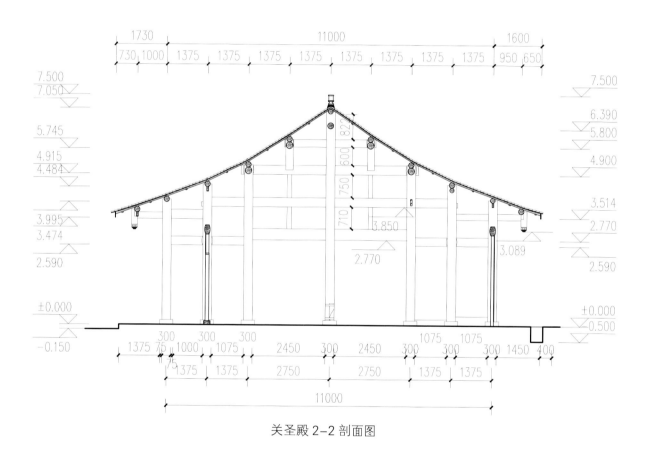

关圣殿 2-2 剖面图

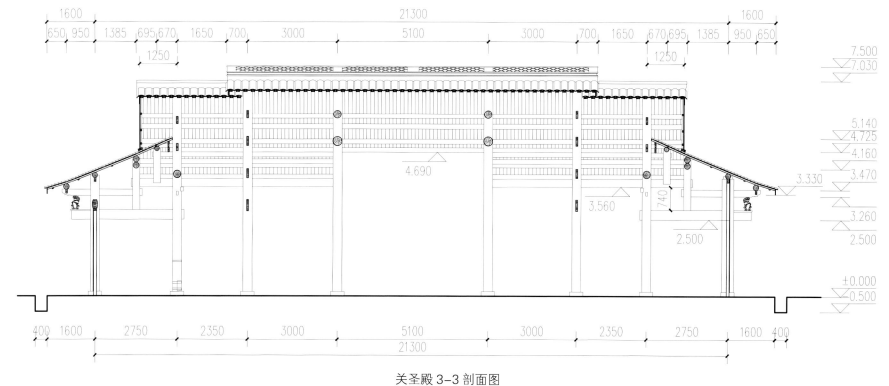

关圣殿 3-3 剖面图

大雄宝殿

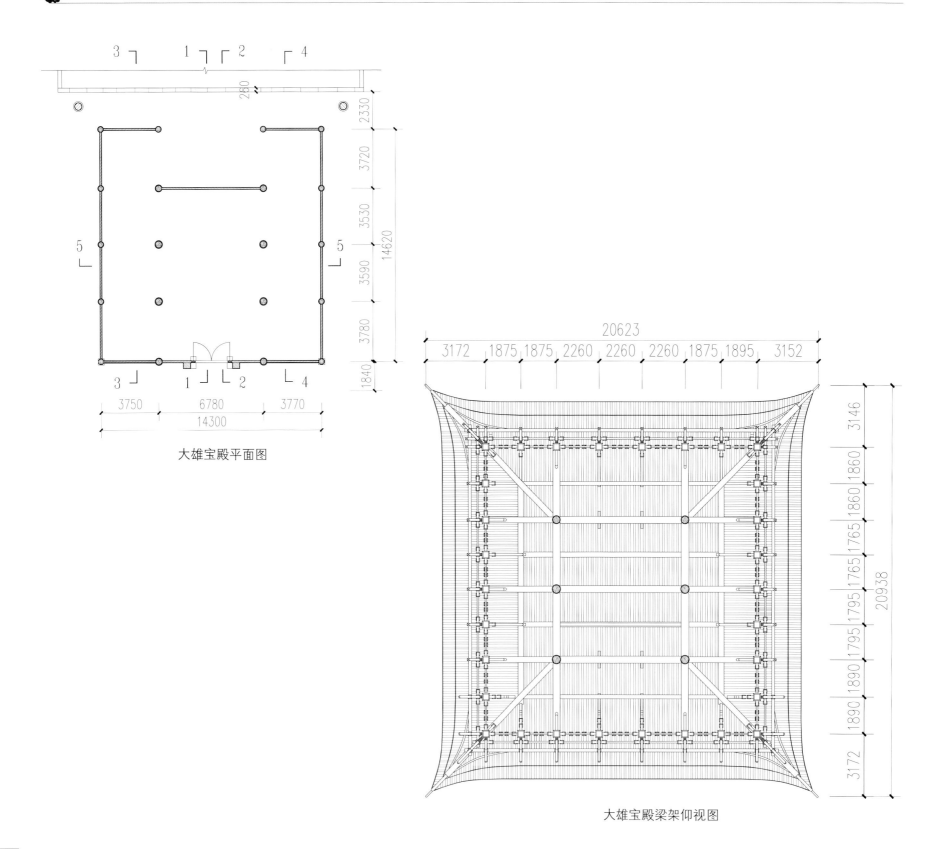

大雄宝殿平面图

大雄宝殿梁架仰视图

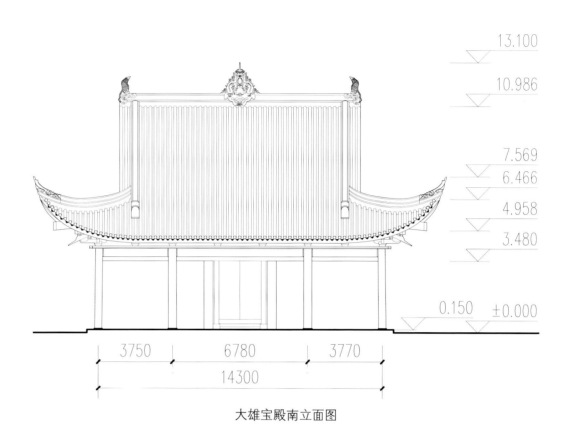

13.100

10.986

7.569
6.466
4.958
3.480

0.150   ±0.000

3750   6780   3770

14300

大雄宝殿南立面图

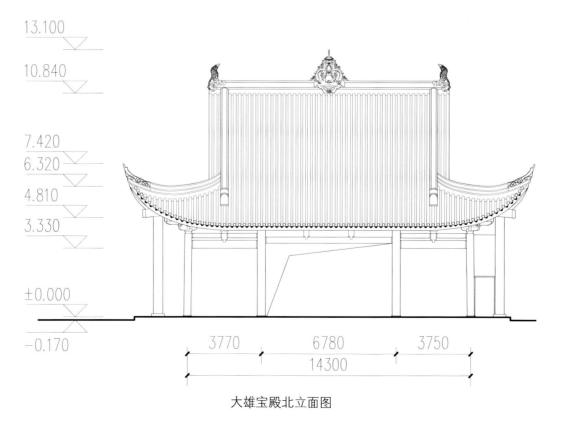

13.100

10.840

7.420
6.320
4.810
3.330

±0.000

−0.170

3770   6780   3750

14300

大雄宝殿北立面图

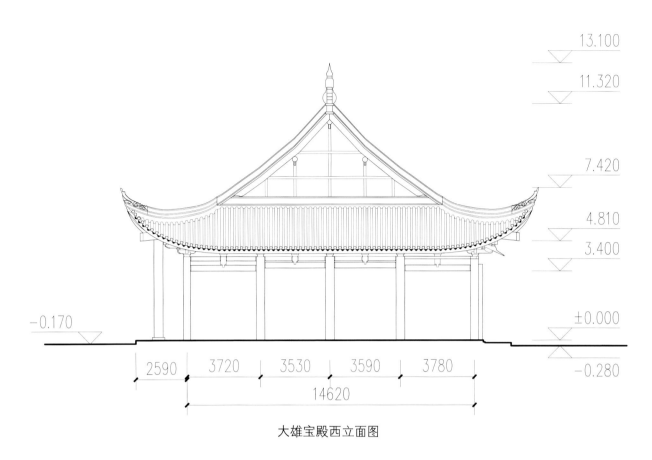

13.100

11.320

7.420

4.810

3.400

±0.000

−0.170

−0.280

2590 | 3720 | 3530 | 3590 | 3780

14620

大雄宝殿西立面图

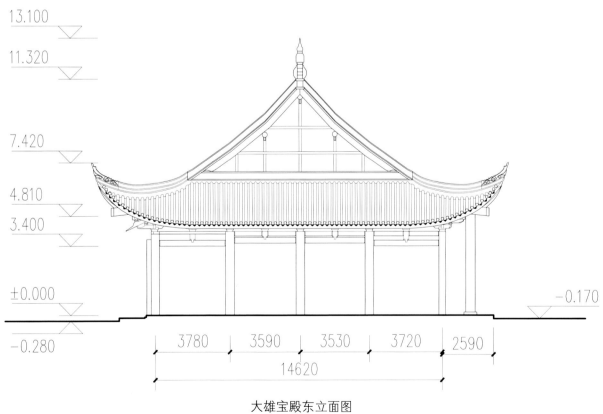

13.100

11.320

7.420

4.810

3.400

±0.000

−0.170

−0.280

3780 | 3590 | 3530 | 3720 | 2590

14620

大雄宝殿东立面图

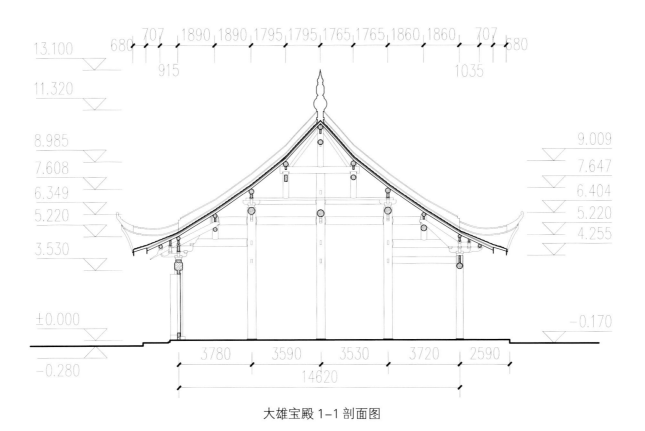

大雄宝殿 1-1 剖面图

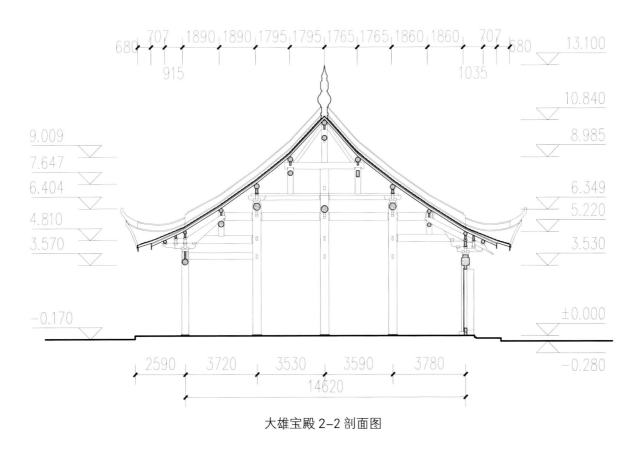

大雄宝殿 2-2 剖面图

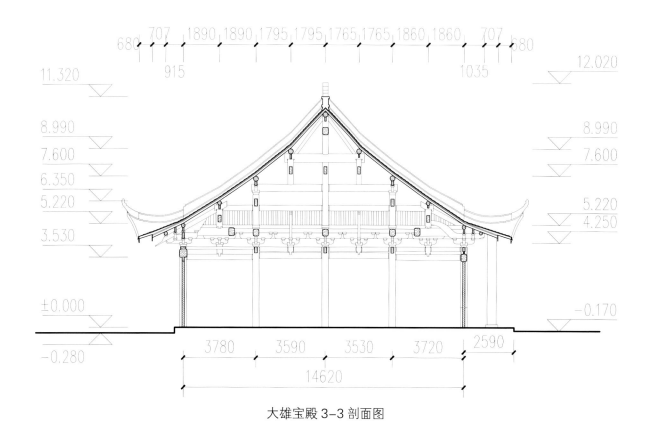

680 707 1890 1890 1795 1795 1765 1765 1860 1860 707 680

915　　　　　　　　　　　　　　1035

11.320

12.020

8.990　　　　　　　　　　　　　8.990

7.600　　　　　　　　　　　　　7.600

6.350

5.220　　　　　　　　　　　　　5.220

　　　　　　　　　　　　　　　4.250

3.530

±0.000

-0.170

-0.280

3780　　3590　　3530　　3720　2590

14620

大雄宝殿 3-3 剖面图

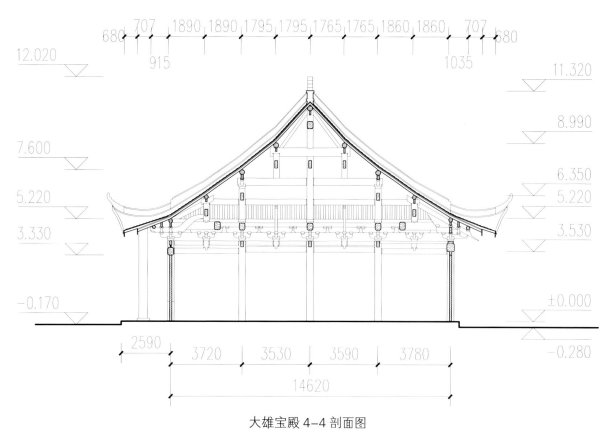

680 707 1890 1890 1795 1795 1765 1765 1860 1860 707 680

915　　　　　　　　　　　　　　1035

12.020

11.320

8.990

7.600

6.350

5.220　　　　　　　　　　　　　5.220

3.530

3.330

-0.170　　　　　　　　　　　　±0.000

2590　3720　　3530　　3590　　3780

-0.280

14620

大雄宝殿 4-4 剖面图

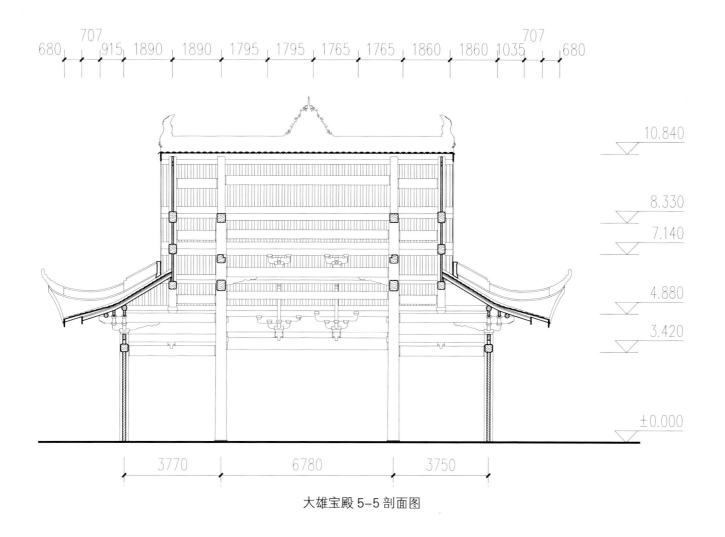

680 707 915 1890 1890 1795 1795 1765 1765 1860 1860 1035 707 680

10.840

8.330

7.140

4.880

3.420

±0.000

3770 6780 3750

大雄宝殿 5-5 剖面图

藏经楼

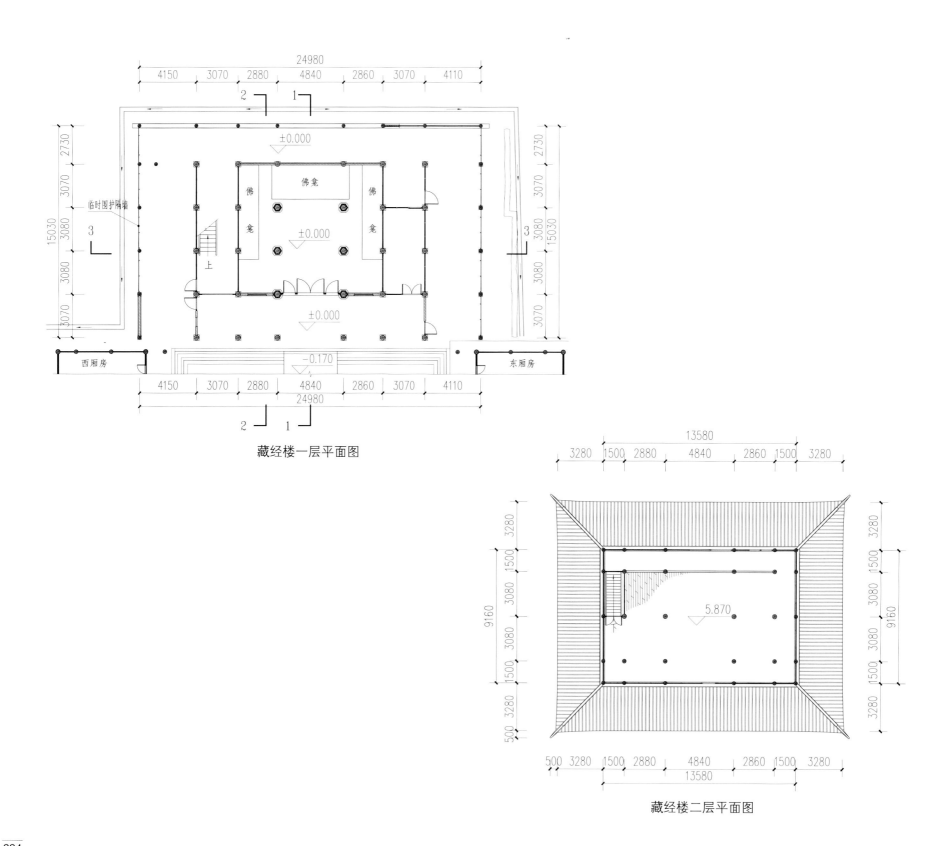

藏经楼一层平面图

藏经楼二层平面图

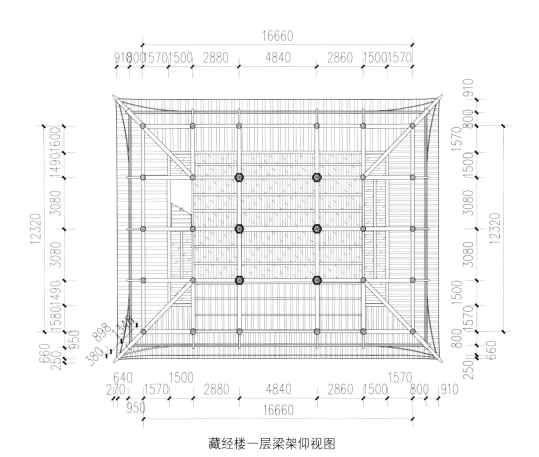

藏经楼一层梁架仰视图

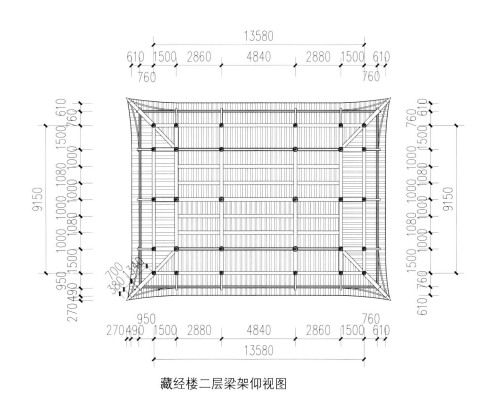

藏经楼二层梁架仰视图

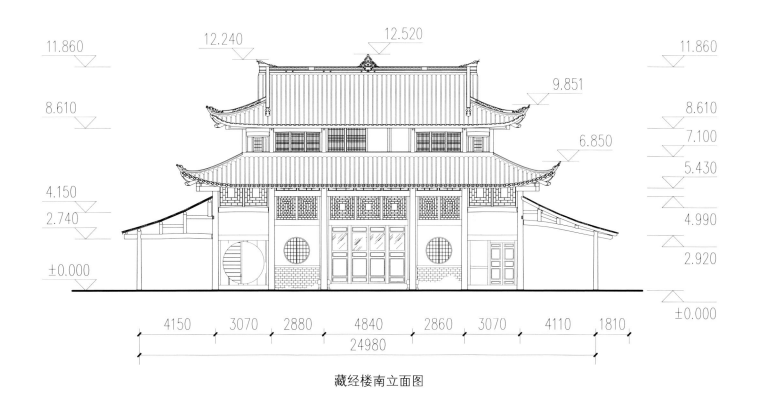

11.860

12.240　12.520

8.610

9.851

6.850

4.150

2.740

±0.000

11.860

8.610

7.100

5.430

4.990

2.920

±0.000

4150　3070　2880　4840　2860　3070　4110　1810

24980

藏经楼南立面图

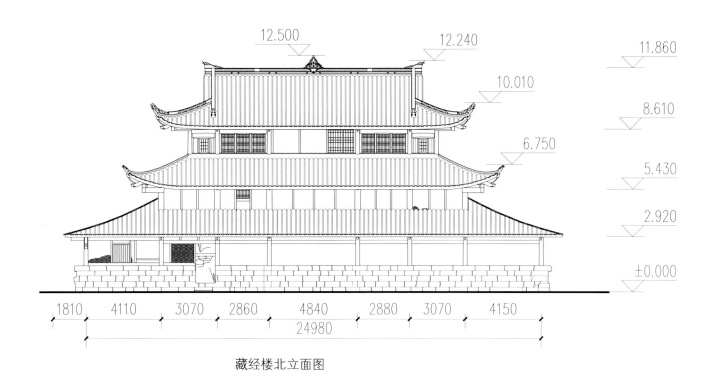

12.500　12.240

10.010

6.750

11.860

8.610

5.430

2.920

±0.000

1810　4110　3070　2860　4840　2880　3070　4150

24980

藏经楼北立面图

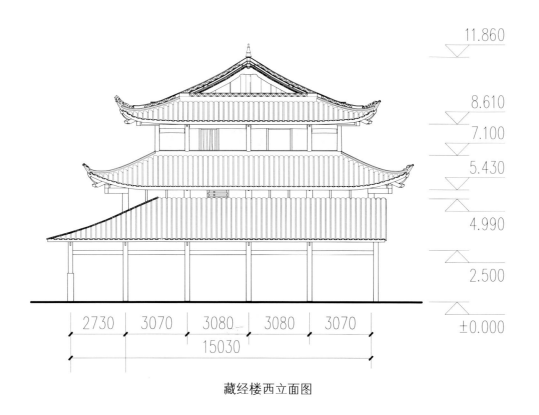

11.860

8.610

7.100

5.430

4.990

2.500

±0.000

2730 | 3070 | 3080 | 3080 | 3070

15030

藏经楼西立面图

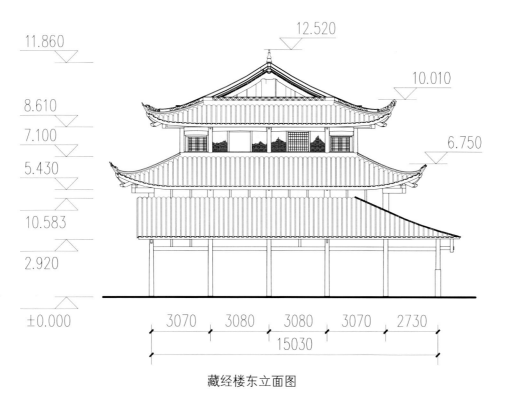

12.520

10.010

11.860

8.610

7.100

6.750

5.430

10.583

2.920

±0.000

3070 | 3080 | 3080 | 3070 | 2730

15030

藏经楼东立面图

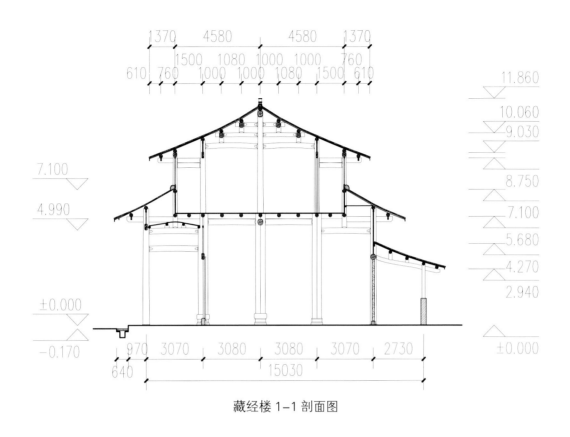

藏经楼 1-1 剖面图

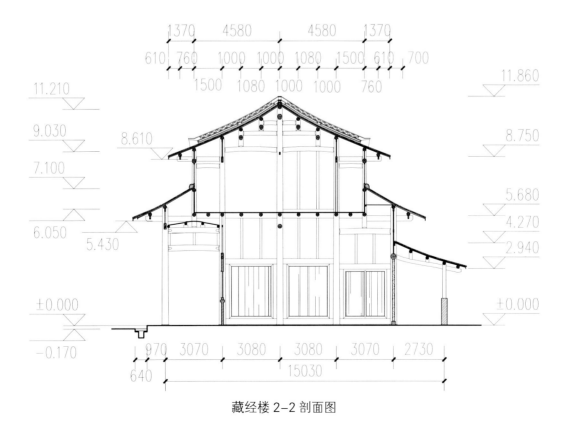

藏经楼 2-2 剖面图

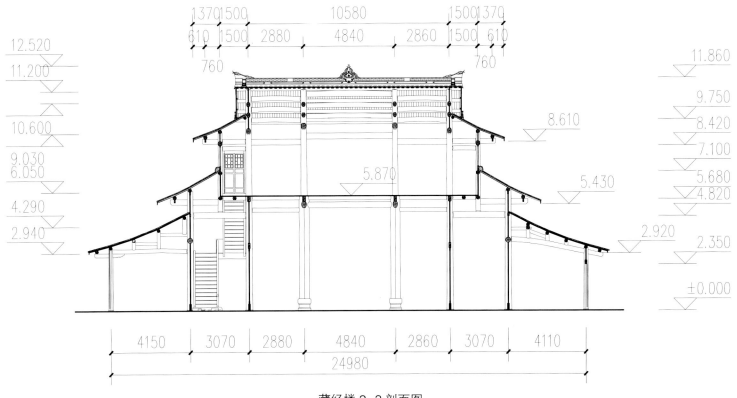

SHENGJI WENWU BAOHU DANWEI

藏经楼 3-3 剖面图

东厢房

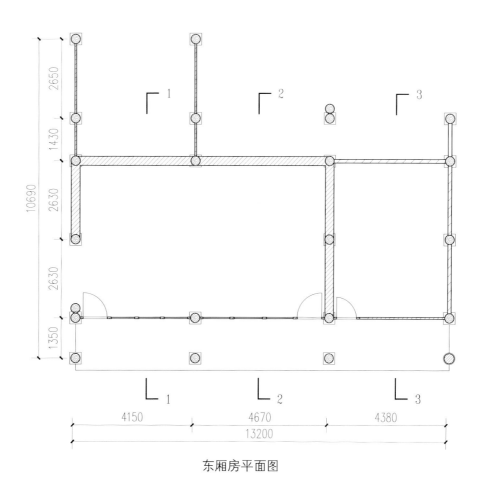

东厢房平面图

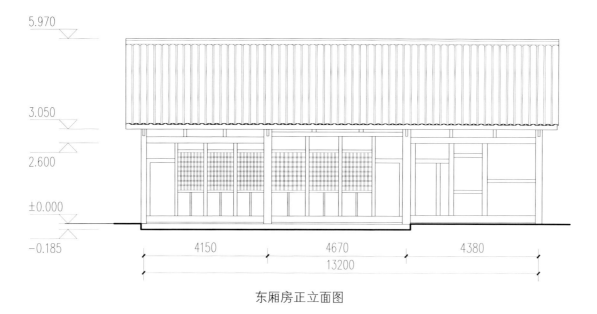

东厢房正立面图

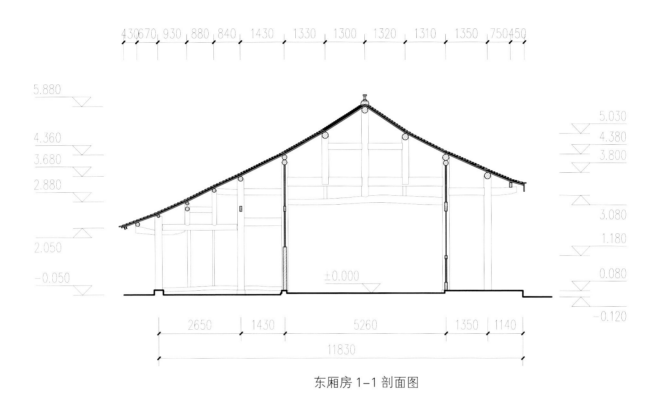

东厢房 1-1 剖面图

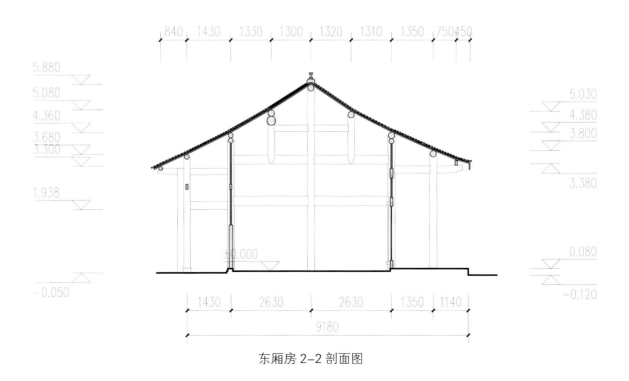

东厢房 2-2 剖面图

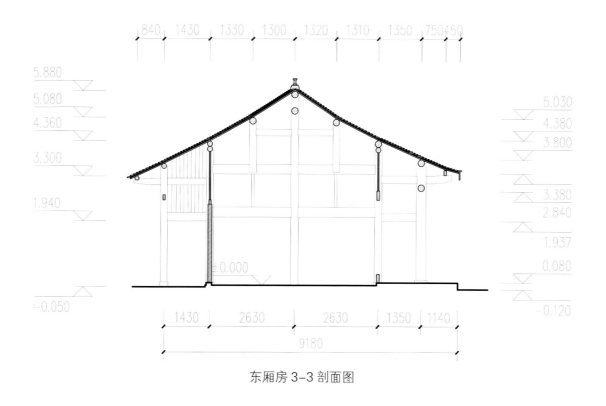

东厢房 3-3 剖面图

西厢房

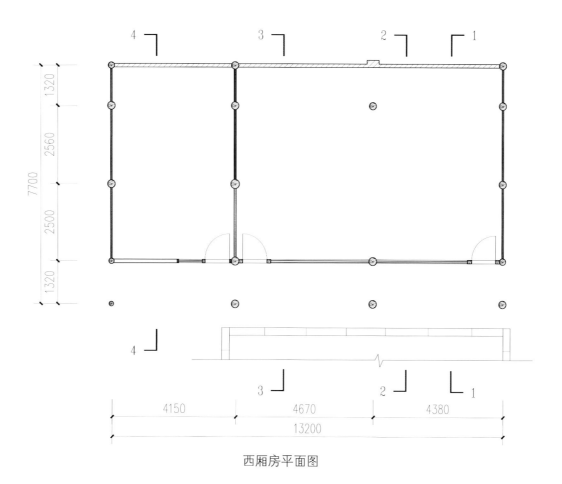

西厢房平面图

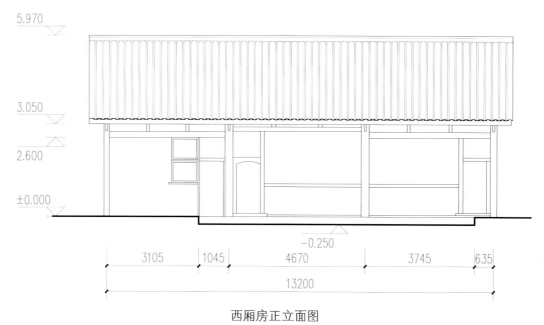

西厢房正立面图

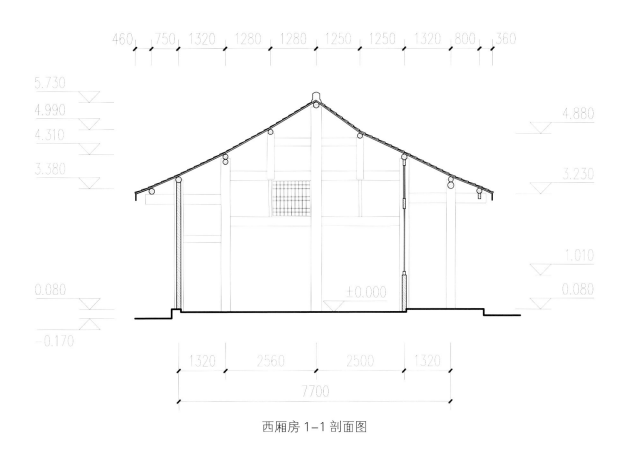

西厢房 1-1 剖面图

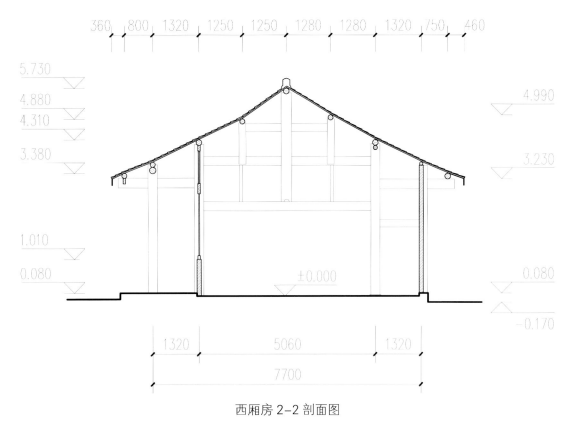

西厢房 2-2 剖面图

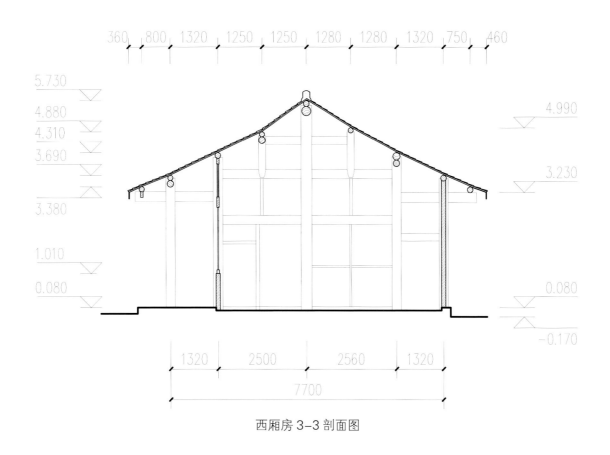

西厢房 3-3 剖面图

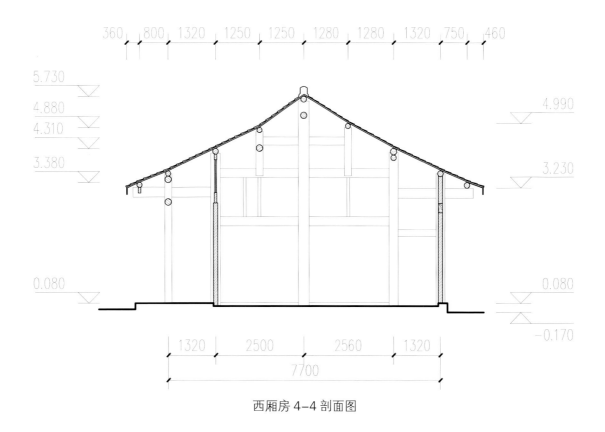

西厢房 4-4 剖面图

张氏民居

张氏民居

鸟瞰图

　　张氏民居位于盐亭县巨龙镇五和村桅杆湾，是当地张氏家族的宅第及宗祠。这支张氏原籍松江府华亭县（今上海市），明洪武年间一世祖张伯通迁居四川盐亭。明末八世祖张勉行在张献忠之乱中丧生，局势稳定后，其子张瑀一家于清康熙二十一年（1682）迁至今桅杆湾一带，准备建宅定居。而此时张瑀病故，遂由其妻夏氏主持修建了两套宅院。第一套分给长子张泰阶和次子张崇阶居住，就是现存较完整的张氏民居；第二套则分给幼子张秩阶居住，现仅存一栋堂屋。此后张氏民居一直为张氏后裔居住使用。2009年厢房内住户陆续腾退，2010年至2012年进行了修缮。

头门

　　张氏民居坐东北朝西南，为三进合院式建筑，宅院前有一堵照壁和一对石桅杆，中轴线上依次为头门、二门、前厅、后堂，两侧厢房围合，从照壁至后堂后墙总进深约84米，总宽26.39米，占地面积两千余平方米。头门面阔三间，进深四檩用三柱，明间中柱间开门，悬"张勉行府宅"匾额，屋面较次间略高，次间向院内开敞。进大门为前院，两侧厢房各三间。二门与头门基本相同，门上悬"创业女英"匾额，以纪念夏氏开创之功。进二门为中院，两侧厢房各三间。前厅面阔五间，中间三间为厅堂，梢间则隔为居室，厅堂进深九檩用六柱，带前廊，挑枋下施鳌鱼形斜撑，室内采用抬担式梁架，五架梁上用驼墩和大斗承三架梁，做工讲究、用料粗大，很可能是康熙年间创建时的原构。穿过前厅为后院，两侧厢房各两间。后堂面阔三间，进深九檩用七柱，带前廊，穿斗式梁架。

前厅

盐亭张氏民居是四川乡间典型的宗祠与宅第一体的民居建筑，布局完整，保存完好。宅第的营建背景在家谱中记载明确，是四川地区年代较早的一处民居。2007年被公布为省级文物保护单位。

二进院落向外看

三进院落向外看

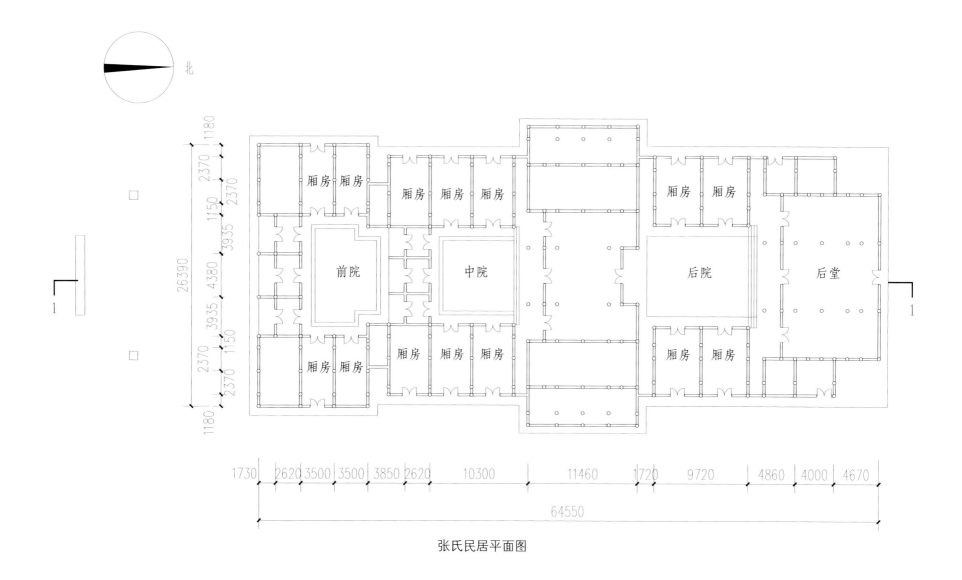

北

厢房 厢房

厢房 厢房 厢房

厢房 厢房

前院

中院

后院

后堂

厢房 厢房

厢房 厢房 厢房

厢房 厢房

1180 2370 2370 1150 3935 4380 3935 1150 2370 2370 1180

26390

1730 2620 3500 3500 3850 2620 10300 11460 1720 9720 4860 4000 4670

64550

张氏民居平面图

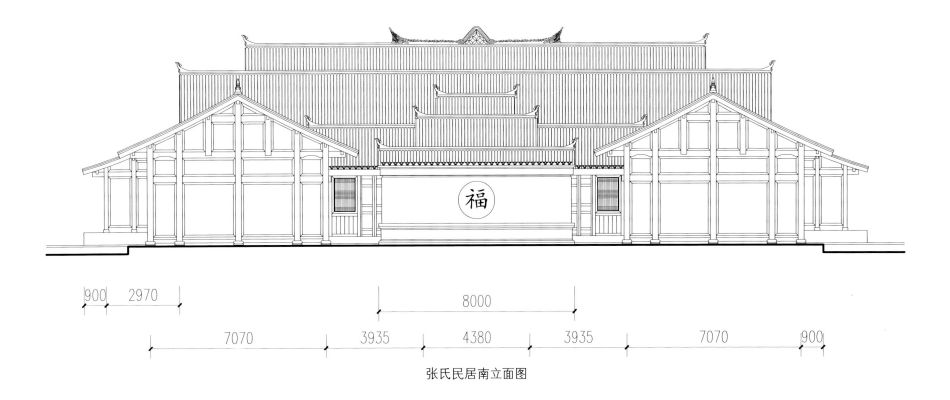

福

900 2970

8000

7070   3935   4380   3935   7070   900

张氏民居南立面图

张氏民居东立面图

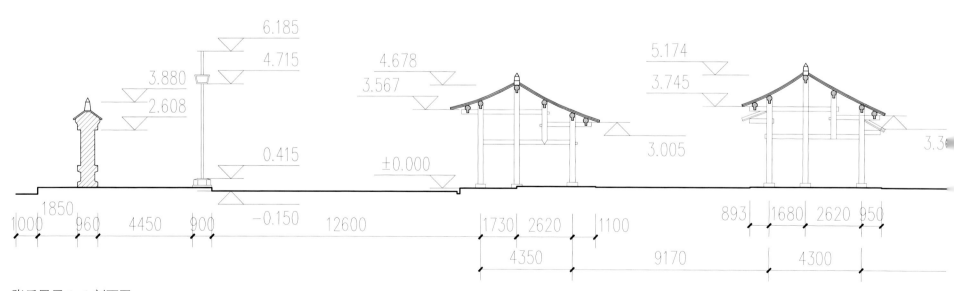

张氏民居 1-1 剖面图

1460　　1720　　9720　　4860　　4000　　4670

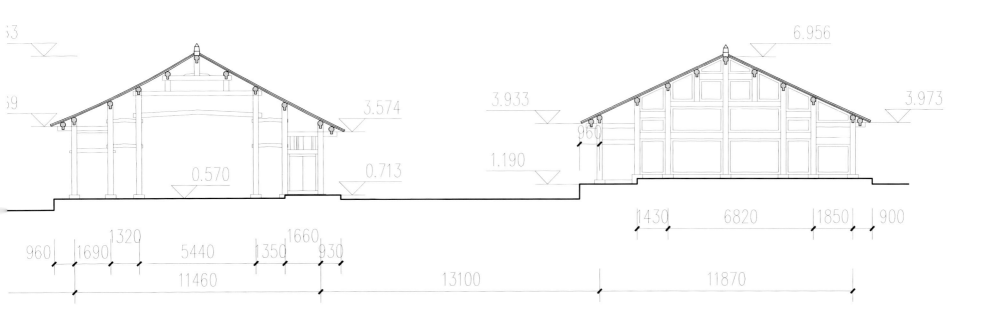

63

6.956

89

3.574

3.933

3.973

0.570

0.713

960

1.190

0.713

1430　6820　1850　900

960　1690　1320　5440　1350　1660　930

11460　13100　11870

花林寺大殿

大殿

　　花林寺位于盐亭县富驿镇火星村三社，传说始建于唐代。寺内现仅存大殿，据殿内题记，大殿创建于元至大四年（1311），是李昌祖和妻子蒲氏为儿子李德荣出家而发愿修造的佛殿，李、蒲两家的亲属都施舍钱粮，赞助了营建活动，当时寺名"兜率寺"，应该是以弥勒佛为主尊的净土寺院。后于明洪武三十一年（1398）、嘉靖五年（1526）、万历二十一年（1593）、万历四十年（1612）、清雍正二年（1724）经历多次维修。1952年花林寺为花林小学使用，大殿辟为教室。2012年大殿恢复原貌，小学仍设在寺内。

①题记 2 局部
②题记 4
③题记 5
④题记 7
⑤题记 13
⑥题记 14
⑦题记 15 局部
⑧题记 16
⑨题记 20

① ② ③ ④ ⑤ ⑥ ⑦ ⑧ ⑨

花林寺大殿坐北朝南，建于高约 2 米的台基上，平面近正方形，厅堂式结构，单檐歇山顶。大殿面阔三间，宽 10.98 米，其明间宽达 6.8 米，是次间的 3 倍多。进深 6 椽，深 10.95 米。前檐带敞廊，采用减柱造，使前廊通宽一间，两角柱间施通长 11 米多的粗大檐额，檐额下两端施绰幕枋，但后代又添加了两根廊柱支撑檐额。大殿的斗拱布置前繁后简，从前檐到山面第二根柱，在普拍枋上施五铺作斗拱，而往后则不用普拍枋，斗拱直接施于柱头上，只用栌斗出一跳华拱或挑枋。前部的五铺作斗拱均为双杪，扶壁拱为单拱素枋，跳头不用令拱直接承橑檐枋，但不同位置又富于变化，8 朵斗拱分为 4 种样式。补间铺作从栌斗出斜拱两跳，后尾出挑斡；转角铺作与补间铺作逻辑相同，角华拱上平盘斗的斗平较斗底旋转 45 度；前檐柱头铺作从栌斗、第一跳跳头各出斜拱一跳，瓜子拱做蝉肚卷杀；山面柱头铺作从第一跳跳头出斜拱。大殿梁架是在六架椽屋前后箚牵用四柱的基础上减去前檐柱，四根内柱间施阑额一周，阑额上排列内檐斗拱一周 18 朵，斗拱上原有平棋天花。梁架最显著的特点：在明间两补间铺作分位上，从下平槫至顺脊串施以跨过两椽的"斜栿"，或称"大叉手"，斜栿中间承托上平槫。这种在开间内设斜栿的做法，是四川地区元代至明初建筑中所特有的。大殿的梁架上保存有元明清各个时期的题记 20 余条，是了解该建筑营建、维修历史的珍贵资料。

明清时期对大殿进行了一些维修改造，主要的改动如下：在前檐檐额下增加两根檐柱；前后檐增加了挑枋 10 根；山面增加了由蜀柱、挑枋、栌斗组成的补间挑檐结构四组。这些改动均属添加，没有破坏元代建筑本身的结构，因此现存建筑基本上完整保留了元代创建时的构造。

2012 年，花林寺大殿经过保护维修，拆除了作为教室改造的现代装修，恢复了传统木门窗，屋顶改为筒瓦屋面和烧制脊饰。

盐亭花林寺大殿是我国南方地区为数不多的有明确纪年的元代建筑之一，原构保存基本完好，后期改动清晰可辨，具有重要的文物价值。2012 年被公布为省级文物保护单位。

大殿梁架（一）

大殿梁架（二）

补间铺作（一）

补间铺作（二）

前檐下斗拱

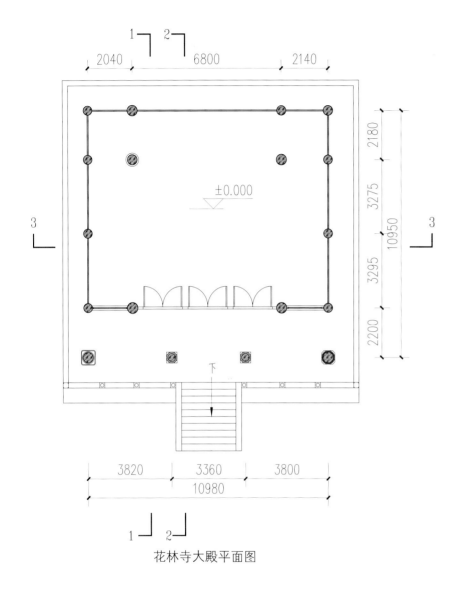

花林寺大殿平面图

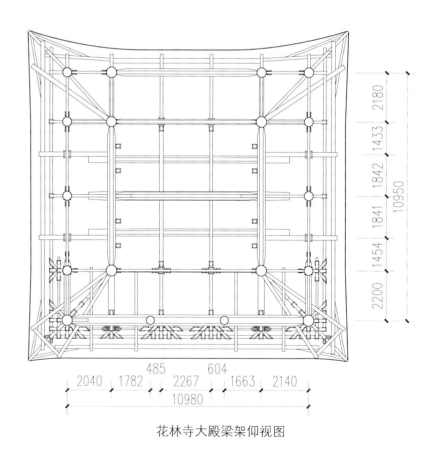

花林寺大殿梁架仰视图

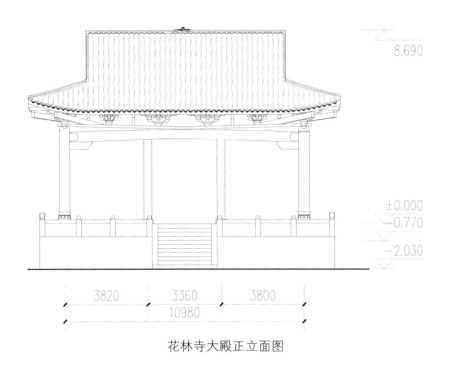

花林寺大殿正立面图

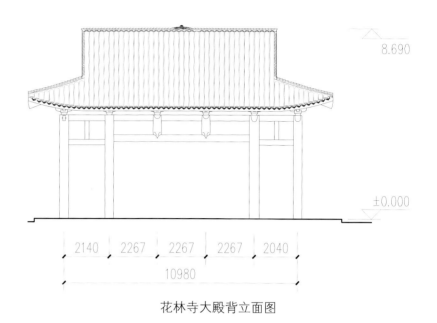

花林寺大殿背立面图

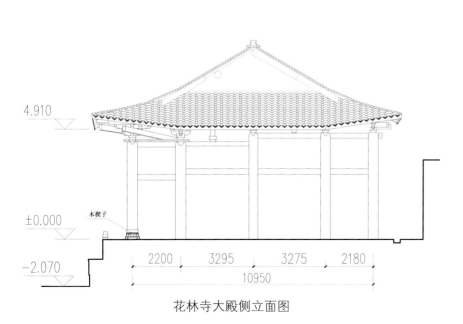

花林寺大殿侧立面图

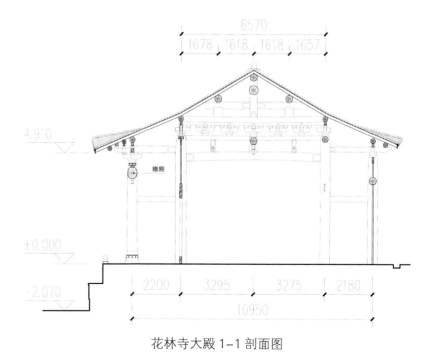

花林寺大殿1-1剖面图

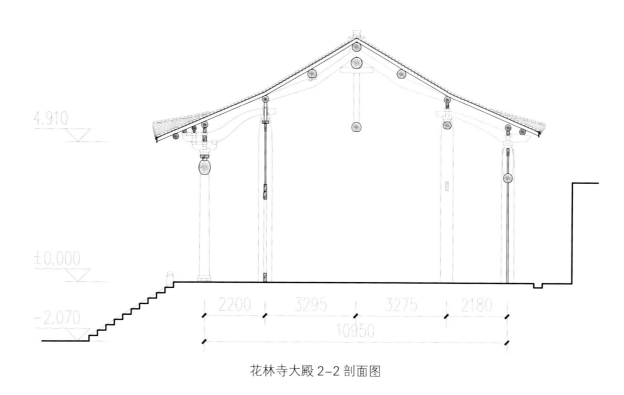

花林寺大殿 2-2 剖面图

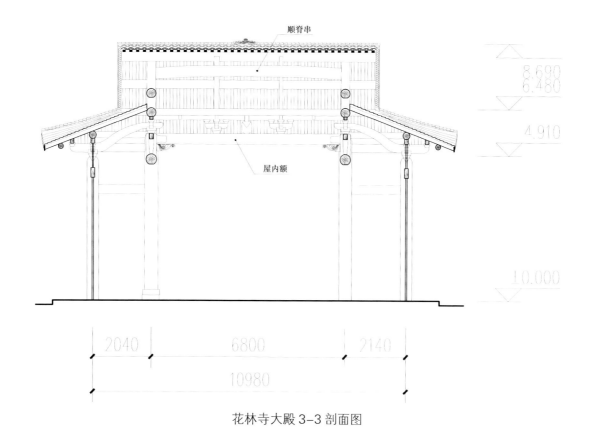

花林寺大殿 3-3 剖面图

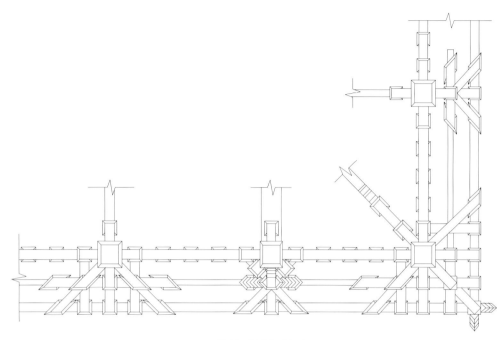

五铺作斗拱仰视图

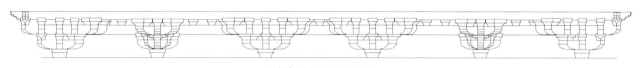

前檐斗拱正立面图

前檐斗拱背立面图

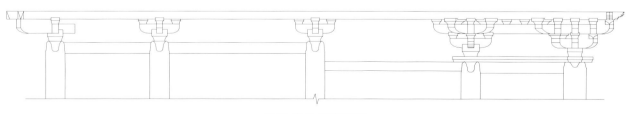

花林寺斗拱实测图

文星庙

文星庙位于盐亭县安家镇鹅溪村五社，是一座供奉文昌帝君的乡间庙宇，现存主殿桂香殿重建于清康熙年间。

文星庙建于半山腰，坐东北朝西南，总占地约2000平方米。庙前有笔直的登山石阶，石阶垂带端头设有石狮子和抱鼓石。大门正对桂香殿，建于1.7米高的石砌台基上，台基正面中间凹进做踏步，两边各嵌有三块浮雕陡板石。桂香殿面阔三间，进深十一檩用六柱，单檐歇山顶，小青瓦屋面。

桂香殿建筑平面呈正方形，前檐带敞廊，注重正立面与前廊部分的视觉效果。明间额枋下，施一对鳌鱼状雀替。廊柱上施一排7攒斗拱，平身科每间只用1攒，布置舒朗，山面和后檐则只用挑枋承檐。斗拱为七踩，出卷鼻昂3跳，带45度斜拱，用材纤细，装饰性强。前廊的梁、柱、枋上均绘有精美的彩画，双步梁上用带雕花的驼峰。室内明间横向的随檩枋、屋内额等构件也绘有彩画。五架梁采用抬担式结构，完全卡入金柱中，三架梁则用驼峰加斗拱承托，是四川地区清代早期常用的结构方式。翼角的老角梁角度平缓，伸出很远，角梁上用覆莲销固定子角梁，翼角椽先用一层放射状排布的细方椽，上面再用平行排布的扁椽，翼角椽上钉望板。古建筑的翼角部分是很容易被后期维修改动的，而文星庙难得地保留了清代早期的翼角做法，与后代高高翘起的翼角相比，显得平缓舒展。

文星庙

正立面

桂香殿前廊下保存有三通清代石碑，记载了当地信众维修庙宇和塑像的历史。殿内木构件上留有诸多题记，其中有"知潼川州事正堂王以丰"，他是康熙年间的潼川知州，由此可知建筑的年代。

殿内壁画（局部）

桂香殿

角科斗拱

桂香殿墨书题记

柱头科斗拱

平身科斗拱

近年，文星庙得到了修缮和整治，拆除了桂香殿殿前后期加建的房屋及侧面加建的批檐，新建了庙门、围墙和管理用房。桂香殿的主体构架、翼角结构、石雕、木雕、彩画都保持了原有面貌，体现了当时的审美情趣和工艺技术，是一处难得的保存完整的清代早期木结构建筑。2012 年被公布为省级文物保护单位。

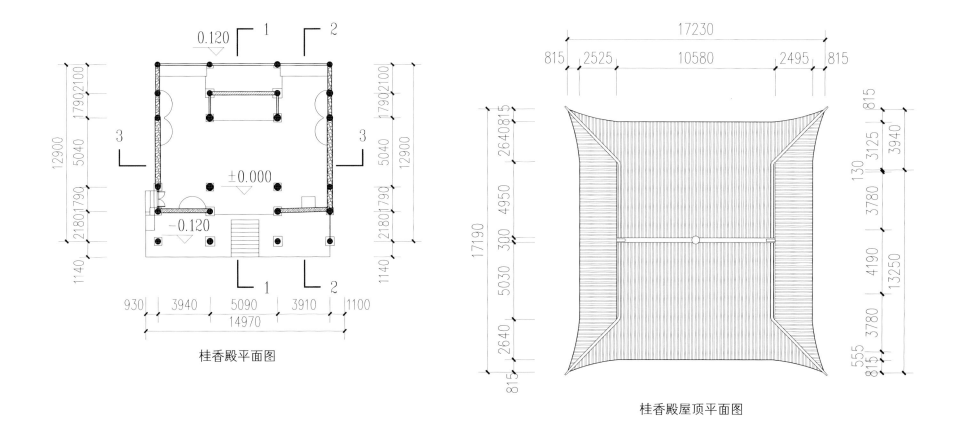

桂香殿平面图

桂香殿屋顶平面图

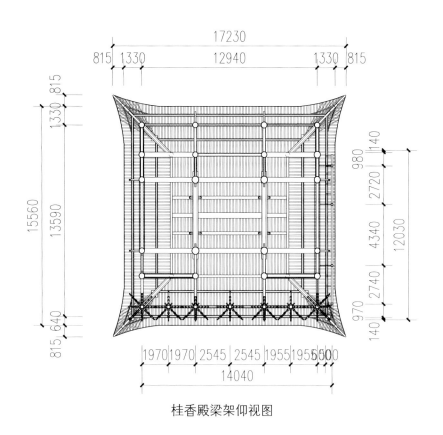

桂香殿梁架仰视图

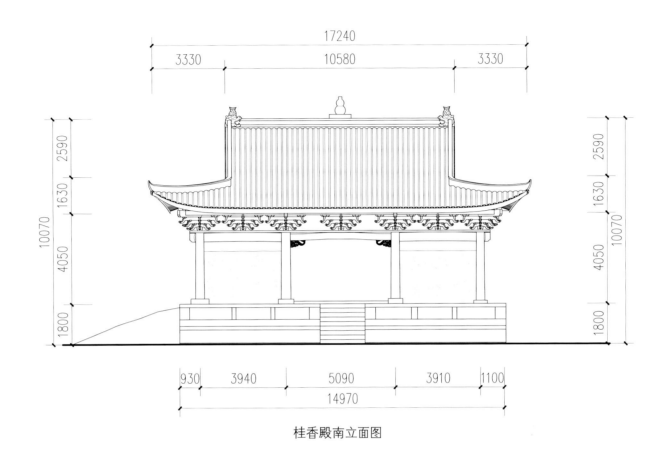

17240
3330   10580   3330

2590
1630
10070
4050
1800

930 3940 5090 3910 1100
14970

桂香殿南立面图

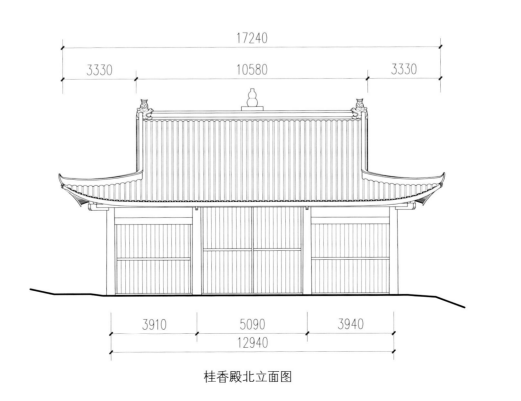

17240
3330   10580   3330

3910   5090   3940
12940

桂香殿北立面图

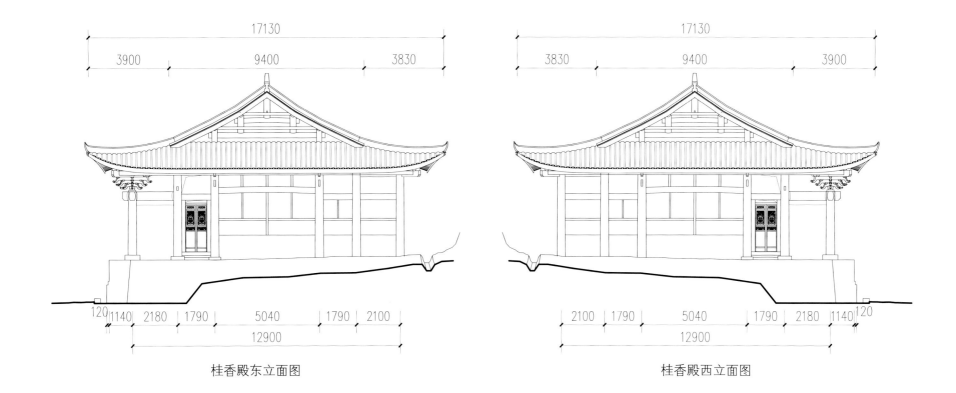

桂香殿东立面图

桂香殿西立面图

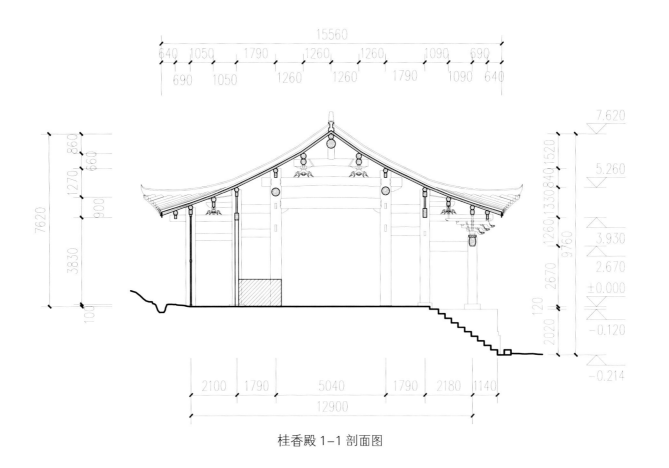

桂香殿 1-1 剖面图

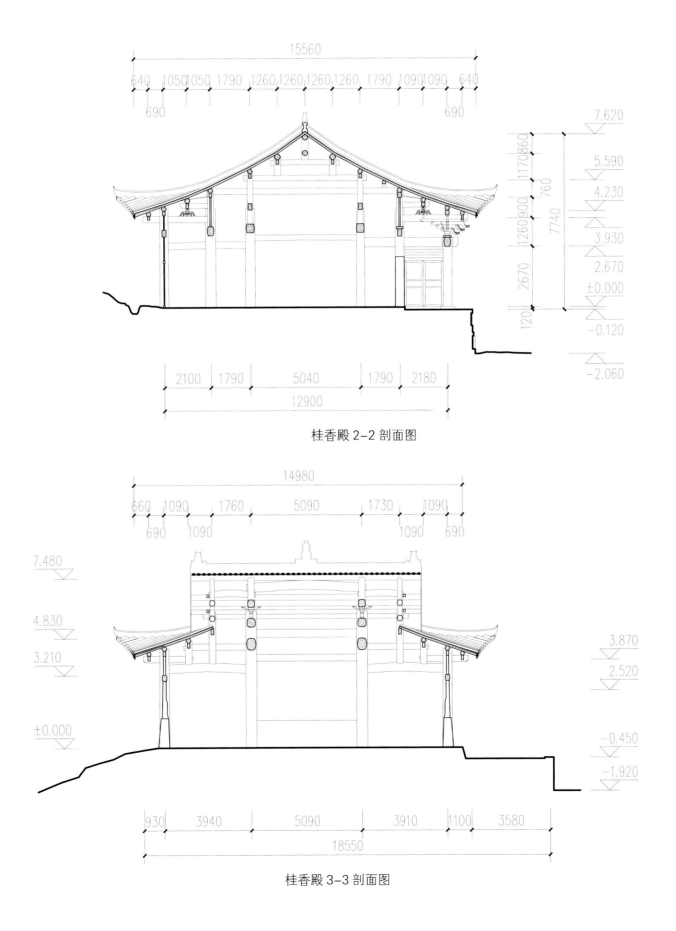

桂香殿 2-2 剖面图

桂香殿 3-3 剖面图

真常道观

真常道观

    真常道观位于盐亭县东北 26 公里的黄甸镇义和村，道观坐西朝东，沿山脊而建，占地面积 1800 平方米，建筑面积 971 平方米，相传始建于宋末元初。现存的第一进院落的山门、灵霄宝殿及两厢房为清代建筑，近年在灵霄宝殿后又陆续新建了殿宇。

山门

　　登上道观前长长的梯步，尽头处即为山门。山门建于清乾隆年间，带倒座戏台，通面阔五间，宽 17.11 米。中间三间做歇山顶，筒瓦屋面；两梢间做悬山顶，小青瓦屋面，与两侧厢房相连。山门正面，明间宽 5.11 米，向内做八字墙，两侧开门，顶上做翘角批檐；次间宽 1.97 米，做木栅栏，木栅端头雕刻成十八般兵器的形状。山门背面分上下两层，下层为门道，上层为戏台，檐柱间照面枋下用雕花雀替。戏台内壁面上留有多幅壁画，正中的大幅壁画宽约 5 米，为王母寿诞图，画面中间王母娘娘乘凤辇而来，左侧有八仙等神仙，右侧有福禄寿三星等神仙。两侧壁各六幅壁画分上中下三层布置，上层绘花草，中层绘人物故事，下层绘动物和草木。

戏楼及左右厢房

两侧厢房各四间，通宽 16.42 米，进深 4.03 米，与山门梢间相连，为两层楼房，前檐双挑坐墩承檐，二层带走廊。

厢房连廊梁架结构

壁画

灵霄宝殿建于高大的台基上，与厢房二层走廊齐平并相通，台基前设左右两道踏步。灵霄宝殿面阔七间，宽 21.76 米，进深九檩，深 10.02 米。前后檐不对称，前坡 5 步架，后坡 3 步架，从中柱处设墙前后隔开，前为带前廊的殿宇，供有神像，后面架楼板隔成两层楼。屋顶前半部为歇山顶，后半部为悬山顶，屋面铺小青瓦。殿内梁架存有墨书题记，记载灵霄宝殿建于清嘉庆十一年（1806）。

灵霄宝殿

真常道观是盐亭县保存较完好的一处清代道教建筑，建筑因地制宜，灵活地运用穿斗构架，营造出富于变化的外观和高低错落、明暗交织的空间，是民间工匠的杰出创作。戏台内的壁画内容丰富，绘制的人物生动传神，绘画题材反映了当时的民间信仰和观念。2012 年被公布为省级文物保护单位。

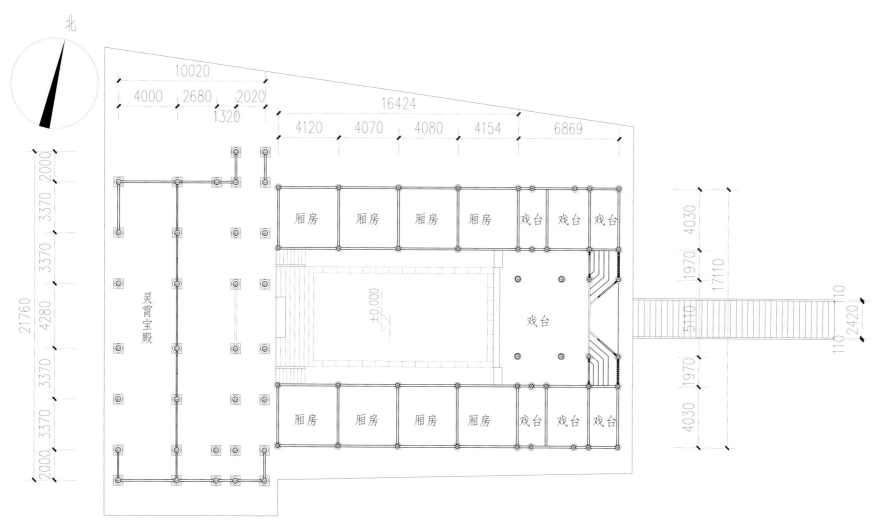

北

10020
4000 2680 2020
1320

16424
4120 4070 4080 4154 6869

21760
2000 3370 3370 4280 3370 3370 2000

灵霄宝殿

厢房 厢房 厢房 厢房 戏台 戏台 戏台

±0.000

戏台

厢房 厢房 厢房 厢房 戏台 戏台 戏台

4030 1970 17110 1970 4030
5110
2420
110 110

真常道观一层平面图

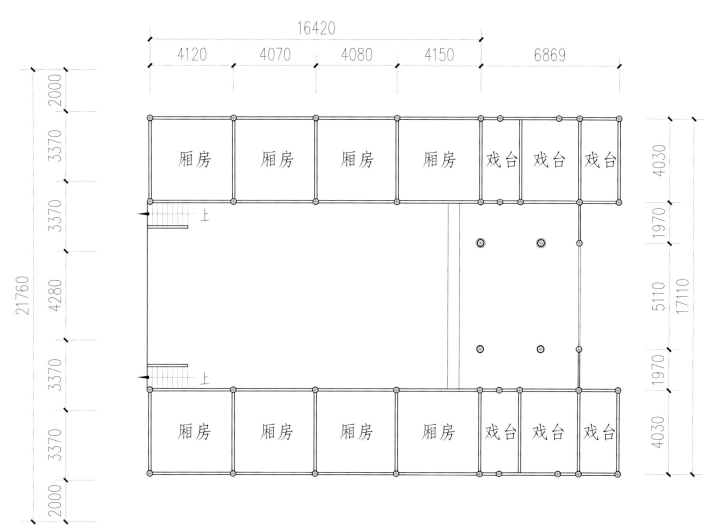

16420
4120　4070　4080　4150　　6869

21760
2000
3370
3370
4280
3370
3370
2000

4030
1970
5110　17110
1970
4030

厢房　厢房　厢房　厢房　戏台　戏台　戏台

上　上

厢房　厢房　厢房　厢房　戏台　戏台　戏台

真常道观二层平面图

厢房

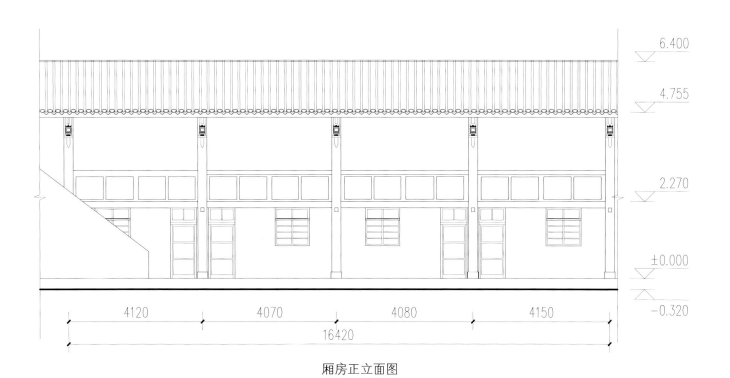

厢房正立面图

厢房剖面图

灵霄宝殿

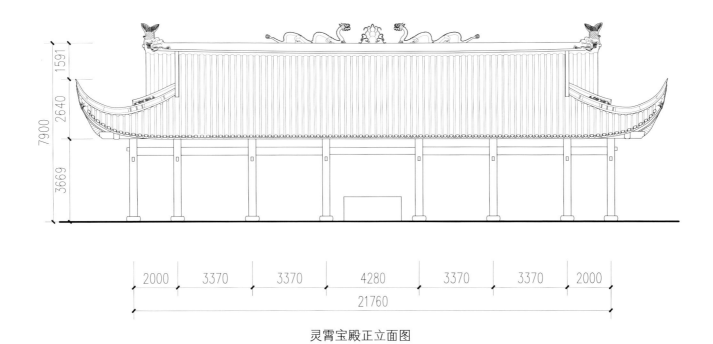

灵霄宝殿正立面图

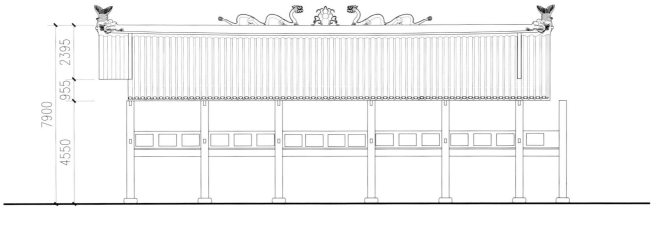

灵霄宝殿背立面图

戏台

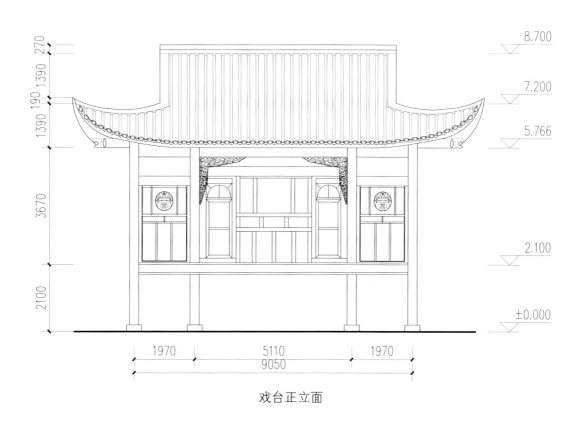

戏台正立面

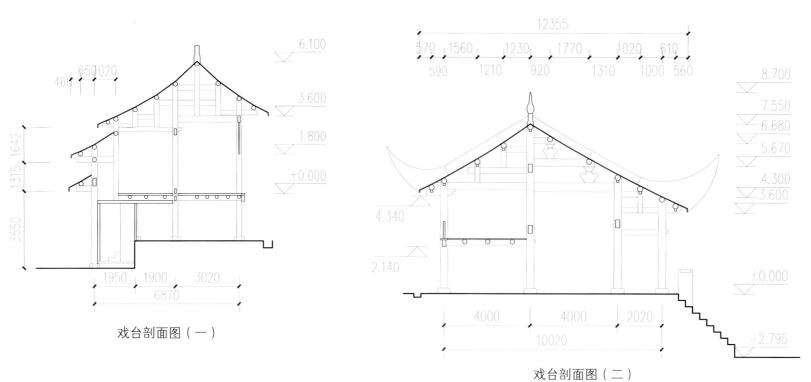

戏台剖面图（一）

戏台剖面图（二）

圣水寺

圣水寺

　　圣水寺位于绵阳市梓潼县金龙场乡青光村四社，坐东朝西，四合院布局。四合院院长约37米，宽约28米，占地面积1036平方米，四周均为农田，背后20米处有农户住房和一条南北走向的机耕道。

　　圣水寺东侧为正殿，有殿堂十间，前施阶梯踏道三级，由北向南第三、四、五间为释迦牟尼殿，抬担式梁架，单檐九檩用五柱，前有一步廊，鼓径式柱础，前檐出挑做法为单斗拱承单挑枋和挑盘，挑盘上承坨墩再承挑檐檩；第六间为牛王殿，穿斗式梁架，小青瓦屋面；观音殿位于最左端，面阔三间，抬担式梁架，单檐九檩用五柱。正殿的所有屋面均为连通的单檐小青瓦屋面。

正殿左右为厢房，穿斗式梁架，单檐悬山小青瓦屋面；正殿对面为前殿，抬担式梁架，单檐七檩用三柱，前有一步廊，梁架上有清代咸丰七年（1857）题记。四合院中为长方形天井，天井西北角有一棵香樟树，估计树龄超过300岁，是梓潼县登记在册的古树名木。

圣水寺寺庙规模较大，年代较早，梁架结构完整，有明崇祯七年（1634）、清嘉庆三年（1798）及民国碑记，是梓潼县境内不多见的古建筑，具有一定的文物价值。2012年被公布为省级文物保护单位。

正殿

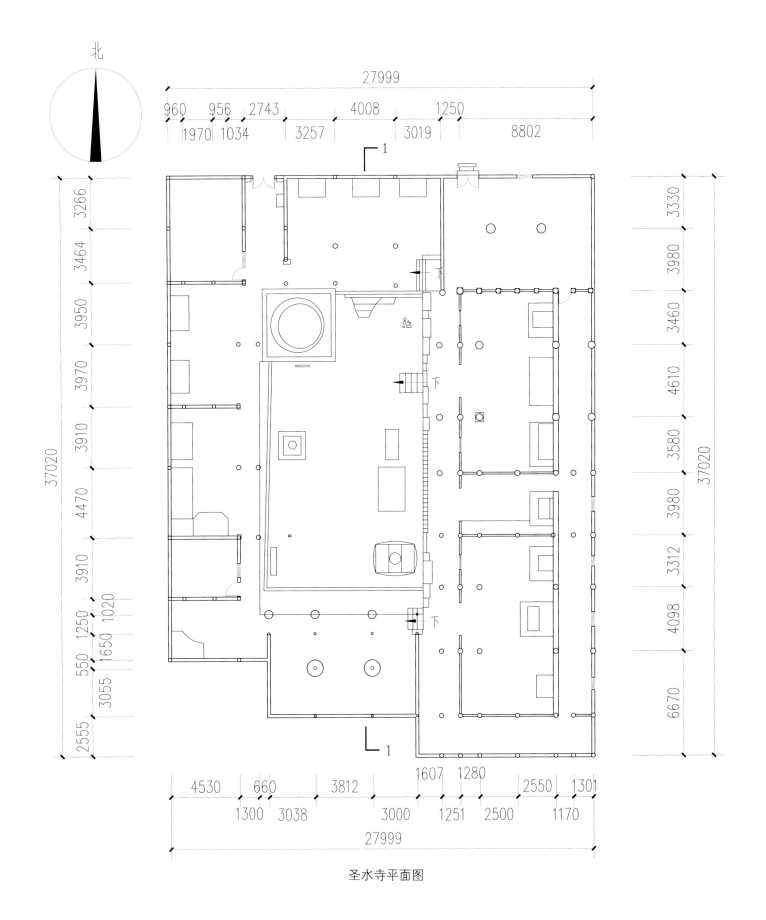

北

27999

960 956 2743 4008 1250

1970 1034 3257 3019 8802

1

3266

3464

3950

3970

3910

4470

3910

37020

1250 1020

550 1650

3055

2555

3330

3980

3460

4610

3580

3980

3312

4098

6670

37020

1

1607 1280

4530 660 3812 2550 1301

1300 3038 3000 1251 2500 1170

27999

圣水寺平面图

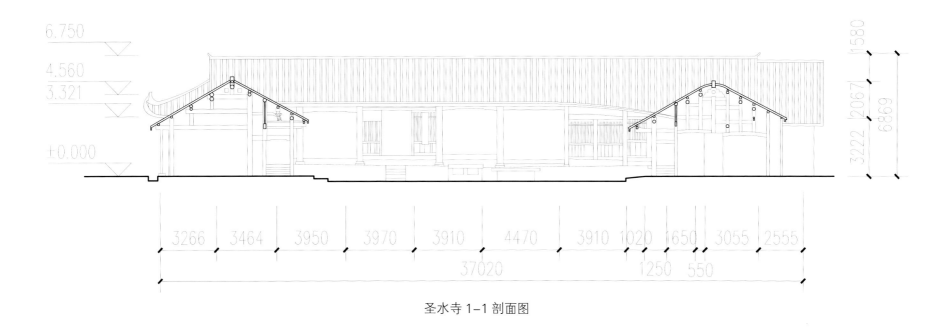

圣水寺 1-1 剖面图

上清观

山门

上清观位于绵阳市梓潼县东石乡油坪村四社的豹子洞山梁东坡山脚 20 米处，现存建筑始建于清雍正十二年（1734），坐西向东，四合院布局，占地面积 860 平方米。山门结合戏台而建，其余建筑依次为客房、左右厢房、大雄殿等，中间为石板墁地的长方形天井。观内有清代碑刻四通，正殿及戏台的梁架上有多处题记。

上清观

戏楼位于大雄殿对面，建于清道光三十年（1850），单檐歇山顶，翼角四面翘起，抬担式梁架，面阔三间，通面阔 8.89 米，戏台距地 2.5 米，戏楼下即为上清观山门入口。戏楼左右有厢房，单檐人字坡屋面，与观内南北厢房连接相通。

南北厢房均为单檐悬山屋面，面阔九间，一楼一底两层，楼上走廊前有木栏杆，上下两层均可作为观戏的场所。

戏楼

南厢房

正殿为三清殿，单檐歇山顶，抬担式梁架，七檩用三柱，前有一步廊，面阔三间，通面阔 11.26 米，通进深 8.15 米，正殿檐高 3.8 米，脊高 6.4 米；鼓式石柱础，素面台基，垂带踏道九级，高 1.65 米。

三清殿

上清观是绵阳市现存较完整的一处清代四合院寺庙建筑，清咸丰《梓潼县志》对上清观有详细记载。其正殿和戏楼用材较大，做工考究，寺庙布局紧凑、结构严谨，具有十分明显的时代特点及地域特色，对研究清代道教建筑及地方民居具有重要的价值。2012 年被公布为省级文物保护单位。

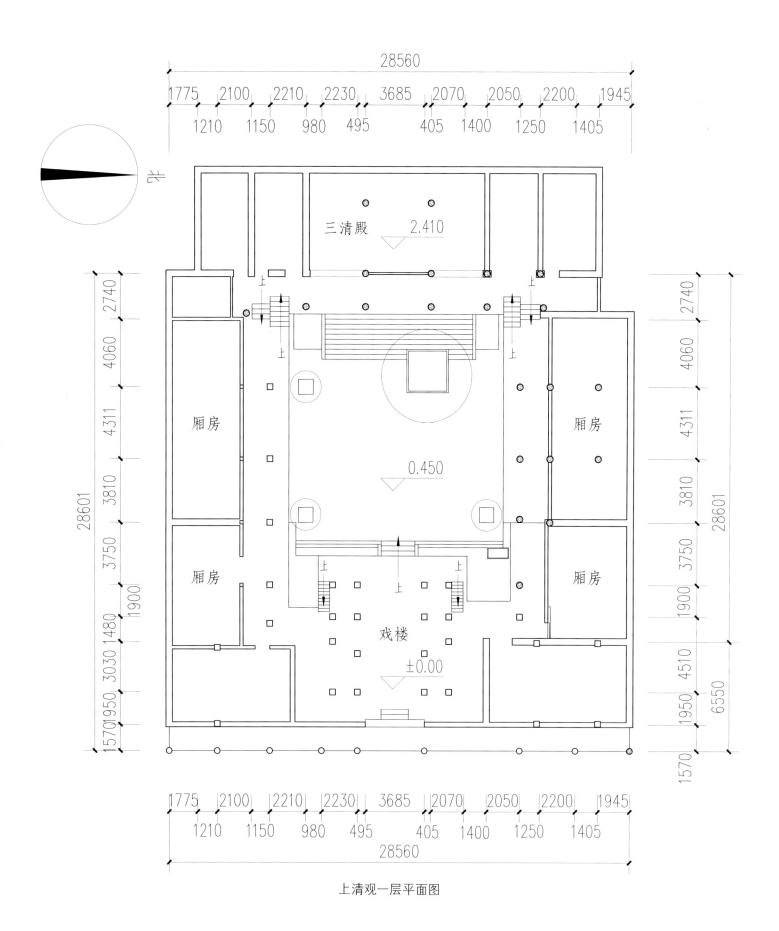

上清观一层平面图

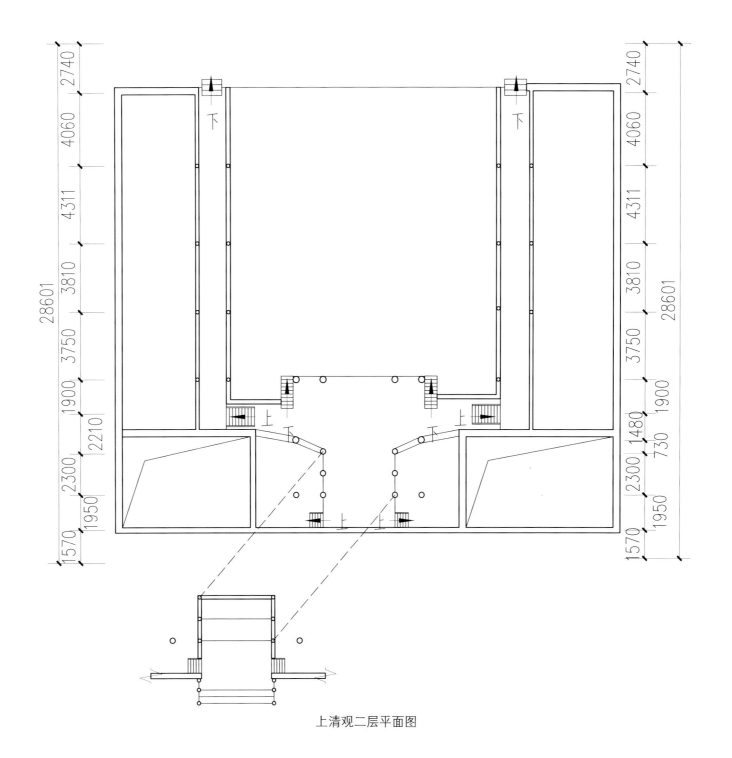

上清观二层平面图

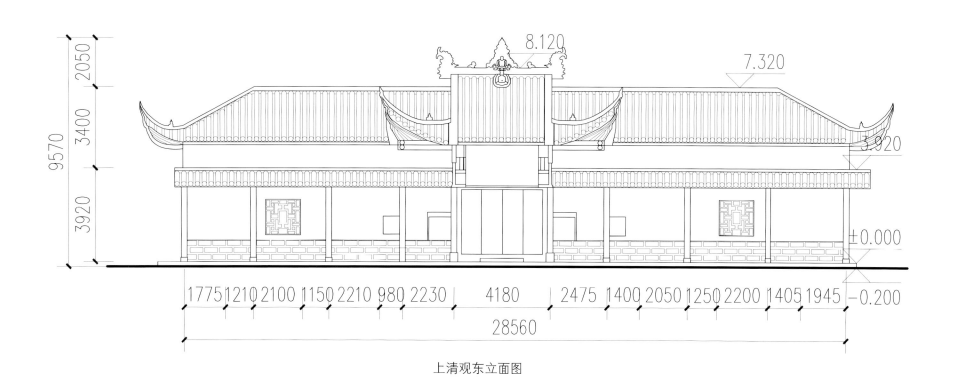

上清观东立面图

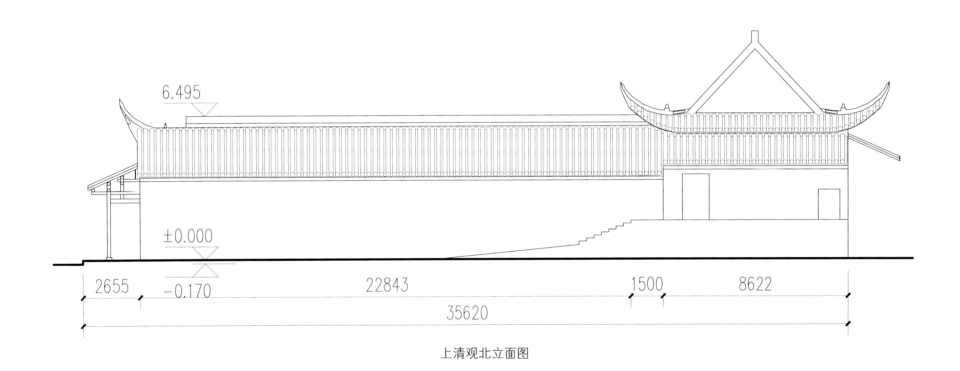

6.495

±0.000

2655 −0.170 22843 1500 8622

35620

上清观北立面图

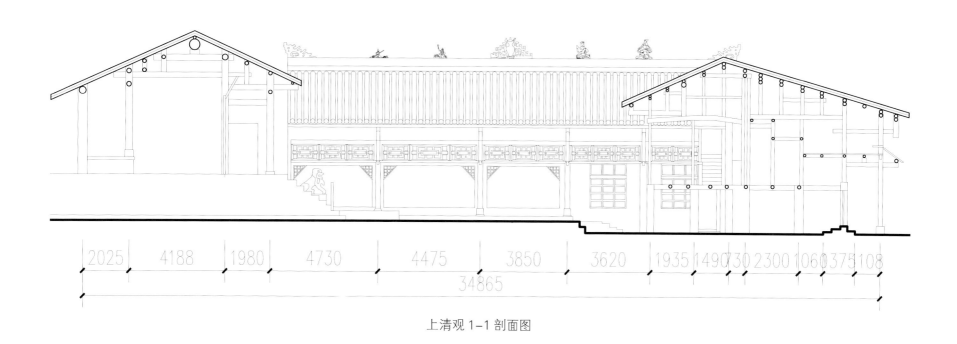

| 2025 | 4188 | 1980 | 4730 | 4475 | 3850 | 3620 | 1935 | 1490 | 730 | 2300 | 1060 | 375 | 108 |

34865

上清观 1-1 剖面图

双峰寺

正殿

双峰寺位于绵阳市梓潼县双峰乡河口村一社的寨子山南侧 100 米处，占地面积 700 平方米。寺庙背靠寨子山，前隔 1000 米与飞龙山相望，西接观音岩山梁，东邻尖子山山梁。据清咸丰《梓潼县志》记载，双峰寺创建于元代，称其"殿阁巍峨，峰峦秀丽，一邑巨观"，明代嘉靖时人高简曾撰文《双峰山寺记》《双峰寺记》。当时的寺内建筑多已不存，现仅存正殿，建于康熙十一年（1672）。

双峰寺

双峰寺是绵阳市现存较完整的一处清代早期古建筑，有明确的纪年，具有十分明显的时代特色及地域特色，对研究四川清代早期建筑具有重要的价值。2012 年被公布为省级文物保护单位。

正殿

檐角

正殿即大雄宝殿，坐北向南。台基用条石砌成，宽 23.7 米，深 19.49 米，高 0.84 米。正殿面阔五间 16.56 米，通进深 15.94 米，十一檩用六柱，抬担式梁架，单檐歇山顶，小青瓦屋面，脊高 9.1 米，檐高 3.7 米。双峰寺正殿用材较大，修建年代较早，有清康熙十一年（1672）修建题记，建筑结构保存完好，是梓潼县除七曲山大庙外最大的单体古建筑。近年来，在双峰寺原址新建山门、文昌殿等建筑。

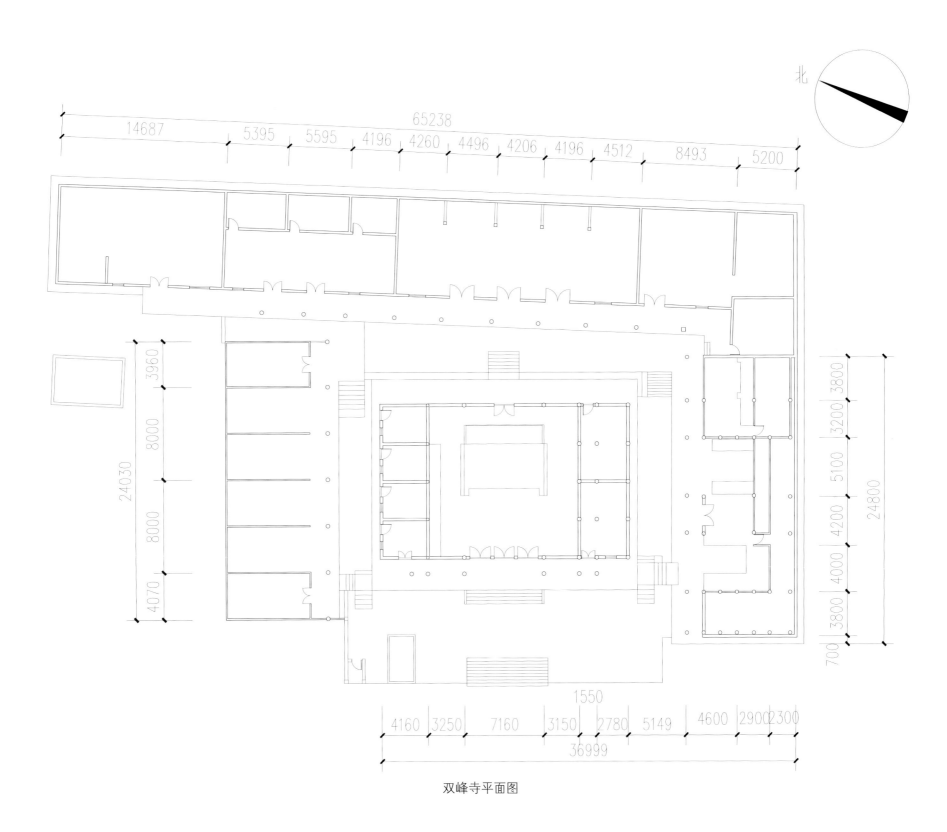

北

双峰寺平面图

正殿

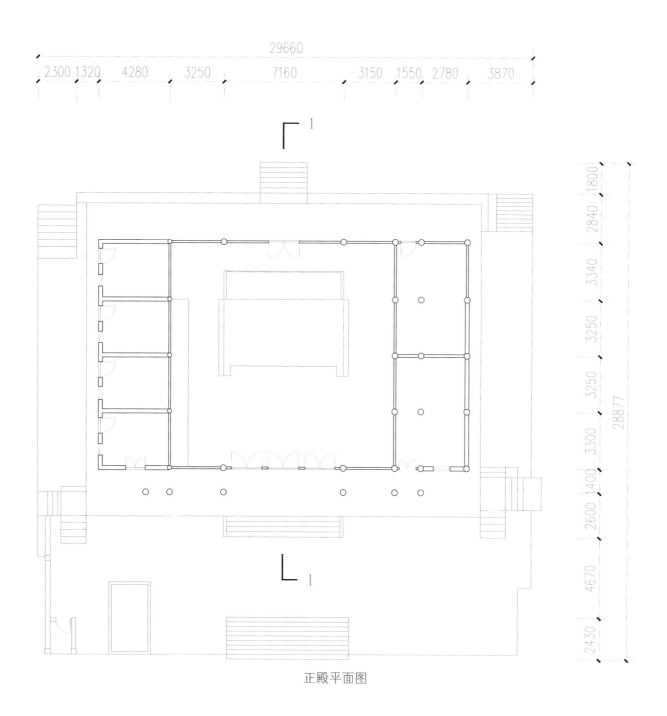

正殿平面图

正殿西立面图

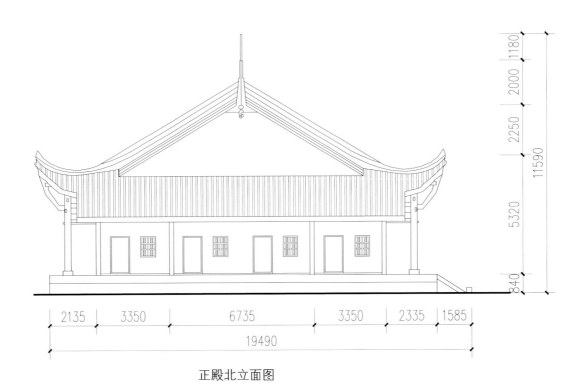

正殿北立面图

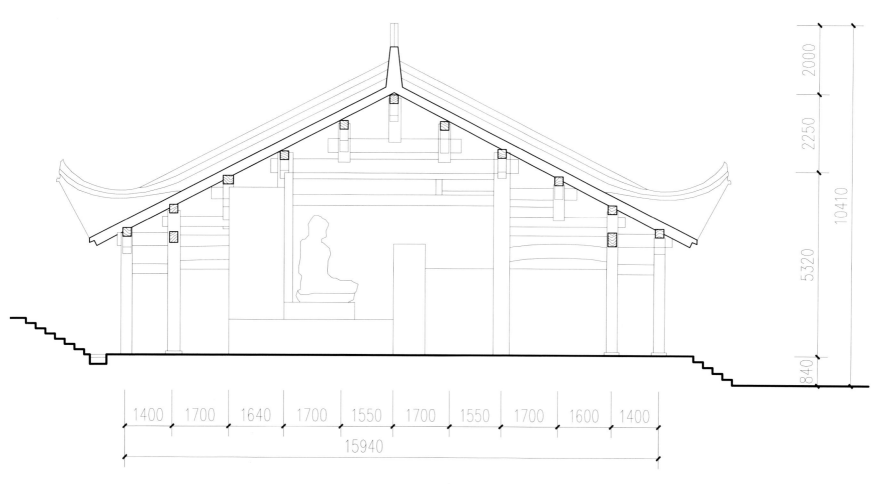

正殿 1-1 剖面图

阔达回龙寺

阔达回龙寺

　　阔达回龙寺位于平武县西 35 公里的阔达乡筏子头村，始建于清康熙十三年（1674），乾隆三十二年（1767）、道光元年（1821）历经重修，中华人民共和国成立后曾为乡村学校和村委会所使用。回龙寺地处涪江上游的河谷台地上，周围山高谷深，地势险要，寺院坐东朝西，由山门、正殿、南北配殿围成四合院。

　　山门面阔五间，宽 14.8 米，北侧又接建有两间偏房，整体先覆盖以较低的悬山顶，山门当中三间向后辟为倒座戏台，又覆以较高的歇山顶，使山门从正面看为两重屋檐，通高 9 米多。下檐采用双挑坐墩承檐，第一层挑枋下施雕刻精美的撑弓，上施挑盘承托雕花瓜柱。进门底层为通道，二层为戏台，进深九檩用四柱，采用穿斗式结构。台沿施以雕花围板，挑枋下施圆雕撑弓，照面枋下施透雕花罩，柱头、照面枋、撑弓、花罩均施彩绘，部分梁下保留有墨书题记。正梁下的彩画，中间绘太极鱼，两侧绘莲花中生出三戟，寓意"连升三级"，两端分别绘有文笔和宝剑，寓意"文武双全"。戏台内保存有部分壁画，有《西游记》《封神演义》等题材。戏台前立有左右两根石桅杆，高 6 米。

　　正殿面阔三间，宽 12.4 米，进深九檩，深 9.2 米，单檐悬山顶。前檐带 1.2 米宽的前廊，明间两根廊柱下用石狮子形的柱础。明间梁架采用抬担式结构，用五柱；山面为穿斗式梁架，用六柱。

正殿

正殿梁架　　　　　　　　正殿石狮柱础

南北配殿各三间，西侧加出两间与山门相连，通长 13.8 米，进深 4.5 米。明间梁架用三柱，山面梁架用四柱。

阔达回龙寺是川西北山地少数民族地区保存较为完好的一处汉式寺庙建筑，是平武地区明清以来随着人口迁徙和文化交流的深入，逐步汉化的历史见证。寺内的倒座戏台保存完整，木雕、彩绘、壁画装饰精美，是绵阳地区少有的建筑实例。2007 年被公布为省级文物保护单位。

戏台　　壁画

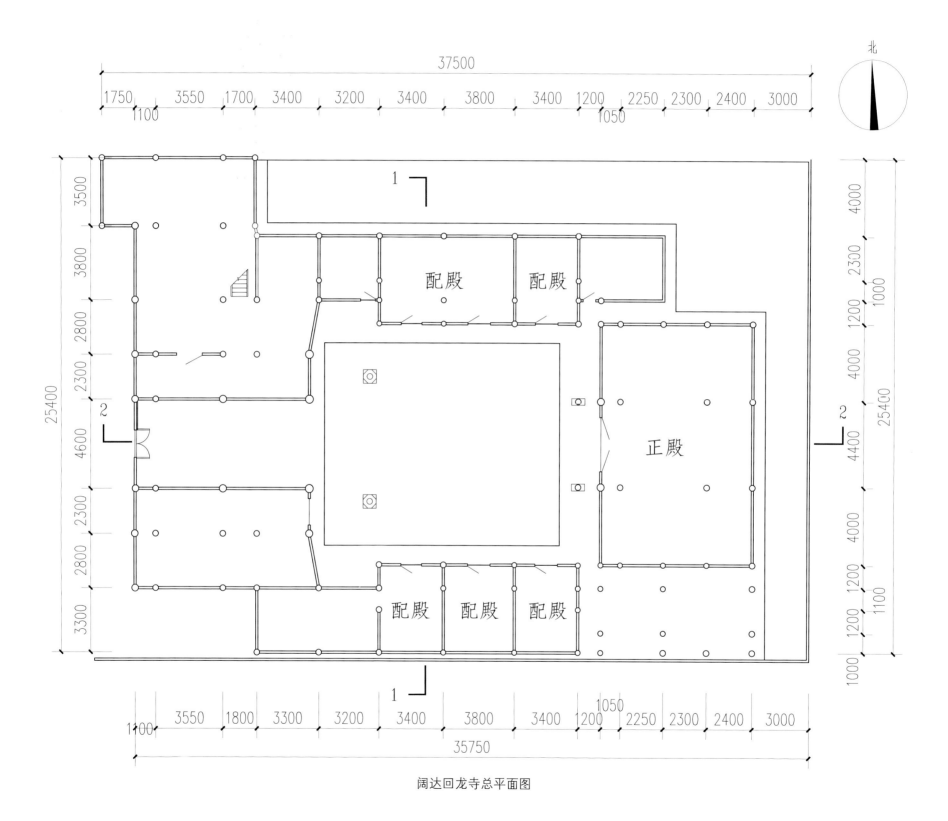

阔达回龙寺总平面图

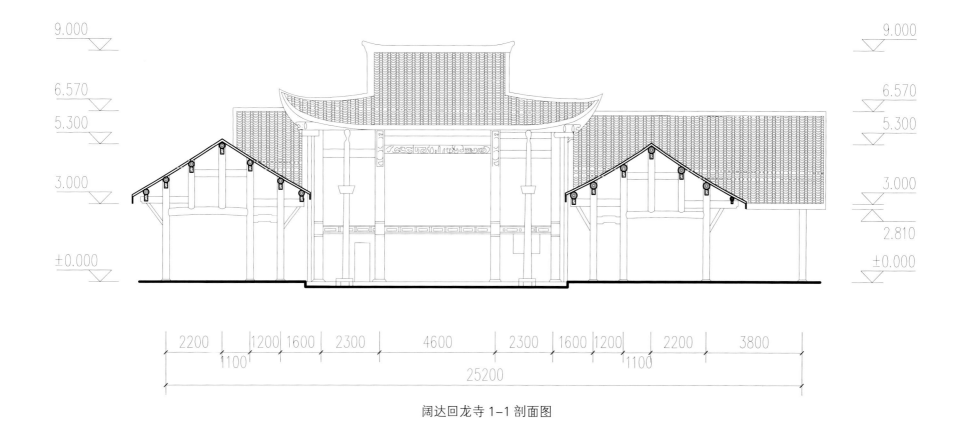

9.000

6.570

5.300

3.000

±0.000

9.000

6.570

5.300

3.000

2.810

±0.000

2200 1200 1600 2300 4600 2300 1600 1200 2200 3800

1100 1100

25200

阔达回龙寺 1-1 剖面图

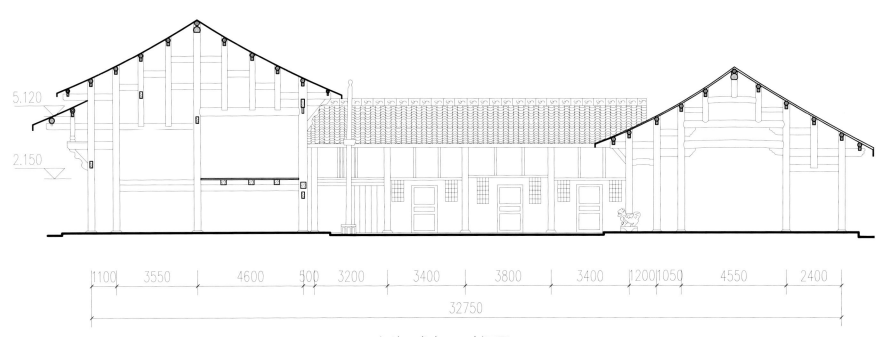

5.120

2.150

|1100| 3550 | 4600 |500| 3200 | 3400 | 3800 | 3400 |1200|1050| 4550 | 2400 |

32750

阔达回龙寺 2-2 剖面图

山门

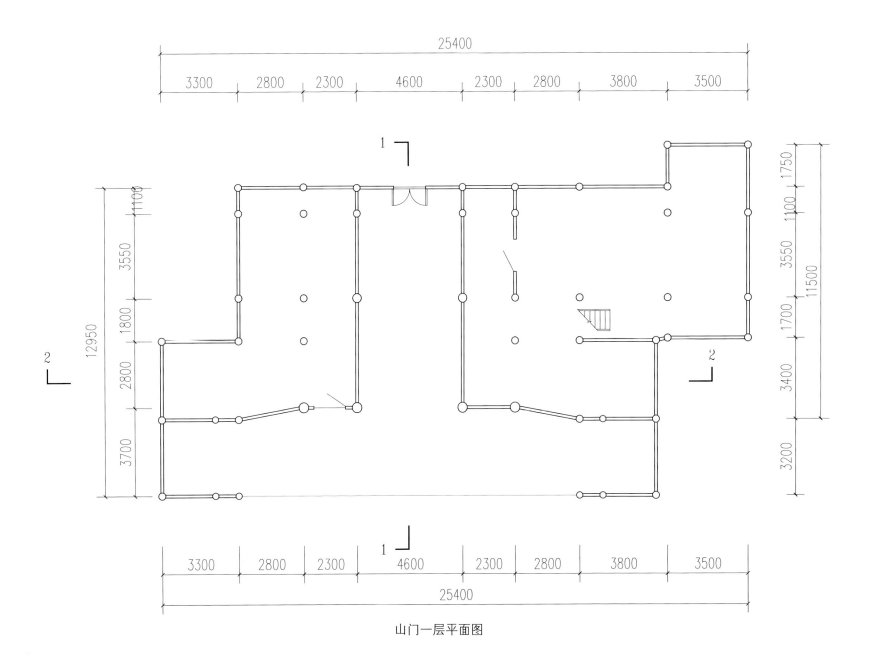

山门一层平面图

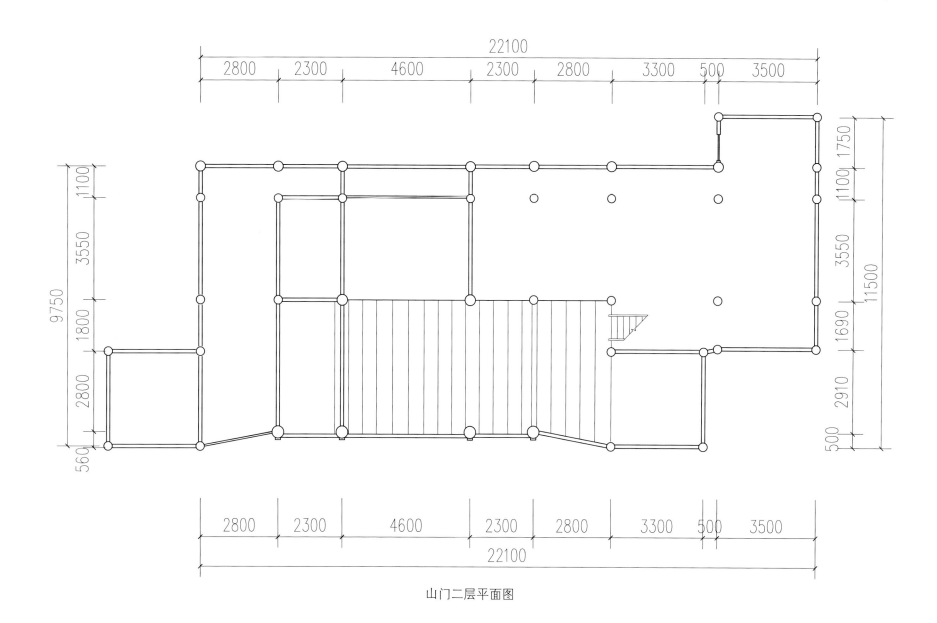

山门二层平面图

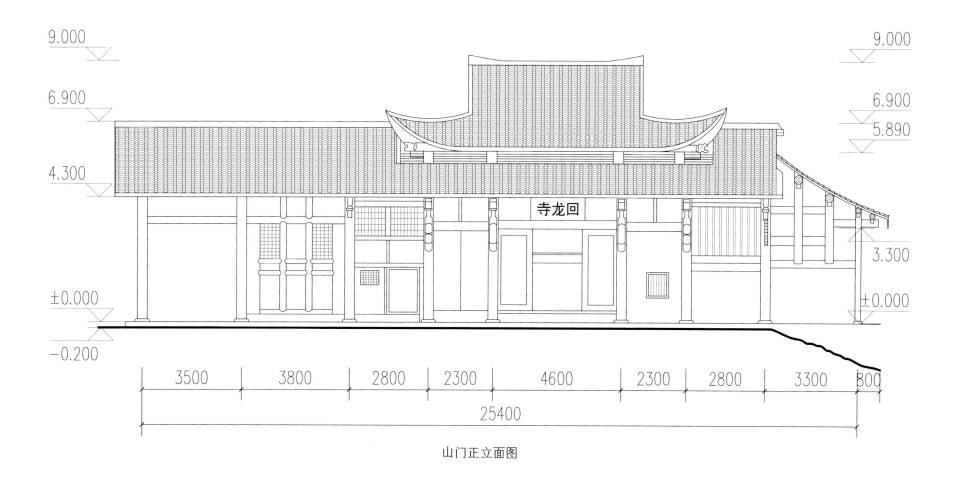

9.000

6.900

4.300

±0.000

−0.200

9.000

6.900
5.890

3.300

±0.000

3500　3800　2800　2300　4600　2300　2800　3300　800

25400

山门正立面图

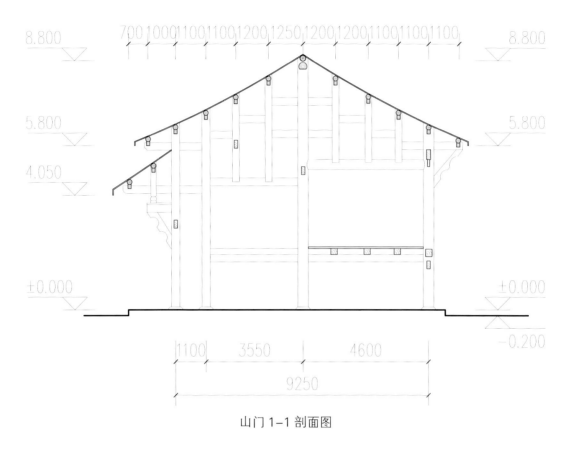

山门 1-1 剖面图

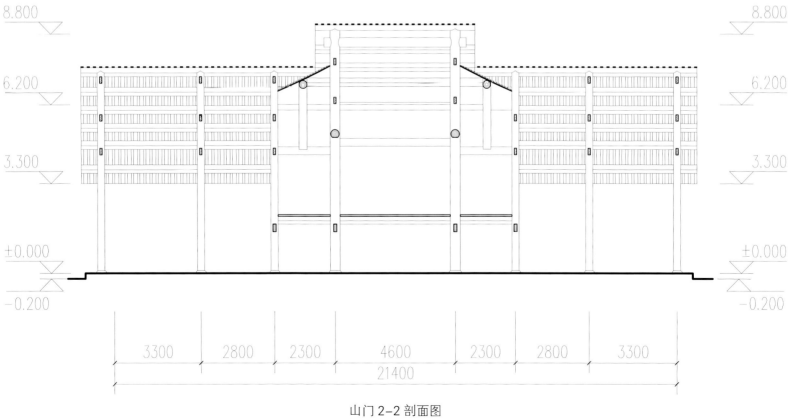

山门 2-2 剖面图

正殿

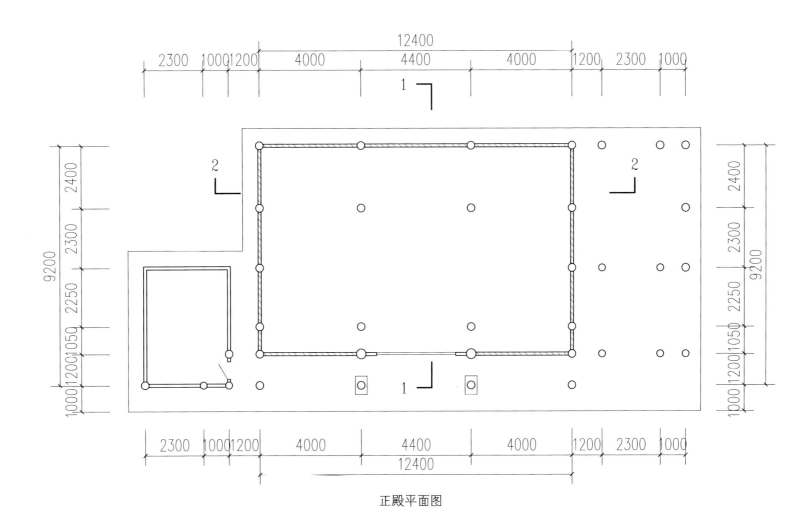

正殿平面图

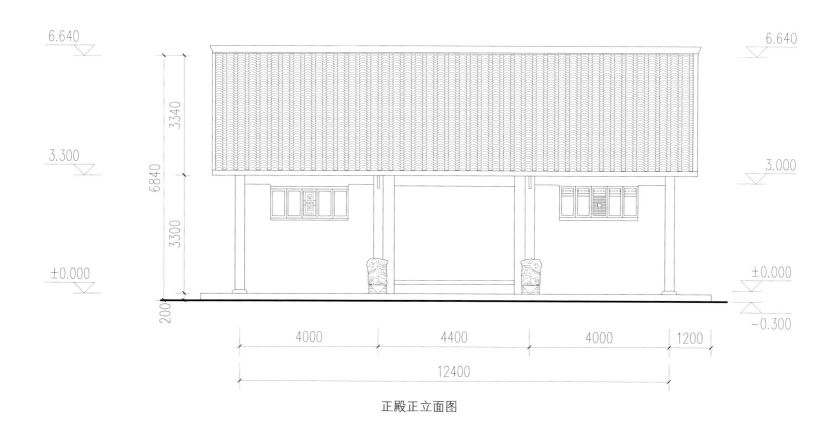

正殿正立面图

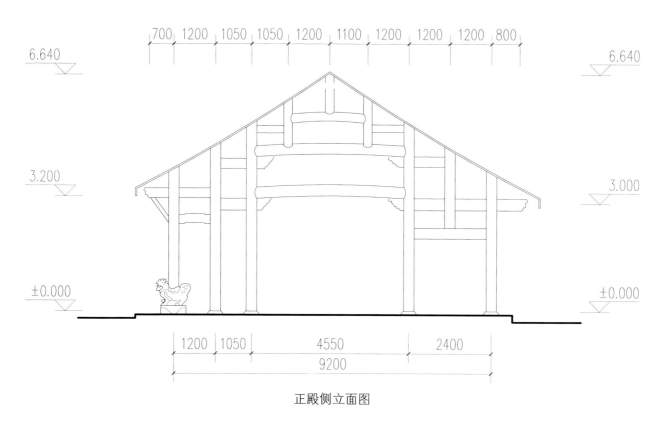

正殿侧立面图

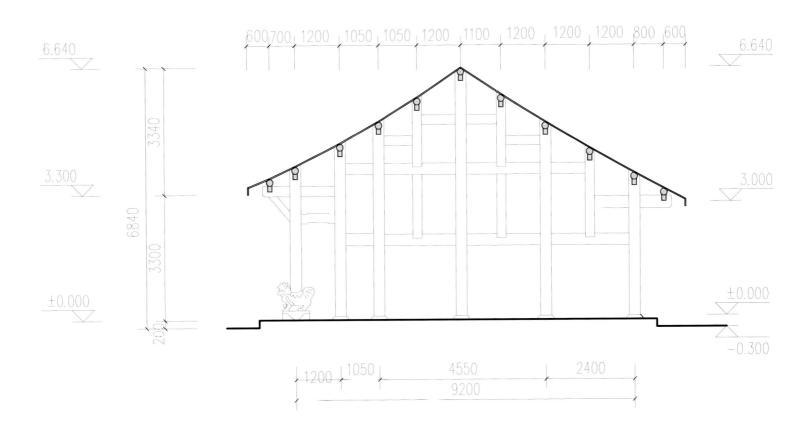

正殿 1-1 剖面图

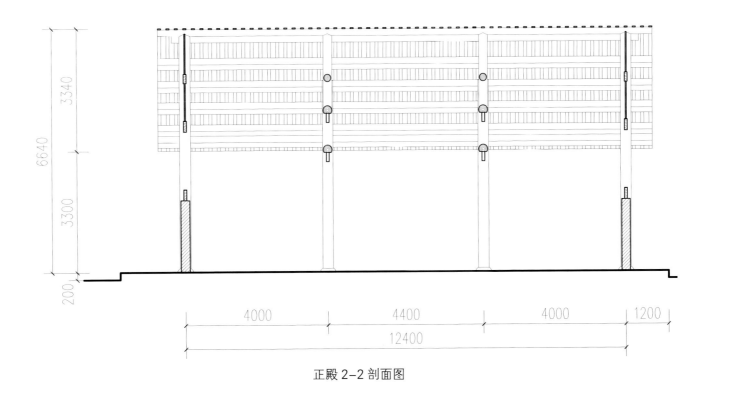

正殿 2-2 剖面图

南北配殿

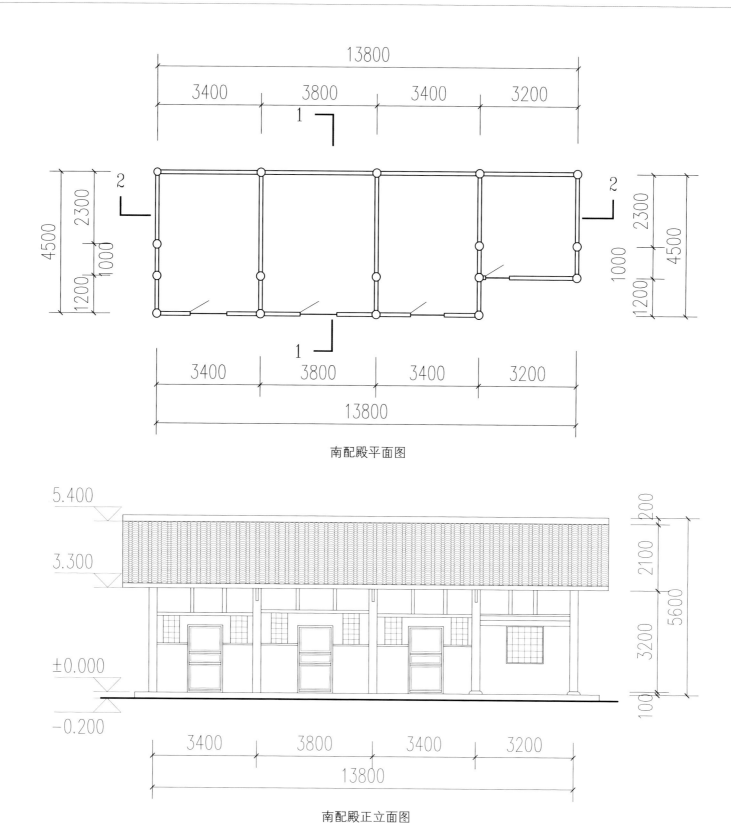

南配殿平面图

南配殿正立面图

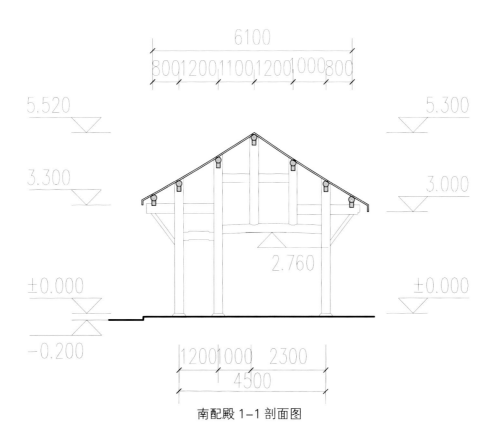

南配殿 1-1 剖面图

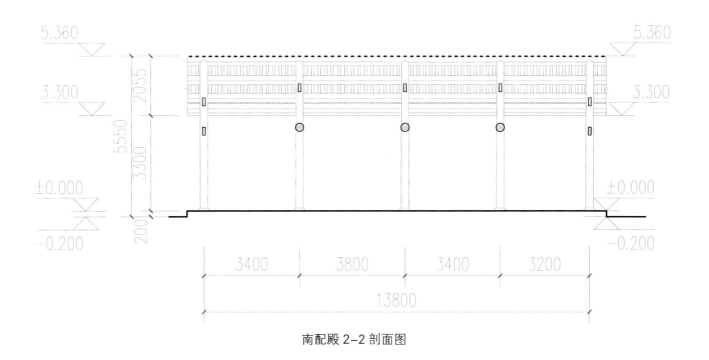

南配殿 2-2 剖面图

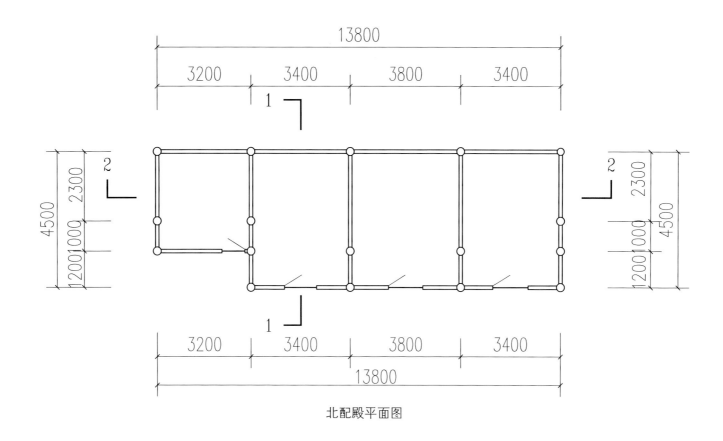

北配殿平面图

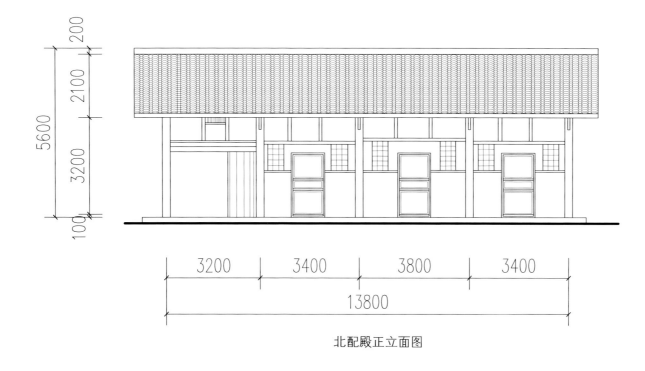

北配殿正立面图

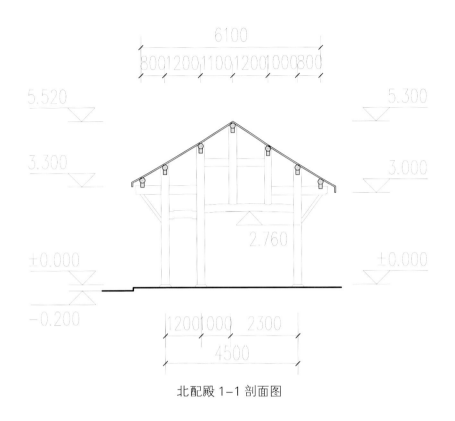

北配殿 1-1 剖面图

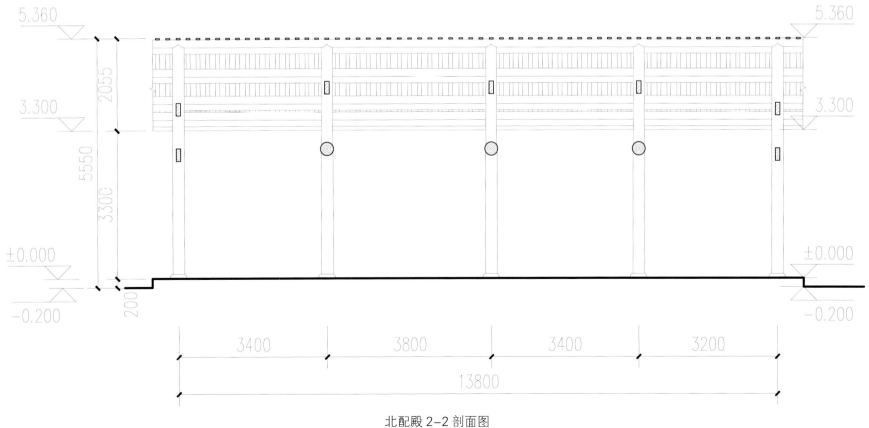

北配殿 2-2 剖面图

豆叩寺

大殿正立面

豆叩寺

　　豆叩寺位于平武县豆叩镇，创始年代不详，清代方志中称之为"豆口寺"。寺院坐西南朝东北，建于高台之上，寺前俯临清漪江与徐塘河交汇的河口，背后为集镇街市。豆叩寺曾作为乡镇小学校舍使用，现仅存大殿。

大殿为方三间的单檐歇山式建筑。平面近正方形，宽 12.2 米，深 12.28 米。面阔三间，明间宽 6.2 米，是次间的两倍多。进深九檩，用四柱。大殿注重正面的装饰效果，仅前檐用斗拱，柱头施平板枋及七踩斗拱，山面和后檐则只用挑枋承檐。斗拱布置舒朗，仅明间用一平身科。斗拱尺度夸张，材厚 10 厘米，三跳全部出昂，且带 45 度斜昂。昂嘴呈尖角状上翘，逐跳偷心，扶壁拱用四层横拱，斗拱总高度占檐柱高的四分之一以上。

殿内金柱四根，与四面檐柱通过穿插枋和双步梁拉结，金柱上采用抬担式结构承五架梁，五架梁上用雕花驼墩承托三架梁。两山挑枋上立瓜柱以承山花梁架。前檐柱至前金柱之间的梁架上绘有彩画，构图与旋子彩画接近，枋心画花卉。照面枋以上的编壁绘有多幅《西游记》题材的壁画，有大闹天宫、通天河、三借芭蕉扇、计盗紫金铃等脍炙人口的题材，人物形象生动传神。

大殿侧立面

梁架结构

角科斗拱

柱头科斗拱

2012 年，豆叩寺经过维修，拆除了后期改建的墙体和门窗，按照明代建筑样式恢复了传统门窗、墙体、筒瓦屋面和烧制脊饰，重塑佛像，成为当地群众重要的民俗文化活动场所。

豆叩寺大殿的建筑结构形制符合四川地区明末清初时期的建筑特点，其造型夸张的斗拱给人以很强的视觉冲击，是川西北山地一处颇具特色的乡间佛殿遗存。2007 年被公布为省级文物保护单位。

大殿

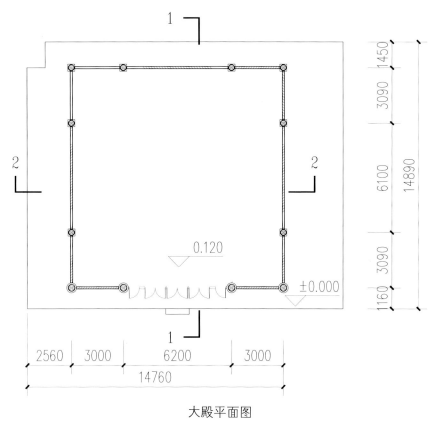

大殿平面图

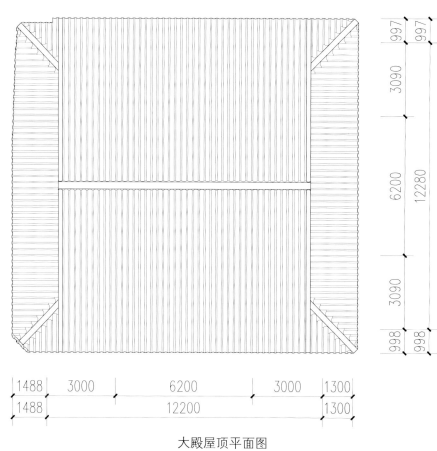

大殿屋顶平面图

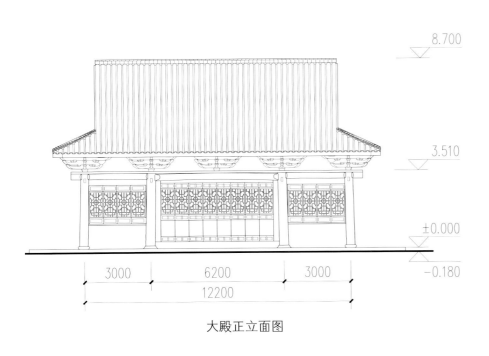

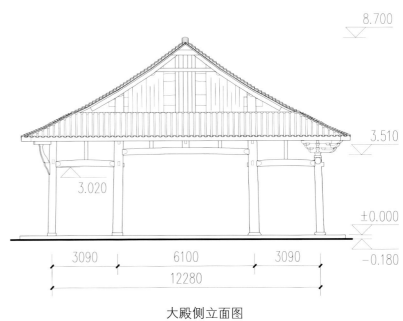

大殿正立面图

大殿侧立面图

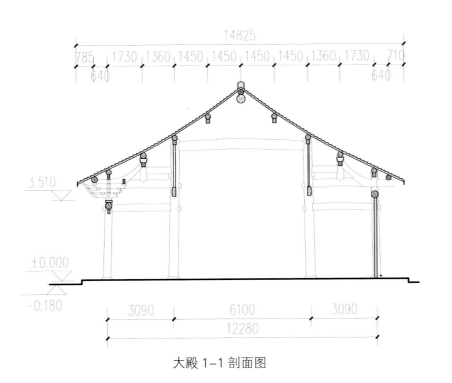

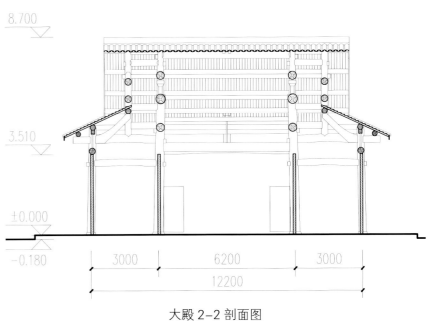

大殿 1-1 剖面图

大殿 2-2 剖面图

回龙庵

回龙庵

回龙庵（侧视）

　　回龙庵位于平武县东南 90 公里的平通镇桥坝村，地处两江交汇之处，湍流环绕，只有一条索桥可通。庙宇坐东朝西，南北两江自西向东至庙后合流。回龙庵创始无考，现有前殿、两厢、观音阁围合成院落。据观音阁前碑记，回龙庵供奉有观音大士，于道光十七年（1837）重修，应该就是指现在的观音阁。

观音阁是一座高 12.95 米的三层楼阁，平面呈正方形，重檐三滴水攒尖顶小青瓦屋面。一层面阔进深各三间，边长 9.23 米，而内部为了支撑上层结构又增加了若干柱子，柱网不甚规整。前檐带廊，两根廊柱下用狮子柱础，以挑枋和撑弓承檐，挑枋前端斜向上挑起，地域特色鲜明。室内最粗的四根金柱直通二层，为二层的角柱，这四根柱内侧又列两排八根立柱，柱间施梁枋、楼牵，上承二层的内柱和檐柱。二层面阔进深各三间，边长 6.03 米，四根内柱直通三层，为三层的角柱。三层宽深仅一间，边长 3.04 米，宝顶中央垂下雷公柱，由角柱间交叉的穿枋挂住，穿枋上承瓜柱，又通过挑枋、穿枋将角柱、瓜柱、雷公柱拉结为整体。

观音阁

观音阁的构造逻辑为三重套筒结构，每一重都是用穿枋、穿枋上的瓜柱、瓜柱内的穿枋、瓜柱外的挑枋将内外柱连接起来，使得整体结构轻巧而稳定。观音阁内保存有数十幅壁画，分布于外墙面、前廊、一层室内两侧壁、佛龛周围、二层内壁等处。壁画题材丰富，有《封神演义》题材的"玉面琵琶""摘星楼"等，有川剧题材的《放裴》《帝王珠》《三义图》等。这些壁画大多用朱墨题写诗句或剧目的标题，以点明所绘内容，此外还有一组较特殊的壁画，描绘了一系列战争场面，战争一方是清朝官兵装束的新式军队，使用火枪、大炮等武器，另一方身披虎头衣，使用冷兵器，画有双方交战、对战俘用刑、练兵等内容，可能反映了当地清代晚期的某次真实战争，对于研究当地的历史具有重要价值。壁画绘制年代可能在清代晚期，由于观音阁主体建筑结构不会晚于壁画，虽然顶层有民国二年（1913）题记，但仍可推断观音阁主体为清代建筑，民国时只是局部维修。

回龙庵院落

观音阁三层梁架结构

观音阁翼角

石狮柱础　　　　　　　　壁画

回龙庵的选址借用特殊的地理位置和奇、险的自然地形，以突出宗教场所的神圣性。其主体建筑观音阁高耸秀丽，成为群山深谷中的一道独特风景。观音阁内的壁画内容丰富，为人们了解清代晚期当地的民间信仰、通俗文艺，以及当地的历史、战争提供了宝贵的资料。2012年被公布为省级文物保护单位。

壁画

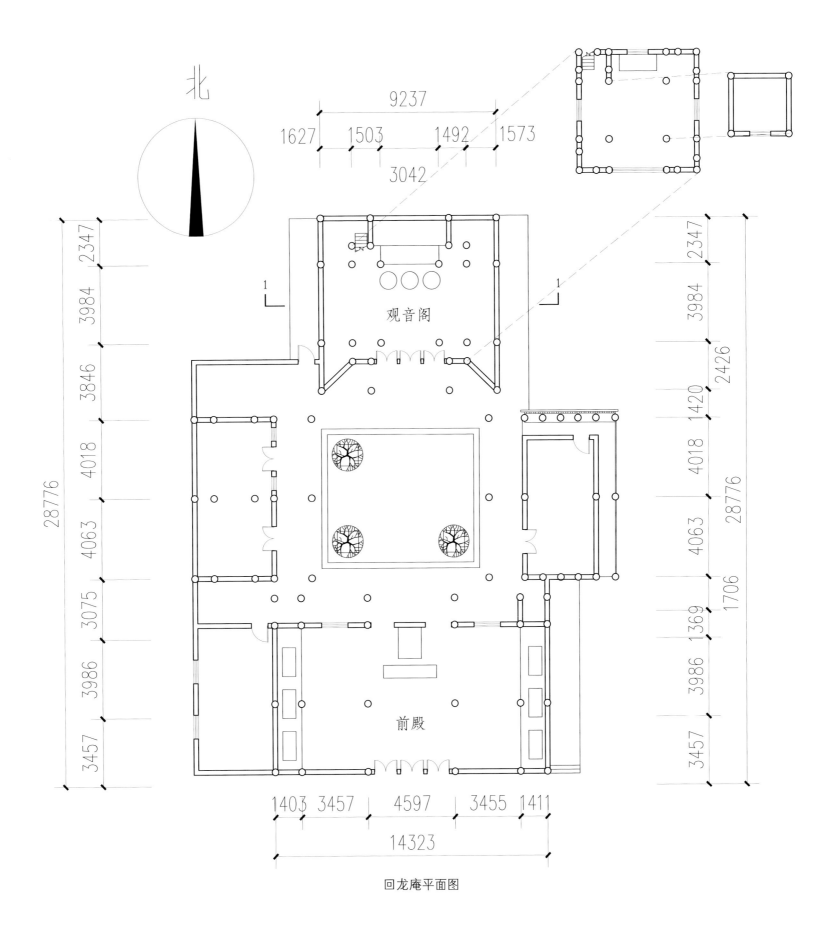

回龙庵平面图

前殿

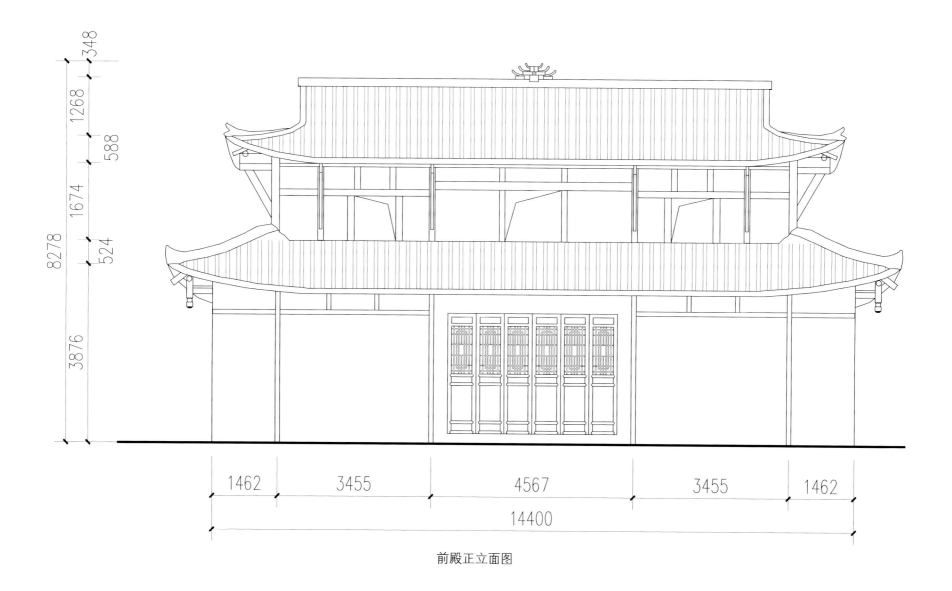

前殿正立面图

观音阁

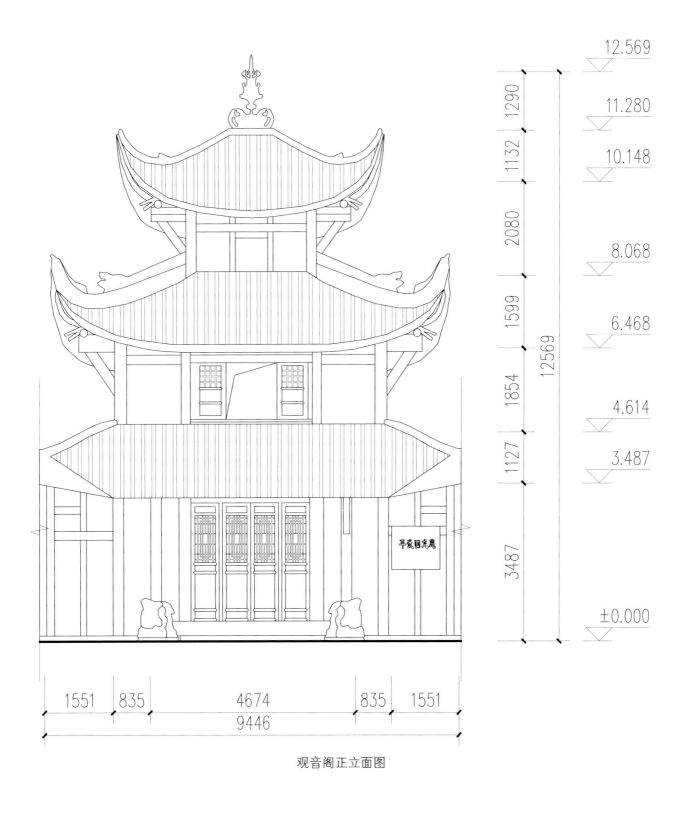

观音阁正立面图

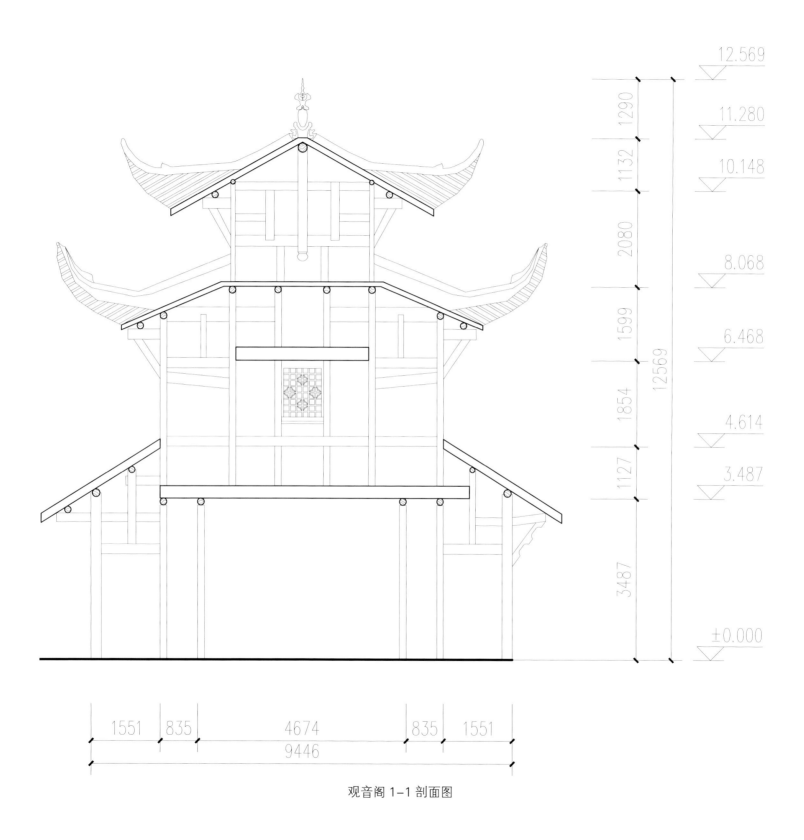

观音阁 1-1 剖面图

　　本书是绵阳市博物馆和四川大学建筑与环境学院共同承担的 2017 年度四川省级文物保护专项补助资金支持"绵阳省保单位测绘调查保护"课题的成果。我们的目标是运用科技手段对绵阳境内的省级文物保护单位中的木结构建筑进行科学、精确和精细的调查、测绘，并编写调查测绘报告，为完善这些文物保护单位的"四有"档案，以及研究、维修保护提供第一手资料。

　　截至 2012 年 7 月，四川省政府公布第八批省级文物保护单位后，绵阳共有 67 处省级文物保护单位，其中木结构建筑类文物保护单位共有 30 处，数量远远超过其他类别的不可移动文物，是绵阳省级文物保护单位的重要组成部分。这些木结构建筑文物保护单位数量多、规模大、分布广，内涵十分丰富，绵阳更是四川地区唯一保存并构建有宋、元、明、清完整木结构古建筑体系的区域。通过 5·12 汶川特大地震灾后恢复重建，这些文物保护单位基本都进行了全面加固维修和环境整治，极大地改善了它们的外部形象和抗击自然灾害的内在能力。将这些文物保护成果真实地记录下来，有序地传承下去，是我们应尽的责任，也是文物保护工作的迫切需要。

　　文物档案与文物本体的保护共同构成了文化遗产保护的内容，实测是文物建筑较为原始的数据资料，是反映当时文物建筑的历史档案。本书图文并茂，以实测图为主，配以详细的文字描述和反映建筑明显特征的照片，力求反映文物的概貌、重点、特点和价值，期望达到资料性、科普性和学术性兼顾的目的。通过公布的这些资料，尽可能使读者对这些文物保护单位有较为全面的认识。

　　这里需要特别说明的是，截至 2013 年 3 月国务院公布第七批全国重点文物保护单位后，绵阳包括平武报恩寺等 10 处省级文物保护单位木结构建筑先后晋升全国重点文物保护单位。为了较为全面地反映绵阳省级文物保护单位木结构建筑的全貌，除已经或计划编著专本报告的平武报恩寺、梓潼七曲山大庙、江油云岩寺和三台云台观外，我们仍将游仙鱼泉寺等 6 处已晋升全国重点文物保护单位的木结构建筑纳入本书。

　　本书的编纂由李沄璋和钟治同志共同策划、全面负责，文字撰写由钟治、赵元祥、蔡琨宇完成，实地测量和测绘图由李沄璋、钟治、金铭、李玉坤、陈纯、肖思怡、陈越悦、彭丽、袁冰蟾、朱玉红完成，图纸校核由刘曦、刘红元完成，摄影由杨伟、钟治、朱玉红、金铭完成。在实地调查、测绘过程中得到当地文物保护管理部门的大力支持，没有他们的协助，我们的工作是不可能顺利完成的。

　　本书的编著、出版得到四川省文物局的大力支持，特别要感谢四川省文物局王毅、濮新、何振华、贺晓东、牟锦得，四川省文物考古研究院唐飞、姚军，成都市文物考古研究院颜劲松、蒋成，绵阳市文化广播电视和旅游局代宏、张静、李林忠和绵阳市博物馆周健等专家、领导的支持和鼓励！感谢四川大学出版社高庆梅编辑为本书出版付出的辛勤劳动。

　　由于编者学识所限，难免有错漏之处，敬请读者不吝指正，我们将在以后的工作中进行完善。

编者

2020 年 10 月